PASS

건설기계 정비기능장 실기 필답형

GoldenBell
www.gbbook.co.kr

머리말

세계적으로 건설기계가 활성화됨에 따라 건설기계정비에 대한 관심이 높아지고 있으며, 날로 발전하는 건설기계 기술에 맞추어 많은 정비 인력들이, 정비 기술과 새로운 신기술을 배우기 위해 노력하고 있습니다.

이와 함께 건설기계 분야에 근무하는 많은 기술인들이, 자격증의 최고 분야인 건설기계정비 기능장 자격증을 취득하기 위해 많은 시간과 노력을 투자하고 있습니다.

현재 시행하고 있는 건설기계정비 기능장 시험의 실기시험은 필답형과 작업형으로 분리하여 시행하고 있는데, 작업형 시험도 쉽지 않지만, 특히 필답형은 시험과 관련된 자료의 부족으로 인해 자격증 취득이 쉽지 않은 것이 현실입니다.

이 교재는 저자가 공부했던 자료와 최근에 출제되고 있는 과년도 시험 문제를 분석하여, 장비별 핵심 요약 및 출제 예상 문제, 그리고 과년도 문제로 편집하였고, 수험생들이 내용을 쉽게 찾아보고 공부할수록 하였습니다. 또한 필기시험의 공업경영에 관한 자료도 추가 편성하였습니다.

아무쪼록 이 교재가 건설기계정비 기능장 자격증을 취득하는데, 수험생들에게 많은 도움이 되기를 바라며, 곳곳에 미흡한 점이 많으리라 생각되나 차후에 계속 보완해 나갈 것이며, 이 책이 만들어지기까지 물심양면으로 도와주신 (주)골든벨 김길현 대표님과 직원 여러분에게 진심으로 감사를 드립니다.

김 인 호

차 례

1. 장치별 자료

2. 기종별 자료

5. 공업경영 자료

01 국가기술자격 등급별 검정기준

- **기능장** : 응시하고자 하는 종목에 관한 최상급 숙련기능을 가지고 산업현장에서 작업관리, 소속 기능인력의 지도 및 감독, 현장훈련, 경영계층과 생산계층을 유기적으로 연계시켜 주는 현장관리 등의 업무를 수행할 수 있는 능력의 유무

출제 기준(필기)

직무 분야	기계	중직무 분야	기계장비설비·설치	자격 종목	건설기계정비 기능장	적용 기간	2025.1.1.～ 2027.12.31.
○ 직무내용 : 건설기계정비에 관한 최상급의 숙련기능을 바탕으로, 건설기계의 유지 관리와 각종 기기·시험기를 사용하여 현장에서 발생하는 건설기계의 결함이나 고장부위를 점검 및 진단하고, 정비의 현장 지도 및 감독을 하는 관리자로서의 직무 수행							

필기검정방법	객관식	문제수	60	시험시간	1시간

필 기 과목명	주요항목	세부항목	세세항목
건설기계 정비, 안전관리, 공업경영에 관한 사항	1. 건설기계 기관정비	1. 기관의 성능 및 효율	1. 기관의 정의 및 분류 2. 내연기관의 성능 3. 내연기관의 효율 4. 연료 및 배출가스
		2. 기관 본체	1. 헤드, 실린더, 실린더 블록 2. 피스톤 및 크랭크축 3. 밸브기구
		3. 윤활 및 냉각장치	1. 윤활장치 2. 냉각장치
		4. 연료장치	1. 연료장치 2. 연료분사펌프 3. 전자제어 연료분사장치
		5. 흡배기 장치	1. 흡 · 배기장치 2. 과급장치
		6. 기타 장치	1. 배출가스 저감장치, 기타 부속장치

필 기 과목명	주요항목	세부항목	세세항목
건설기계 정비, 안전관리, 공업경영에 관한 사항	2. 건설기계 차체정비	1. 동력전달장치	1. 클러치 2. 변속기 3. 종 감속 장치 4. 휠 및 타이어
		2. 현가 및 조향장치	1. 현가장치 2. 조향장치
		3. 제동장치	1. 유압식 제동장치 2. 공기식 제동장치 3. 공기 유압식 제동장치
		4. 무한궤도 장치	1. 트랙 및 롤러 2. 유동륜 및 완충장치
		5. 건설기계의 특성 및 작업장치	1. 불도저 2. 굴착기 3. 로더 4. 지게차 5. 스크레이퍼 6. 덤프트럭 7. 기중기 8. 모터그레이더 9. 롤러 10. 노상안정기 11. 콘크리트뱃칭플랜트 12. 콘크리트피니셔 13. 콘크리트살포기 14. 콘크리트믹서트럭 15. 콘크리트펌프 16. 아스팔트믹싱플랜트 17. 아스팔트피니셔 18. 아스팔트살포기 19 골재살포기 20. 쇄석기 21. 공기압축기 22. 천공기 23. 항타 및 항발기 24. 자갈채취기 25. 준설선 26. 특수건설기계 27. 타워크레인

필 기 과목명	주요항목	세부항목	세세항목
건설기계 정비, 안전관리, 공업경영에 관한 사항	3. 건설기계 유압정비	1. 유압장치의 구성	1. 유압의 기초 2. 유압장치 구성
		2. 유압기기 및 회로	1. 유압 펌프 2. 유압제어밸브 3. 유압 실린더와 유압모터 4. 부속기기 5. 유압회로 6. 유압장치의 고장진단 및 정비
	4. 건설기계 전기정비	1. 기초전기전자	1. 전기전자기초 2. 반도체
		2. 전기장치	1. 축전지 2. 시동장치 3. 충전장치 4. 등화장치 5. 예열 및 계기장치 6. 기타 전기장치
		3. 냉난방장치	1. 냉방장치 2. 난방장치
	5. 안전관리	1. 정비작업 안전	1. 정비 작업장 안전기준 및 재해예방 2. 건설기계 조종 및 운전 시 안전 3. 안전보건표지 4. 건설기계작업안전 5. 용접작업안전
		2. 기기 사용안전	1. 기기에 대한 안전 2. 공구에 대한 안전 3. 전동 공구에 대한 안전
	6. 공업경영	1. 품질관리	1. 통계적 방법의 기초 2. 샘플링 검사 3. 관리도
		2. 생산관리	1. 생산계획 2. 생산통제
		3. 작업관리	1. 작업방법 연구 2. 작업시간 연구
		4. 기타 공업경영에 관한 사항	1. 기타 공업경영에 관한 사항

출제 기준(실기)

직무 분야	기계	중직무 분야	기계장비설비·설치	자격 종목	건설기계정비 기능장	적용 기간	2025.1.1.~ 2027.12.31.

○ **직무내용** : 건설기계정비에 관한 최상급의 숙련기능을 바탕으로, 건설기계의 유지 관리와 각종 기기 · 시험기를 사용하여 현장에서 발생하는 건설기계의 결함이나 고장부위를 점검 및 진단하고, 정비의 현장 지도 및 감독을 하는 관리자로서의 직무 수행

○ **수행준거** : 1. 건설기계 정비실무 지식에 따라 작업공정을 설정하고, 정비용 시험기를 유지관리 할 수 있다.
2. 건설기계 관련법규와 안전기준에 따라 정비할 수 있다.
3. 각종 공구 및 점검기기를 이용하여 기관, 기체, 전기 및 전자장치, 작업장치, 유압장치 등의 결함이나, 고장부위를 진단할 수 있다.
4. 고장원인을 분석하여 정비지침서에 따라 알맞은 부품으로 교체하거나 정비할 수 있다.

실기검정방법	복합형	시험시간	필답형 : 1시간 30분, 작업형 : 6시간 30분 정도

실기 과목명	주요항목	세부항목	세세항목
건설기계정비실무	1. 정비계획 준비	1. 견적산출하기	1. 정비부품 목록(카탈로그)을 활용하여 소요부품 및 자재의 수량과 가격을 확인할 수 있다. 2. 정비지침서에 따라 작업 난이도를 파악하여 정비소요 시간을 결정할 수 있다. 3. 작업 여건 및 난이도에 따라 적정인원을 배치할 수 있다. 4. 기술자의 숙련도를 고려하여 사규에 따라 공임을 결정할 수 있다. 5. 사내 견적산출프로그램을 활용하여 점검정비견적서를 작성할 수 있다.
	2. 엔진본체 정비	1. 실린더헤드 정비하기	1. 작업장 바닥의 오염방지를 고려하여 엔진오일을 빼낼 수 있다. 2. 전기배선 및 커넥터부위가 손상되지 않도록 주의하여 탈거할 수 있다. 3. 과급기가 손상되지 않도록 주의하여 흡 · 배기장치를 탈거할 수 있다. 4. 실린더헤드 볼트를 분해순서에 따라 풀고 실린더헤드를 탈거할 수 있다.
		2. 엔진블록 정비하기	1. 오일팬 고정볼트와 오일팬이 손상되지 않도록 주의하여 오일팬 및 오일펌프를 탈거할 수 있다. 2. 지정된 공구 및 지그를 사용하여 피스톤 및 실린더를 탈거할 수 있다. 3. 크랭크축 메인베어링의 순서가 바뀌지 않도록 주의하여 크랭크축을 탈거한 후 수직으로 세워 보관할 수 있다. 4. 탈거 및 분해의 역순으로 조립할 수 있다.
	3. 엔진주변 장치 정비	1. 연료장치 정비하기	1. 연료 분사펌프 파이프를 순서가 바뀌지 않게 탈거할 수 있다. 2. 분사노즐(인젝터)을 탈거 후 점검하여 이상유무를 확인하고 노즐시험기를 사용하여 분사압력, 분사상태를 점검할 수 있다. 3. 연료 분사펌프를 탈거 후 연료분사시기를 조정하고 분사펌프시험기를 사용하여 분사량 및 불균율을 점검할 수 있다. 4. 1, 2차 연료여과기의 교환시기 등을 고려하여 오염여부, 누유여부를 점검하고 교환할 수 있다.

실 기 과목명	주요항목	세부항목	세세항목
		2. 윤활장치 정비하기	1. 건설기계를 수평으로 유지한 상태에서 오일점검게이지를 사용하여 오일량 적정여부 및 오염여부를 점검할 수 있다. 2. 엔진 시동을 걸고 규정rpm을 유지한 상태에서 오일압력게이지를 사용하여 오일압력을 측정할 수 있다. 3. 오일여과기의 교환시기 등을 고려하여 오염여부, 누유여부를 점검하고 교환할 수 있다. 4. 엔진오일 압력이 규정값 이하일 경우 오일펌프를 점검 및 교환할 수 있다. 5. 로커암 커버(덮개), 유압호스, 오일팬의 누유여부를 점검할 수 있다.
		3. 냉각장치 정비하기	1. 냉각수의 오염여부를 점검하고 비중계를 사용하여 빙점을 확인할 수 있다. 2. 냉각수의 누수여부 및 냉각핀의 손상여부를 점검하고 압력캡시험기를 사용하여 라디에이터 압력캡을 시험할 수 있다. 3. 냉각수 연결호스의 누수 및 경화여부를 점검할 수 있다. 4. 냉각수 펌프의 누수, 소음 및 진동을 고려하여 고장여부를 점검하고 교환할 수 있다. 5. 냉각수 펌프 구동벨트의 장력 및 균열여부를 점검하고 교환할 수 있다. 6. 냉각수 온도가 규정 값 이상의 경우 냉각수량, 냉각팬, 수온조절기 등을 점검할 수 있다.
		4. 흡·배기 장치 정비하기	1. 공기여과기의 교환주기를 고려하여 공기여과기를 점검할 수 있다. 2. 과급기의 소음, 진동 및 누유를 고려하여 정상 작동 여부를 점검할 수 있다. 3. 흡 · 배기밸브 등의 작동 상태와 분해순서에 따라 탈거하여 점검할 수 있다. 4. 흡 · 배기밸브를 탈거 및 분해의 역순으로 조립하여, 간극을 조정할 수 있다. 5. 소음기 및 배기관의 연결상태를 확인하고 손상여부를 점검할 수 있다. 6. 매연측정기를 사용하여 배출가스를 측정하고 적합여부를 판정할 수 있다.
	4. 동력전달 장치 정비	1. 클러치 정비하기	1. 보호구를 착용하고 추진축의 낙하방지를 위하여 받침대를 사용하여 추진축을 탈거할 수 있다. 2. 변속기의 낙하방지 및 안전작업을 위하여 변속기전용 잭을 받치고 탈거할 수 있다. 3. 압력판의 낙하방지를 위하여 인양 및 걸이기구를 사용하여 탈거할 수 있다. 4. 클러치디스크의 마모 및 휨 상태를 확인하기 위하여 게이지로 측정 및 점검할 수 있다. 5. 베어링을 세척하여 소음 및 마모상태 등을 점검할 수 있다. 6. 틈새게이지를 사용하여 압력판 변형을 점검할 수 있다. 7. 스프링장력 시험기를 사용하여 스프링의 장력 및 변형을 측정할 수 있다. 8. 탈거 및 분해의 역순으로 조립할 수 있다.

실기 과목명	주요항목	세부항목	세세항목
		2. 변속기 정비하기	1. 보호구를 착용하고 추진축의 낙하방지를 위하여 받침대를 고이고 추진축을 탈거할 수 있다. 2. 변속기를 탈거하여 오일을 빼낸 후 분해순서에 따라 분해할 수 있다. 3. 베어링의 마모상태를 점검하고 오일 실(Seal)의 사용여부를 판단할 수 있다. 4. 기어 마모상태를 점검하며, 다이얼게이지를 사용하여 기어유격을 측정할 수 있다. 5. 다이얼게이지를 사용하여 변속링키지 유격을 측정 및 점검할 수 있다.
		3. 추진축 정비하기	1. 보호구를 착용하고 추진축의 낙하방지를 위하여 받침대를 고이고 추진축을 탈거할 수 있다. 2. 다이얼게이지와 V블록을 사용하여 추진축 휨 측정과 점검을 할 수 있다. 3. 추진축을 위·아래로 흔들어서 십자축 베어링의 유격상태를 점검할 수 있다. 4. 추진축을 좌우로 돌려서 스플라인이음의 유격상태를 점검할 수 있다. 5. 앞뒤 추진축 위치를 맞춰서 탈거 및 분해의 역순으로 조립할 수 있다.
		4. 차동장치 정비하기	1. 보호구를 착용하고 추진축의 낙하방지를 위하여 받침대를 고이고 추진축을 탈거할 수 있다. 2. 작업장 바닥의 오염방지를 고려하여 차동기어오일을 빼낼 수 있다. 3. 액슬축 고정 볼트가 손상되지 않도록 주의하여 액슬축을 탈거 할 수 있다. 4. 차동장치 전용 잭을 사용하여 차동장치를 탈거할 수 있다. 5. 베어링을 세척하여 소음 및 마모상태 등을 점검할 수 있다. 6. 다이얼게이지를 사용하여 링기어와 피니언기어의 유격 측정 및 접촉상태를 점검할 수 있다.
	5. 주행장치 정비	1. 무한궤도식 정비하기	1. 무한궤도 탈거를 위하여 고임목을 받칠 수 있다. 2. 트랙장력 실린더의 그리스 배출 밸브를 풀어서 그리스를 배출하여 트랙장력을 이완할 수 있다. 3. 유압프레스를 사용하여 링크의 마스터핀을 빼내어 트랙을 분리할 수 있다. 4. 트랙슈, 링크, 유동륜(아이들러), 구동륜(스프로킷), 상•하부롤러의 마모량 등을 측정하고 리코일스프링 손상 및 텐션실린더와 링크의 누유여부를 점검할 수 있다. 5. 탈거 및 분해의 역순으로 무한궤도를 조립할 수 있다.
		2. 타이어식 정비하기	1. 건설기계가 움직이지 않도록 고임목을 받칠 수 있다. 2. 타이어를 탈거하기 위하여 유압 잭을 사용하여 탈거할 타이어를 지면에서 100mm 정도를 띄울 수 있다. 3. 탈거 할 타이어의 고정 너트를 풀어서 타이어를 탈거할 수 있다. 4. 탈거한 타이어의 트레이드 마모여부를 확인할 수 있다. 5. 탈거한 타이어의 적정 압력을 확인할 수 있다. 6. 탈거 및 분해의 역순으로 타이어를 조립할 수 있다.

실 기 과목명	주요항목	세부항목	세세항목
	6. 조향장치 정비	1. 기계식 조향장치 정비하기	1. 철자를 사용하여 핸들유격을 측정 및 점검하고 조향축 고정상태를 점검할 수 있다. 2. 핸들조작이 원활하지 않을 경우 조향기어 박스 및 조향실린더의 누유 상태를 점검할 수 있다. 3. 핸들조작시 유격이 크고 흔들림, 반응속도 늦음 등을 고려하여 피트먼암, 드래그링크, 타이로드엔드볼, 너클 및 부싱, 킹핀베어링의 유격상태를 점검 및 조정할 수 있다. 4. 핸들조작이 원활하지 않을 경우 유압게이지를 사용하여 조향펌프 압력을 측정 및 점검할 수 있다. 5. 지게차 주행시 뒷바퀴(조향륜) 흔들림을 고려하여 벨크랭크(링크, 링크베어링, 링크핀, 링크부싱) 등을 점검할 수 있다. 6. 유압오일 교체주기를 고려하여 교환 및 보충할 수 있다. 7. 기계 유압식 조향장치를 탈거와 분해 및 조립할 수 있다.
		2. 유압식 조향장치 정비하기	1. 철자를 사용하여 핸들유격을 측정 및 점검하고 조향축 고정상태를 점검할 수 있다. 2. 핸들조작이 원활하지 않을 경우 파워스티어링유닛 및 조향실린더의 누유 상태를 점검할 수 있다. 3. 핸들조작이 원활하지 않을 경우 유압게이지를 사용하여 조향펌프 압력을 측정 및 점검할 수 있다. 4. 조향실린더까지 유압이 정상적으로 전달되는지 여부를 고려하여 유량분배밸브(플로우디바이더 밸브)를 점검할 수 있다. 5. 유압오일 교체주기를 고려하여 교환 및 보충할 수 있다. 6. 유압식 조향장치를 탈거와 분해 및 조립할 수 있다.
		3. 전기식 조향장치 정비하기	1. 조향성능을 최적화 하기위하여 모니터에 입력된 조향입력 수치를 확인하여 조정할 수 있다. 2. 핸들의 정상 작동상태를 확인하여 토크센서를 점검할 수 있다. 3. 핸들 작동 속도를 확인하여 모터 및 감속기를 점검할 수 있다. 4. ECU를 확인하여 건설기계 속도와 부하에 따라 입력수치를 확인하고 조정할 수 있다.
		4. 조향륜 정렬 정비하기	1. 건설기계의 조향/주행 성능 유지를 위하여 바퀴의 토인, 토아웃, 캠버, 캐스터 및 킹핀 경사각을 점검할 수 있다. 2. 건설기계 최소 회전반경 유지를 위하여 조향각 조정볼트를 점검할 수 있다. 3. 건설기계의 직진성 유지를 위하여 축간거리를 점검할 수 있다. 4. 사이드슬립측정기로 조향륜 토인 또는 토아웃 상태를 측정하여 조정할 수 있다.

실 기 과목명	주요항목	세부항목	세세항목
	7. 제동장치 정비	1. 기계식 제동장치 정비하기	1. 케이블 이완 또는 절손 등을 고려하여 케이블 작동상태를 점검할 수 있다. 2. 브레이크 작동레버 동작여부에 따라 브레이크 라이닝의 정상 작동 여부를 확인할 수 있다. 3. 라이닝 및 드럼점검을 위하여 드럼을 탈거할 수 있다. 4. 드럼과 라이닝의 간격이나 마모상태 등을 고려하여 라이닝 및 드럼을 점검할 수 있다. 5. 건설기계의 주기확보를 위하여 작동레버의 고정장치를 점검할 수 있다. 6. 운전석 계기판의 경고등을 확인하여 작동레버 경고램프스위치 정상여부를 점검할 수 있다.
		2. 유압식 제동장치 정비하기	1. 브레이크 페달 조작력, 간극을 조정할 수 있다. 2. 제동력 확보를 위한 마스터 실린더의 제동상태, 유량 및 누유를 확인하고 제동장치(배력장치 등)에 대해 공기빼기를 할 수 있다. 3. 누유방지를 위하여 제동라인 부식과 연결부위 파손유무를 점검할 수 있다. 4. 휠 실린더 누유점검을 확인하고 브레이크 라이닝과 슈, 리턴스프링 작동상태 점검할 수 있다. 5. 육안 및 측정기를 사용하여 드럼과 라이닝 간극, 마모 및 균열 유무를 점검할 수 있다. 6. 제동력 확보를 위한 하부 리테이너 실(Seal)의 마모와 손상을 확인하여 점검할 수 있다. 7. 적은 힘으로 큰 제동력을 확보하기 위한 배력장치를 점검할 수 있다. 8. 건설기계 종류를 확인하고 습식디스크 브레이크 작동 및 마모상태를 점검할 수 있다.
		3. 공기식 제동장치 정비하기	1. 브레이크페달을 작동시켜 소음상태를 확인하고 브레이크 밸브 공기누출 유무를 점검할 수 있다. 2. 공기탱크, 브레이크 파이프라인, 밸브의 손상 및 부식 유무를 확인하여 점검할 수 있다. 3. 에어챔버를 작동시켜 공기누출 유무를 확인할 수 있다. 4. 브레이크페달을 작동시켜 브레이크 라이닝과 리턴스프링 작동상태를 점검할 수 있다. 5. 육안 및 측정기를 사용하여 드럼 마모 및 균열 유무를 점검할 수 있다. 6. 제동력 확보를 위한 하부 리테이너 씰의 마모 및 손상을 확인하여 점검할 수 있다. 7. 제동공기 누출여부를 확인하고 자동제어장치(제동로크 등)를 점검할 수 있다. 8. 규정 공기압력을 확인하고 경보장치 및 공기압축기를 점검할 수 있다.
		4. 감속 제동장치 정비하기	1. 엔진배기 가스를 부분 차단하여 건설기계의 주행속도를 감소시키는 배기브레이크를 점검할 수 있다. 2. 주행시험 및 측정기를 사용하여 ABS, ARS를 점검할 수 있다. 3. 엔진브레이크의 원리를 확인하고 엔진브레이크 작동상태를 확인할 수 있다. 4. 변속기의 회전속도를 감속시키는 감속장치를 점검할 수 있다.

실 기 과목명	주요항목	세부항목	세세항목
	8. 유압펌프 정비	1. 기어펌프 정비하기	1. 측정기를 사용하여 기어펌프 토출량 등의 상태를 확인할 수 있다. 2. 기어펌프의 외관상 균열 및 누유 여부를 확인하고 탈거 할 수 있다. 3. 기어펌프를 분해순서에 따라 분해할 수 있다. 4. 측정기 등을 사용하여 분해된 부품의 이상 유무를 확인하고 손상된 부품을 교환할 수 있다. 5. 기어펌프를 분해의 역순으로 조립하여 정상 작동 여부를 점검할 수 있다.
		2. 베인펌프 정비하기	1. 측정기를 사용하여 베인펌프의 규정압력을 점검하고 펌프의 흡입과 토출량 등의 상태를 확인할 수 있다. 2. 베인펌프의 외관상 균열 및 누유 여부를 확인하고 탈거 할 수 있다. 3. 베인펌프를 분해순서에 따라 분해할 수 있다. 4. 측정기 등을 사용하여 분해된 부품의 이상 유무를 확인하고 손상된 부품을 교환할 수 있다. 5. 베인펌프를 분해의 역순으로 조립하여 정상 작동 여부를 점검할 수 있다.
		3. 플런저펌프 정비하기	1. 측정기를 사용하여 플런저펌프의 규정압력을 점검하고 펌프의 유량, 압력, 소음 및 진동 상태를 확인할 수 있다. 2. 플런저펌프의 외관상 균열 및 누유 여부를 확인하고 탈거 할 수 있다. 3. 플런저펌프를 분해순서에 따라 분해할 수 있다. 4. 측정기 등을 사용하여 분해된 부품의 이상 유무를 확인하고 손상된 부품을 교환할 수 있다. 5. 플런저펌프를 분해의 역순으로 조립하여 정상 작동 여부를 점검할 수 있다.
	9. 유압밸브 정비	1. 압력제어밸브 정비하기	1. 정비지침서에 따라 압력제어밸브의 정상 작동 여부를 점검할 수 있다. 2. 압력제어밸브의 외관상 균열 및 누유 흔적이 있는지 확인하고 탈거할 수 있다. 3. 압력제어밸브를 분해순서에 따라 분해할 수 있다. 4. 분해된 부품의 이상 유무를 확인하고 손상된 부품을 교환할 수 있다. 5. 압력제어밸브 분해의 역순으로 조립하여 정상 작동 여부를 점검할 수 있다.
		2. 유량제어밸브 정비하기	1. 정비지침서에 따라 유량제어밸브의 정상 작동 여부를 점검할 수 있다. 2. 유량제어밸브의 외관상 균열 및 누유 흔적이 있는지 확인하고 탈거할 수 있다. 3. 유량제어밸브를 분해순서에 따라 분해할 수 있다. 4. 분해된 부품의 이상 유무를 확인하고 손상된 부품을 교환할 수 있다. 5. 유량제어밸브 분해의 역순으로 조립하여 정상 작동 여부를 점검할 수 있다.
		3. 방향제어밸브 정비하기	1. 정비지침서에 따라 방향제어밸브의 정상 작동 여부를 점검할 수 있다. 2. 방향제어밸브의 외관상 균열 및 누유 흔적이 있는지 확인하고 탈거할 수 있다. 3. 방향제어밸브를 분해순서에 따라 분해할 수 있다. 4. 분해된 부품의 이상 유무를 확인하고 손상된 부품을 교환할 수 있다. 5. 방향제어밸브 분해의 역순으로 조립하여 정상 작동 여부를 점검할 수 있다.

실 기 과목명	주요항목	세부항목	세세항목
	10. 유압 작동기 정비	1. 유압실린더 정비하기	1. 정비지침서에 따라 유압실린더의 정상 작동 여부를 점검할 수 있다. 2. 유압실린더의 외관상 균열 및 누유 흔적이 있는지 확인하고 탈거할 수 있다. 3. 유압실린더를 분해순서에 따라 분해할 수 있다. 4. 분해된 부품을 측정기를 활용하여 유압실린더, 피스톤, 피스톤링, 피스톤 로드 등을 점검할 수 있다. 5. 분해된 부품의 이상 유무를 확인하고 손상된 부품을 교환할 수 있다. 6. 분해된 유압실린더를 분해의 역순으로 조립하여 정상 작동 여부를 점검할 수 있다.
		2. 유압모터 정비하기	1. 유압모터의 외관상 균열, 소음, 진동 및 누유 흔적이 있는지 확인하고 탈거할 수 있다. 2. 유압모터의 출력, 회전속도 등을 점검하여 모터의 정상 작동 유무를 확인할 수 있다. 3. 유압모터를 분해순서에 따라 분해할 수 있다. 4. 분해된 부품의 이상 유무를 확인하고 손상된 부품을 교환할 수 있다. 5. 유압모터를 분해의 역순으로 조립하여 정상 작동 여부를 점검할 수 있다.
	11. 유압 부속 기기 정비	1. 유압탱크 정비하기	1. 탱크를 탈거하기 전에 탱크를 지지할 수 있다. 2. 운전실 밑과 유압탱크 윗부분 사이의 측면 커버를 탈거할 수 있다. 3. 필요한 경우에는 탱크 밑의 드레인 플러그를 제거하여 오일을 배출할 수 있다. 4. 확장 패널을 탈거할 수 있다. 5. 프레임의 안쪽에 위치한 탱크의 상부 엘보 연결호스와 측면 연결호스들을 떼어 낼 수 있다. 6. 탱크를 정비할 때는 충분히 환기를 할 수 있다. 7. 탱크를 분해 역순으로 장착할 수 있다.
		2. 축압기 정비하기	1. 축압기의 정상작동상태를 확인할 수 있다. 2. 손상된 축압기를 탈거할 수 있다. 3. 교체할 축압기를 장착할 수 있다.
		3. 유압라인 정비하기	1. 유압라인의 정상작동상태를 확인할 수 있다. 2. 손상된 유압라인을 탈거할 수 있다. 3. 교체할 유압라인을 장착할 수 있다.
	12. 전기장치 정비	1. 시동장치 정비하기	1. 엔진시동을 위한 시동전동기 B단자, M단자, St단자의 손상, 체결 및 작동상태를 점검할 수 있다. 2. 시동전동기를 정비지침에 따라 탈거할 수 있다. 3. 정비지침서에 따라 시동전동기를 분해·조립할 수 있다. 4. 회로시험기를 사용하여 마그네틱 스위치(전자석 스위치)의 풀인(Pull-In), 홀드인(Hold-In) 회로를 점검할 수 있다. 5. 그로울러시험기를 사용하여 전기자의 단선, 단락, 접지 시험을 할 수 있다. 6. 회로시험기를 사용하여 계자코일의 단선, 접지 시험을 할 수 있다. 7. 브러시(Brush)의 교환주기에 따라 마모와 접촉 상태를 점검할 수 있다. 8. 시동전동기의 성능을 확인하기 위하여 크랭킹 시 소모 전류 및 전압 강하 시험을 할 수 있다.

실 기 과목명	주요항목	세부항목	세세항목
		2. 충전장치 정비하기	1. 발전기의 구성단자 B단자, L단자, R단자의 손상 및 체결상태를 점검할 수 있다. 2. 정비지침서에 따라 충전계통인 발전기를 탈·부착할 수 있다. 3. 회로시험기를 사용하여 발전기의 정격충전전압, 충전전류를 측정할 수 있다. 4. 축전기 충전상태 확인을 위하여 축전지와 발전기를 연결하는 배선의 전압강하를 측정할 수 있다. 5. 정비지침서에 따라 발전기를 분해·조립할 수 있다. 6. 회로시험기를 사용하여 발전기 로터 및 스테이터코일의 단선, 단락, 접지시험을 할 수 있다. 7. 다이오드의 손상여부 및 브러시(Brush)의 마모 상태를 점검하고 교환을 할 수 있다.
		3. 계기 및 기타전기장치 정비하기	1. 장비 시동 후 계기판에 표시되는 각종경고등 및 계기의 정상 작동 여부를 점검할 수 있다. 2. 정비지침서에 따라 각종 등화장치의 작동상태를 점검할 수 있다. 3. 정비지침서에 따라 와이퍼장치 및 안전장치의 작동상태를 점검할 수 있다. 4. 회로시험기를 사용하여 축전지와 연결된 전기장치의 정상 작동 여부를 점검할 수 있다. 5. 저온시 디젤엔진의 시동을 돕기 위한 예열장치의 정상 작동 여부를 확인할 수 있다. 6. 냉방장치의 작동상태 유지를 위하여 에어컨 냉매의 누설 점검과 회수 및 충진 등을 할 수 있다. 7. 난방장치의 작동상태를 유지를 위하여 히터 구성품 및 누수 점검을 할 수 있다. 8. 작업장 주변의 안전작업 및 주행을 위하여 경음기, 경광등을 점검할 수 있다.
	13. 엔진제어 장치 정비	1. ECU 전자제어 장치 정비하기	1. 엔진제어장치 정비를 위하여 축전지 사용가능 여부를 확인할 수 있다. 2. 자기진단기(스캐너)를 이용하여 ECU와 각종 센서의 이상 여부를 확인할 수 있다. 3. 자기진단기(스캐너)를 이용하여 건설기계별 정비지침서에 따라 ECU데이터 기준 값으로 확인할 수 있다. 4. 자기진단기(스캐너)를 이용하여 ECU의 출력 값을 확인할 수 있다. 5. 고장이 발견된 센서의 위치를 확인하고 동일규격 및 용량으로 교환할 수 있다.
		2. 부하제어장치 정비하기	1. 자기진단기(스캐너)를 이용하여 작업장치 각부 입력요소인 가속(ACC)페달, 엔진 컨트롤 다이얼, 주행작업 선택스위치, 보조모드 스위치 저항센서 등을 확인할 수 있다. 2. 자기진단기(스캐너)를 이용하여 건설기계별 정비지침서에 따라 전자제어 유압장치 데이터 기준 값을 확인할 수 있다. 3. 자기진단기(스캐너)를 이용하여 전자비례감압밸브 출력 값을 측정하고 기준 값을 확인할 수 있다. 4. 고장이 발견된 센서의 위치를 확인하고 동일규격 및 용량으로 교환할 수 있다.

실 기 과목명	주요항목	세부항목	세세항목
	14. 변속기 제어 장치 정비	1. TCU 전자제어 장치 정비하기	1. 자기진단기(스캐너)를 이용하여 변속기(TCU)와 각종 센서의 이상 여부를 확인할 수 있다. 2. 자기진단기(스캐너)를 이용하여 건설기계별 정비지침서에 따라 변속기(TCU)데이터 기준 값으로 확인할 수 있다. 3. 자기진단기(스캐너)를 이용하여 변속기(TCU)의 출력 값을 확인할 수 있다.
		2. 센서점검 및 교환하기	1. 센서의 상태를 확인할 수 있다. 2. 센서를 탈거할 수 있다. 3. 고장이 발생된 센서의 위치를 확인하고 동일규격 및 용량으로 교환할 수 있다.
	15. 원형복원 작업	1. 탈 · 부착하기	1. 작업자의 안전과 화재예방을 위하여 안전보호구 착용 및 소화기 비치, 인화물질을 안전한 곳에 보관할 수 있다. 2. 수공구와 전동공구를 사용하여 전기배선 및 커넥터부위가 손상되지 않도록 분리하며, 손상 및 연결 부품을 분리할 수 있다. 3. 추가 손상방지를 고려하여 내 · 외부에 장착된 와이어, 호스, 배선, 의자 등을 분리한 후, 열 변형을 최소화 시킬 수 있는 절단범위를 설정하여 패널 등 손상된 부분을 용접기, 절단기, 특수공구 등으로 절단 및 분리할 수 있다. 4. 분리한 부품(패널, 브래킷, 멤버, 커넥터 등)의 폐기 및 재사용 여부를 구분하여 지정된 장소에 보관할 수 있다. 5. 분리의 역순으로 패널, 브래킷, 멤버, 커넥터 등을 장착할 수 있다.
		2. 기능복원 하기	1. 작업자의 안전과 화재예방을 위하여 안전보호구 착용 및 소화기 비치, 인화물질을 안전한 곳에 보관할 수 있다. 2. 사고 경위, 충격충돌 순간의 현상, 변형과 비틀림 등을 파악하여 손상을 진단할 수 있다. 3. 손상된 기체(차체)를 트램게이지 등을 사용하여 연결부분의 치수를 측정하고 수리 방법과 순서를 판단할 수 있다. 4. 기체(차체) 수정장비와 유압프레스, 용접기, 클램프 및 체인 등을 사용하여 변형과 비틀린 부분의 기체(차체)를 고정하고 트램게이지로 계측하면서 손상부위의 기능을 원상태로 복원할 수 있다. 5. 판금용 해머와 돌리를 사용하여 패널 절단과 분리과정에서 변형된 부위를 복원할 수 있다. 6. 펀치와 스폿드릴비트로 스폿 너깃부위 제거과정에서 생긴 패널의 거친 부분을 연마기 등으로 다듬질할 수 있다. 7. 신품 및 기체(차체)패널의 앞 · 뒤 면에 도포된 페인트, 실러, 녹 등을 제거하고 표면을 연마하여 용접 불량을 예방할 수 있다. 8. 용접기를 사용하여 비드 및 너깃이 패널의 중심부에 형성되도록 패널을 부착하거나 용접할 수 있다. 9. 부식과 방음을 고려하여 복원 또는 교환 패널의 내 · 외부에 부식방지제와 방진제 및 방음재를 도포할 수 있다. 10. 수정장비에 고정되어 있는 기체(차체)를 클램프와 체인 등을 해체하고 탈거의 역순으로 부품을 장착할 수 있다.

실 기 과목명	주요항목	세부항목	세세항목
		3. 원형복원하기	1. 손상 부위의 먼지나 흙 등을 제거하고 육안, 촉감 등을 이용하여 패널의 변형된 부분을 확인할 수 있다. 2. 용접과 도장작업을 고려하여 변형된 패널 표면의 도장막과 부식을 제거할 수 있다. 3. 금속재질의 특성을 파악하고 판금 해머, 돌리, 특수 공구 등을 사용하여 변형된 패널을 복원할 수 있다. 4. 손상된 금속재질 부위에 열을 가하고 물을 사용한 급속냉각을 반복하면서 원상 복원할 수 있다. 5. 도장 공정을 고려하여 연삭작업 등으로 복원된 부분을 다듬질할 수 있다.
	16. 도장 작업	1. 도장준비하기	1. 대기환경보전법 등을 고려하여 전용부스를 사용하고 정리 정돈할 수 있다. 2. 도막(도료)의 부착력을 향상시키기 위하여 그라인더, 연마지, 리무버 등으로 기존(구) 도막을 제거하여 표면을 깨끗이 할 수 있다. 3. 도장부위의 특성에 따라 퍼티를 판금 면의 흠집, 홈 등에 도포, 건조한 다음 연마지 등을 사용하여 단차를 완만하게 연마할 수 있다.
		2. 도장하기	1. 도장부위의 녹 방지와 도료의 부착성을 향상시키기 위하여 도료를 얇게 프라이머 도장을 할 수 있다. 2. 색상 도장을 고려하여 연마지로 프라이머 도장면을 연마할 수 있다. 3. 도장면 외에 도료가 묻지 않도록 보호하기 위하여 마스킹을 할 수 있다. 4. 색상도료를 만들기 위해 도장면의 색상코드를 확인하고 도료 배합비율과 조색제를 믹싱머신으로 충분히 혼합할 수 있다. 5. 색상도료를 시험용 시편에 도장하고 색상차이가 발생하지 않도록 수정용 조색제를 혼합하여 완성된 색상도료를 도장할 수 있다. 6. 색상도료를 보호하기 위하여 투명도료(클리어 코트)를 도장할 수 있다. 7. 도장부스와 열처리 기구를 사용하여 도장 면을 건조시킬 수 있다.

02 건설기계정비기능장 필답형 A ~ Z

1. 필답형 채점

○ 채점 진행 과정

- 수검자의 답안지(작품)를 제출함과 동시에 인적 사항이 노출되지 않게 봉인
- 채점 시작 전에 답안지(작품)에 수검자별 비번호를 부여하여 채점 실시
- 득점 전산 입/출력 대조 확인 후 봉인된 답안지를 개봉하여 인적 사항을 입력
- 인적 사항 사전 확인은 불가능
- 해당분야의 전문가 위촉
- 채점 기술 회의
- 채점(1단계)
- 초검(2단계)[오류 채점 정정]
- 재검(3단계)
- 득점 전산입력
- 인적 사항 전산입력
- 전산 채점표(판정표)를 발행
- 60점 이상 득점자를 합격자로 결정

○ 필답형 답안 작성시 유의사항

- 시험 문제지를 받는 즉시 응시하고자 하는 종목의 문제지가 맞는지를 확인
- 시험 문제지 총 면수, 문제번호 순서, 인쇄상태 등을 확인하고, 수험번호 및 성명을 답안지에 기재
- 수험자 인적 사항 및 답안작성(계산식 포함)은 흑색 또는 청색 필기구만 사용하되, 동일한 한 가지 색의 필기구만 사용하여야 하며 흑색, 청색을 제외한 유색 필기구 또는 연필류를 사용하거나 **2가지 이상의 색을 혼합 사용하였을 경우 그 문항은 0점 처리**
- 답란에는 문제와 관련 없는 불필요한 낙서나 특이한 기록사항 등을 기재하면 안되며, **부정의 목적으로 특이한 표식**을 하였다고 판단될 경우에는 모든 문항이 0점 처리
- 답안을 정정할 때에는 **반드시 정정 부분을 두 줄(=)로 그어 표시**하여야 하며, 두 줄로 긋지 않은 답안은 정정하지 않은 것으로 간주(수정테이프, 수정액 사용 불가)

- 계산 문제는 반드시 「계산과정」과 「답」 란에 **계산과정과 답을 정확히 기재**하여야 하며 계산과정이 틀리거나 없는 경우 0점 처리(단, 계산 연습이 필요한 경우는 연습란을 이용하여야 하며, **연습란은 채점 대상이 아님**)
- 계산 문제는 최종 결과값(답)에서 소수 셋째자리에서 반올림하여 둘째 자리까지 구하여야 하나, 개별문제에서 소수 처리에 대한 요구사항이 있을 경우에는 그 요구사항에 따라야 함. (단, 문제의 특수한 성격에 따라 정수로 표기하는 문제도 있으며, 반올림한 값이 0이 되는 경우는 첫 유효숫자까지 기재하되 반올림하여 기재하여야 함.)
- **답에 단위가 없으면 오답으로 처리**
  (단, 문제의 요구사항에 단위가 주어졌을 경우는 생략되어도 무방함.)
- 문제에서 요구한 가지 수(항수) 이상을 답란에 표기한 경우에는 **답란 기재 순으로 요구한 가지 수(항수)만 채점**하여, 한 항에 여러 가지를 기재하더라도 한 가지로 보며, 그중 정답과 오답이 함께 기재되어 있을 경우에는 오답으로 처리
- 한 문제에서 소문제로 파생되는 문제나, 가지 수를 요구하는 문제는 대부분의 경우에는 부분 배점을 적용
- 부정 또는 불공정한 방법(시험문제 내용과 관련된 메모지 사용 등)으로 시험을 치른 자는 부정 행위자로 처리되어 당해 시험을 중지 또는 무효로 하고, 3년간 국가기술자격검정의 응시자격이 정지
- 복합형 시험의 경우 시험의 전 과정(필답형, 작업형)을 응시하지 않은 경우 채점대상에서 제외
- 저장용량이 큰 전자계산기 및 유사 전자제품 사용시에는 반드시 저장된 메모리를 초기화한 후 사용하여야 하며, 시험위원이 초기화 여부를 확인할 때 협조하여야 함. 초기화되지 않은 전자계산기 및 유사 전자제품을 사용하여 적발 시에는 부정행위로 간주
- 시험위원이 시험 중 신분 확인을 위하여 신분증과 수험표를 요구할 경우에는 반드시 제시하여야 함
- 시험 중에는 통신기기 및 전자기기(휴대용 전화기 등)를 지참하거나 사용할 수 없음.
- **문제 및 답안(지), 채점기준은 일체 공개하지 않음**

○ 유의사항 관련 참고사항

- 답안작성 시 연필을 사용하였을 경우 채점 제외와 관련하여…(3항 관련)
- 연습란 여백 부문의 불필요한 낙서 또는 연필 자국을 깨끗이 지워야 하는지에 대해…
  (4항 관련)
  - **연필로 작성된 답안지는 답안 내용을 지우개로 지우고 대리작성을 통한 부정행위 개연성의 사**

전방지 차원에서 채점 제외
  • **문제지 연습란 여백 등 부문은 채점을 하지 않음으로 연필자국을 지우개로 지울 필요가 없으며, 채점은 답란 부문에 대해서만 적용**
- 답안작성시 충분한 연습란 여백 공간제공과 관련하여
  • **답안작성시 연습란 여백 부족의 불편사항이 없도록 충분한 여백공간을 제공토록 문제 편집 시 고려하였으며, 만일 부족시 답란 부문을 제외한 빈 공간을 활용하여도 무방**
- 시험문제 부문에 밑줄을 긋는 등의 표시가 채점에 관련되는지 유무
  • **시험 도중 문제 부문에 밑줄 표시 등을 하여도 채점에 불이익이 전혀 없음. 다만, 답안 작성란에는 문제에서 요구한 답안(계산과정을 요구한 경우 계산과정 포함)만을 작성하여야 함**

2. 필답형/작업형 문제 및 답안의 채점 기준 비공개

○ 필답형 시험의 시험 문제와 답안지는 비공개

- 모범답안의 공개가 이루어지는 결과
- 해당 분야의 전반적인 기능, 기술을 학습하기보다는 배점이 크고 시험 합격에 유리한 부분만 집중 반복
- 자격시험이 응시자들에게 응용 및 이해력 위주의 평가가 되지 못함
- **암기식, 주입식 위주의 시험, 자격취득자의 자질 저하 및 장기적으로는 자격증이 산업현장에서 인정받지 못하는 결과를 초래**

○ 채점 기준 및 답안지 공개시 문제점

- 답안지 및 채점 기준의 공개만으로 수검자의 궁금증이 모두 해소되는 것이 아님
- **채점에 참여한 외부전문가가 채점 결과를 모두 설명하여야 함**
- 불합격한 대다수의 수검자들에게 불합격 사유를 설명하기는 불가능
- 연간 수십만이 응시하는 시험에서 답안지 등을 공개하여 틀린 부분을 설명하고, 수험자와 학원 등의 이해관계가 얽혀 소송과 행정심판 등 시시비비에 휘말린다면,
  • **국가자격시험의 원활한 시행이 불가능**
  • **사후 업무처리의 과다로 시험의 응시 기회가 축소**
  • **문제와 정답의 공개에 따라 문제은행식 출제방식의 유지 곤란**
  • **결국은 더욱 많은 응시 기회를 원하는 대부분 수험자들이 불이익을 받게 됨**

○ 공공기관 정보공개에 관한 법률

- **법률 제9조 1항 5호에 의거 채점 기준 및 답안은 비공개**로 하고 있음
- 개인적으로 방문 시에도 열람은 불가

3. 본인 채점 결과(가채점)와 실제 채점에서 점수가 차이가 나는 이유

○ 채점 방식의 오류

- 수검자는 기억으로 채점
- 채점위원은 모범답안과 답안지를 보고 채점
- 기억에 의한 채점
  - 유사 답안을 맞는 것으로 채점
  - 서술형 문제 : 본인에게 유리한 방향으로 점수를 부여
- 채점위원은 정확한 답안에 대하여 점수를 부여
  ⇒ 생각보다 점수가 덜 나오게 됨

○ 답안지 작성상의 오류

- 계산식의 경우 계산기를 사용, 정확한 답안을 도출하였으나,
  답안지에 옮길 때 식에서 ( ), +, - , = 등이 생략되어 식이 성립되지 않는 경우
- 결과값에서 단위를 미기재 또는 잘못 기재한 경우가 많음
- 부분 배점
  - 종목 성격, 문항 성격에 따라 부분 배점에 차이가 있음에도 불구하고
  - 수검자가 인위로 부분 점수를 부여하여 채점한 경우

" ~에 대하여 5가지를 쓰시오(5점)"에 대한 부분 배점 유형은 여러 가지가 있을 수 있음

- 1개당 1점, 1점 × 5개 = 5점
- 2개 맞으면 1점, 3 ~ 4개 맞으면 3점, 5개 맞으면 5점
- 5개 다 맞으면 5점, 그 외는 0점 등

- 정답이 0.257을 0.275로 기재하고 맞는 것으로 채점한 경우
- 한글 기재 및 영문 스펠링이 틀린 경우
- 과정이 생략되고 결과값만 기재하고 맞는 것으로 채점한 경우

– 정답을 잘못 알고 채점한 경우 등

4. 고득점 전략 답안 작성 요령

○ 지식도 조직적이어야…

♡ 구슬이 서말이라도 꿰어야 보배

♡ 부뚜막의 소금도 넣어야 짜다

"아무리 좋은 것을 가지고 있다 하더라도
그것을 잘 활용하지 않으면 아무 소용이 없다."

- 여기저기 산재해 놓으면 유사시 사용할 수 없음
- 중요한 것은 밑줄을 긋는다.
- 적자생존(적어야 산다)

▶ **기능장 1차 시험(필기)**

- 문제를 끝까지 두 번씩 읽어 볼 것
- 문제의 지문과 보기를 자세히 읽어보면 답이 보인다.

▶ **기능장 2차 시험(필답 및 실기)**

- 백지에 나의 전문 지식을 직접 작성
- 원리(근본)를 이해하지 못하면 작성할 수 없음
- 문제의 본질을 확실히 이해하고, 문제에 대한 답을 눈을 감고 생각

▶ **평소에 쓰는 연습을 … 실전처럼~~**

- 머리로만 공부하면 시험장에서 표현력이나 응용력이 부족
- 아는 문제도 막히고, 조금만 돌려서 문제가 출제되면 막막…
- 평소에 답안을 써가면서 실전과 같은 문제 풀이를 연습
  ⇒ 술술 나올 수 있어야 함

○ 필답형 실기의 점수를 50점 만점에 30점 이상

- 과년도 출제 문제 중심
- 10번 이상 정독
- 필답형 실기에서 30점 이상 ⇒ 작업형 실기에서 마음의 여유
  ⇒ 작업형 실기에서 고득점 가능

○ 공부 방법의 선정

- 작업형, 필답형 모두 문제만을 보면 어떻게 작업을 해야 되는지, 답안지 작성은 어떻게 해야 하는지가 바로 떠오를 수 있도록 공부 방법을 선정
- **내가 직접 해보고 나에게 가장 적당한 공부 방법을 선정**
- 먼저 스탠드의 전등을 켠 다음 문제만 적은 종이를 올려놓음
- 한 문제를 5초 정도 읽은 다음, 스탠드의 전등을 소등하고 머릿속으로 답이나 작업 방법을 떠올려 봄
- **그 답이나 작업 방법을 입을 통하여 말로 내뱉어 봄**
- 만일, 답을 말하지 못한 것이 있으면 아는 것 모두를 말한 다음, 스탠드의 전등을 켜서 확인하고 다시 소등한다. 그 답과 작업 방법을 정확하게 말할 때까지 반복적으로 행하고 다음 문제로 이동

○ 채점위원이 잘 이해할 수 있는 용어를 선택

- 필답형 실기의 채점위원은 대부분 학계에 있는 교수, 실기와 이론을 겸비한 기능인
- **답안 작성시 채점위원이 잘 이해할 수 있는 용어를 택해서 서술**
- 채점위원이 알지 못하는 부품의 이름, 공구 이름으로 서술한다면 좋은 점수를 받을 수 없음
- **작업형 실기의 각 문제에 따른 점수가 부분 점수가 없음**
- 예를 들어, 엔진 분해조립이라는 문제가 나오면, 기능사나 산업기사 등에는 6, 3, 0 등으로 3점이라는 부분 점수가 존재하지만, 작업형 기능장 실기에서는 6, 0 등으로 부분 점수(중간 점수)가 없다는 점을 명심

○ **답을 길게 적지 않도록**

- 채점관 … 시험지를 일일이 읽어야 함 … 중노동
- **질문 요지에 따른 핵심만 작성**
- 글씨 … 초등학생 … 또박또박 … 동가홍상(同價紅裳)

○ **문제에서 5가지 답을 요구했을 때**

- **요구한 답 5가지만 작성**
- 6~7가지 답을 ???
- 비슷한 답을 한꺼번에 [ooo 또는 vvv, ooo 및 vvv]

○ **표준 용어 및 그림 사용**

- 밧대리, 쌔루모다, 제네레다, 메가네, 후까시
- **문장으로 설명이 부족할 때는 그림 등으로 간단히 설명**
- 채점자가 쉽게 이해

○ **계산 문제의 경우**

- 단위 : 지문에 단위가 별도로 표시되어 있지 않은 경우 반드시 단위 표기
  - **~ 압력은 얼마인가? ⇒ 반드시 기록**
  - **~ 압력은 몇 kPa인가?**
- 유도 과정 및 적용식 표시

○ **연필과 지우개**

- 연필로 가 작성
- **나중에 볼펜으로 옮겨 적음**
- 연필로 작성한 답은 깨끗이 지울 것

5. 실력은 어떻게 향상되는가?

○ 콩나물 키우기

– **공부하는 것 vs 실력이 향상된다는 것**
  - 시루에 물을 붓는 것 vs 콩나물이 자라는 것
– 인간은 망각의 동물
  - 반복으로 극복
  - 메모(적자생존)

○ 마인드맵

1

장치별 자료

엔진 – 공학 및 구조
엔진 – 흡·배기장치
엔진 – 연료장치
엔진 – 윤활·냉각장치
전기장치
섀시 및 차체
유압 작동유
유압 기기
용접

01 엔진-공학 및 구조

01 열역학 제 1법칙

에너지 보존의 법칙이라고도 하며, 열은 본질상 일과 같이 에너지의 일종으로 일은 열로 전환할 수 있고, 또한 거의 역으로 전환도 가능하다. 이때 열과 일 사이의 비는 일정하다.

02 디젤 사이클

- 2개의 단열변화와 등압변화 및 정적변화로 이루어진 사이클
- 디젤사이클의 열효율은 압축비(ϵ)와 단절비(σ)의 함수이며, 압축비(ϵ)가 크고 단절비(σ)가 작을수록 증가한다.

$\eta d = 1 - \frac{1}{\epsilon^{k-1}} \cdot \frac{\sigma^{k-1}}{k(\sigma - 1)}$ (단, 체절비, 분사단절비 $\sigma = \frac{V_3}{V_2}$)

03 합성 사이클

- 사바데 사이클의 열효율은 압축비 ϵ, 절단비 ρ, 압력비 α의 함수관계이다. 즉, η 는 ϵ 가 클수록, ρ 는 작을수록, α 의 값은 1에 가까울수록 좋아진다.

열효율식 $\eta th = 1 - \frac{1}{\epsilon^{k-1}} \cdot \frac{\rho\sigma^k - 1}{(\rho - 1) + k\rho(\sigma - 1)}$

(단, 압력상승비, 폭발비 $\rho = \frac{P_4}{P_2}$)

압력비 α가 1이면 디젤 사이클 열효율식이 되고
α와 ρ가 1이면 오토 사이클의 열효율식이 된다.

04 예방 점검 정비

- 엔진 오일 교환을 정기적으로 하며 과급기의 필터 교환을 주기적으로 한다. (필터 저항 증가로 여과되지 않은 오일이 바이패스 필터로 보내져 베어링이 심하게 마모되며, 결국 급유 불량으로 인한 소착 상태가 된다)
- 에어크리너를 자주 청소한다.
  (흡입라인의 부압이 증대되어 임펠러 쪽의 오일 실이 파손된다.)
- 에어크리너 호스의 파손 등 공기의 누설이 없어야 한다.
  (임펠러 휠의 이물질 유입으로 휠의 손상, 불균형 등으로 베어링을 마모시킨다.)
- 시동 후 바로 급가속을 피하고 시동 정지는 공회전 상태에서 한다.
  (임펠러의 무급유 상태에서의 공회전 최소화)

05 고지대에서의 장비 운행

- 고지대에서는 기압이 낮아지므로 흡입효율이 저하되고 연료분사량이 과다하게 되어 배기가스 온도가 상승되고 출력이 감소하게 된다. 따라서 엔진의 정상 가동을 위해서는 연료 분사량을 감소시켜야 한다.

06 디젤기관의 기계효율 향상 방안에 대하여 설명

- 윤활 성능을 높인다.
- 접촉면이 큰 베어링을 사용하여 압력을 분산시킨다.(롤러베어링 사용)
- 마찰계수가 작은 금속을 사용한다.
- 섭동면의 가공도를 높인다.
- 연소속도를 높인다.
- 착화지연을 짧게 한다.

- 피스톤의 측압을 작게 한다.
- 활동 부분의 중량을 가볍게 한다.
- 기관의 평형을 좋게 한다.

07 디젤 엔진의 매연이 심한 경우의 원인

- 분사 펌프의 불량
- 흡입 공기량의 부족
- 밸브 간극의 조정 불량
- 노즐의 상태 불량
- 연료 분사시기의 부적절

08 디젤 엔진의 시동 보조 기구

- 감압장치(데콤프장치)
- 예열장치
- 연소촉진제 공급장치

09 실린더 헤드의 변형 원인

- 냉각수 동결
- 헤드 볼트의 조임 불량
- 제작시 열처리 불량
- 엔진 과열
- 헤드 개스킷 불량

10 실린더 헤드 변형시 미치는 영향

- 압축압력의 저하
- 기관의 출력 감소
- 흡입효율의 저하
- 냉각수의 누출로 엔진 과열
- 엔진 오일의 누설

11 기관의 분해 정비시기 결정 요소

- 압축압력이 규정압력의 70% 이하일 때, 각 실린더의 압력 차가 10% 이상일 때
- 연료 소비율이 표준 소비율보다 60% 이상 소비될 때
- 윤활유 소비율이 표준 소비율보다 50% 이상 소비될 때
- 기관의 내부적인 결함이 발생 되었을 때

12 헤드 개스킷 파손시 엔진에 미치는 영향

- 압축압력 누설에 의한 출력 저하
- 냉각수 누출에 의한 과열
- 흡입 압력 부족에 의한 흡입효율의 저하
- 엔진 오일의 누설

13 기관의 압축압력이 낮을 때의 원인

- 밸브의 밀착 불량
- 피스톤 링의 마모 및 파손
- 윤활 불량
- 실린더 벽의 마모
- 헤드 개스킷의 누설
- 연소실 카본 누적

14 기관의 체적 효율 증대 방법

- 압축비를 높인다.
- 연소가스의 온도를 높인다.
- 열손실을 감소시킨다.
- 배기 저항과 흡기 저항을 감소시킨다.
- 과급기를 설치한다.
- 흡기 밸브의 지름을 크게 한다.

15 압축압력 측정 방법 (건식)

- 기관을 정상 온도로 워밍업 한다. (80~100℃)
- 기관의 모든 저항을 제거한다.
  - 흡기 저항 : 에어크리너 전개
  - 회전 저항 : 벨트 제거, 기어 중립
  - 연료 차단 : 누출 방지
  - 가솔린 고압선 차단 : 접지 또는 제거
- 분사 노즐 또는 스파크 플러그 제거 후 압축 게이지 삽입
- 기관을 5~8회 크랭킹하고 압축압력을 판독한다.
- **규정압력 이하시 습식 시험**
  - 연소실에 오일을 10cc 정도 주입 후 1분간 대기
  - 건식과 동일한 방법으로 실시
- **판정**
  - 규정압력 이상 : 연소실내 카본 퇴적 (실린더 차이 10% 이상시 분해 정비)
  - 건식 측정시 이하, 습식시 정상 : 실린더 벽, 피스톤의 마멸
  - 습식에도 정상이하 : 헤드 개스킷 불량, 밸브의 밀착 불량
- **정상** : 규정압력의 90~100%
- **해체 정비** : 규정압력의 70% 이하 110% 이상
  - 가솔린 : 8~11kg/cm^3
  - 디　젤 : 30~45kg/cm^3

16 엔진이 역화하는 원인

- 점화시기의 늦음
- 점화플러그 배선의 잘못 연결
- 엔진 과열
- 엔진 내부의 카본 퇴적 과다
- 밸브의 과열 또는 밸브 고착
- 엔진에 맞지 않는 열가의 플러그 사용

17 밸브 회전기구 사용 목적

- 카본의 제거
- 밸브 스틱 현상 방지
- 밸브 스템과 가이드의 편마멸 방지
- 밸브의 국부적 마모 방지

18 밸브의 서징 현상 및 방지 대책

○ 서징 현상

- 캠에 의한 밸브의 개폐회수가 밸브 스프링의 고유 진동수와 같거나, 또는 그 정수배로 되었을 때, 밸브 스프링은 캠에 의한 강제 진동과 스프링 자체의 고유진동이 공진하여 캠의 작동과는 상관없이 진동을 일으키는 현상

○ 방지법

- 부등 피치 스프링 사용
- 2중 스프링 사용
- 원추형 스프링 사용
- 밸브 스프링의 강성 증대

19 밸브의 3가지 구비조건

- **자유높이** : 표준 치수의 3% 이상 감소 시 교환
- **직 각 도** : 자유 높이 100mm에 대해 3% 이상 변형 시 교환
- **장 력** : 규정의 15% 이상 감소 시 교환

20 밸브 오버랩을 두는 목적

- 과잉 공기를 허용하므로 기관 효율 증대
- 연소실에 생긴 배기가스 청소
- 기관의 연소실 부분품 냉각 (실린더의 과열 방지)
- 체적 효율의 증대

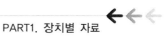

21 밸브 떨림 현상의 원인

- 밸브 스프링 서지 현상
- 푸시로드의 변형
- 밸브 태핏의 과다 마모

22 밸브 장치에서 흡입효율을 증가시키는 방법

- **밸브 리이드** : 흡·배기 밸브를 상사점 전에 열어주는 것
- **밸브 래드** : 흡·배기 밸브를 하사점 후에 닫아주는 것
- **밸브 오버랩** : 피스톤의 상사점 부근(배기행정종료 / 흡기행정시작점)에서 흡기밸브와 배기밸브를 동시에 열어주는 것

23 밸브 냉각 방법의 종류

- 냉각수 분배에 의한 방법
- 밸브 가이드를 두지 않는 방법
- 나트륨 냉각 밸브에 의한 방법

24 나트륨 냉각식 밸브

밸브 스템을 중공으로 하고 금속 나트륨을 중공부 체적의 40~60% 넣은 밸브로서, 운전 중에 나트륨이 액화되어 밸브 운동에 따라 유동하면서 헤드의 열을 스템을 거쳐 방출시키므로, 밸브 헤드의 열을 100℃ 정도 저하시킬 수 있어 고급기관이나 항공기 기관에 사용된다.

25 블로우 다운 현상

2 사이클 기관에서 배기행정 초기에 배기밸브가 열려고, 배기가스 자체의 압력에 의해서 배기가스가 배출됨으로서 대기 압력과 실린더 내의 압력이 같아지는 현상

26 밸브의 점프

밸브의 운동은 그 변화가 대단히 급격하기 때문에 캠 양정에 적절한 운동을 하지 못하고, 때때로 밸브가 일단 폐지되었다가 다시 밸브 시트에서 떨어지는 경우가 있는데, 이를 밸브 점프라 하고 스프링의 힘보다 관성력이 클 때 발생한다.

27 시동 보조 장치

- **실린더 내 감압장치** : 압축 행정시에 흡·배기 밸브를 약간 개방하여 크랭크축의 회전을 용이하게 해준다.
- **공기 예열장치** : 흡입 공기를 직접 가열하거나 예열 플러그를 설치하여 연소실 내의 공기를 예열하여 연료의 착화 조건을 좋게 한다.
- **연소 촉진장치** : 흡기관 내에 연소를 촉진할 수 있는 에텔 등을 주입하는 장치
- **기관 예열장치** : 냉각수 가열기나 공기 가열기를 설치하여 기관의 시동을 쉽게 한다.
- **압축비 증가장치** : 특수 연소실을 가진 기관에 사용

28 피스톤링의 플래터 작용

피스톤 간극이 크거나 홈이 파인 경우, 기관이 고속이 되면 링의 관성력 가스의 압력보다 커져 링이 링 홈의 중간에 뜨게 된다. 이때 연소가스가 링의 뒤를 돌아서 크랭크실에 블로우바이 되는 현상으로, 압축압력이 저하되고 크랭크실 내의 윤활유가 변질된다.

29 피스톤링의 펌프 작용

피스톤 간극이 크거나 홈이 깊게 파인경우 비산식 윤활을 하는 기관에서, 엔진의 속도가 고속이 되면 링의 관성력이 가스의 압력보다 커져 링이 홈의 중간위치에 뜨게 되는데, 피스톤이 내려갈 때 윤활유가 링의 뒤를 돌아서 연소실로 들어가는 현상으로, 윤활유의 소비가 증가되고, 불완전 연소를 일으켜 출력 감소와 카본의 생성으로 마모와 고착의 원인이 된다.

30 커넥팅 로드에 작용하는 힘

- 피스톤에 가해지는 연소가스의 폭발 압력
- 피스톤, 피스톤 핀, 커넥팅 로드 등의 왕복운동에 의한 관성력
- 피스톤링과 베어링에 의한 마찰력
- 커넥팅 로드 좌우 경사 운동에 의한 굽힘 응력

31 연소실이 갖추어야 할 조건

- 짧은 시간 안에 완전 연소시킬 것
- 평균 유효 압력이 높을 것
- 가동이 쉬울 것
- 디젤 노크가 적을 것
- 연료 소비율이 적을 것

32 직접 분사실식의 장점

- 냉각 손실이 적어 열효율이 높다.
- 연료 소비량이 적다. (150 ~ 200 g/psh)
- 분사 압력이 높아 시동이 용이하다. (기관 냉각시 시동용이)
- 열변형이 적고 출력이 크다.
- 예열 플러그가 불필요하다.

33 예연소실식의 장점

- 연료 분사압력이 낮아 고장이 적고 수명이 길다.
- 사용 연료의 변화에 둔감하여 연료 선택 범위가 넓다.
- 착화지연기간이 짧아 운전 상태가 정숙하고 디젤 노크가 적다.
- 다른 형식에 비해 엔진의 유연성이 있다.
- 평균 유효 압력이 높다.
- 부하와 회전속도 변화에 대응하여 분사 시기를 자주 조정하지 않아도 된다.

34 기관의 성능 시험법

- 부하 시험
- 무부하 최저 회전속도 시험
- 최고속도 조속 성능 시험
- 시동시험
- 가속시험

35 라이너의 카운터 보어

피스톤이 상하 운동을 할 때 최상부 링이 운동하는 상사점 바로 밑까지 라이너의 내경을 확대해 놓은 것으로, 만약 실린더 라이너의 내경을 같게 만들어 놓으면 피스톤 링이 접촉하지 않는 상부면은 마모되지 않고 툭 튀어나오는 결과가 되며, 이것은 피스톤링의 절손 원인이 된다.

36 피스톤 옵셋(Off-Set)을 두는 이유

피스톤의 슬랩 (사이드 노크)을 피하기 위해서이다.
(회전 원활, 진동 방지, 편 마모 방지)

37 실린더 헤드 볼트의 재조임 이유

기관이 웜업(warm up)되면 열팽창으로 인하여 헤드 볼트나 너트가 헐거워지므로, 정상 온도가 되었을 때 규정 토크로 재조임 한다. 알루미늄합금 헤드의 경우는 웜업시 재조임하고, 기관이 냉각되었을 때 다시 한번 재조임 한다.

38 실린더 헤드 개스킷의 종류

- **보통 개스킷** : 동판이나 강판으로 석면을 사용하여 만든 개스킷
- **스틸베스토 개스킷** : 강판 양면에 돌출부를 만들고 흑연을 혼합한 석면을 압착하고, 표면에 흑연을 발라 만든 개스킷으로 고회전 고출력 기관에 적합하다.
- **스틸 개스킷** : 강판만으로 만든 것으로 고급기관에 적합하다.

39 헤드 개스킷의 구비조건

- 기밀 유지 성능이 클 것
- 내열성과 내압성이 클 것
- 강도가 적당할 것
- 냉각수 및 엔진 오일이 새지 않을 것
- 복원성이 있을 것

40 실린더 상부의 마모가 심한 이유

상사점에서 피스톤의 운동방향 전환을 위하여 피스톤이 일시 정지될 때 측압이 크게 작용된다. 이것은 피스톤링의 호흡작용으로 유막이 끊어지기 쉽기 때문이다. 상사점에서는 폭발행정 때의 압력으로 피스톤링이 실린더 벽에 강하게 밀착되기 때문이다.

41 엔진 실화 원인

- 분사 시기 불량
- 연료량 부족
- 혼합비 부적당
- 연료분사기 분사공 막힘
- 압축비 불량
- 연료공급펌프 고장
- 연료분사펌프 고장

42 블로다운에 대하여

폭발행정 말기에 배기밸브가 열려 피스톤이 하강하는 상태에서, 배기가스 자체의 압력에 의해 배기가스가 배출되는 현상

43 기관시동이 꺼지거나 진동하는 원인 3가지 기술(단, 연료 장치는 정상)

- 각 실린더의 압축압력의 불량
- 밸브 간극의 부적당
- 정격 공회전이 너무 낮음

44 디젤기관에서 매연 발생 원인 5가지

- 에어크리너 막힘
- 연료필터 막힘
- 압축압력 부족
- 연료분사펌프 불량
- 연료 분사 노즐 불량
- 밸브 간극 조정 불량
- 저질연료 사용
- 연료공급펌프 불량
- 연료 분사 시기 부적당

45 엔진의 압축압력이 저하되는 원인

- 헤드 개스킷의 불량
- 밸브와 밸브 시트의 밀착 불량
- 실린더 헤드나 블록의 균열
- 피스톤링과 실린더 라이너의 마모
- 밸브 간극 조정 불량
- 밸브 개폐 시기 불량

46 디젤기관에서 검은색의 매연이 발생되는 원인 3가지를 적고 엔진에 미치는 영향 5가지를 기술하시오.

원 인	영 향
- 에어크리너 막힘	- 엔진 출력 감소
- 연료 분사량 과다	- 연료 소비량 증대
- 흡기밸브 열림 시간이 짧다	- 카본 발생 증대
	- 엔진오일 오염
	- 실린더 및 피스톤 마찰 마멸증대

47 디젤 엔진에서 검은 매연(흑연)이 발생되는 원인 3가지 (엔진 압축압력, 연료분사펌프는 정상)

- 에어 크리너 막힘
- 흡기 밸브 열림 시간이 짧다.
- 연료 분사 노즐 분사량 과다

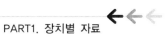

48 디젤 엔진에서 진동이 발생하는 원인

- 분사 압력, 분사량, 분사 시기가 틀릴 때
- 다기통엔진에서 어느 1개의 분사 노즐이 막혔을 때
- 각 실린더의 압축압력이 다를 때
- 연료공급계통에 공기가 혼입되었을 때
- 피스톤, 커넥팅 로드 어셈블리의 중량 차가 클 때
- 크랭크축의 무게가 불평형일 때

49 흡기 다기관의 진공도 시험으로 가능한 검사

- 연료 분사 시기 점검
- 밸브 타이밍 점검
- 배기장치의 막힘 점검
- 실린더 압축압력 측정

50 연소속도를 빠르게 하기 위해 연소실이 갖추어야 할 조건

피스톤의 상부 표면적을 넓게 하여 와류가 크게 일어나도록 한다.

51 내연기관에서 흡기 용량은 흡기온도와 압력의 변화에 따라 어떻게 변화하는가에 대하여 설명

흡입되는 공기의 온도가 높을 때는 체적당 공기의 밀도가 저하되어 흡기 용량이 낮아지며, 또한 과급기 사용으로 흡입 공기를 압축하여 연소실로 공급시, 흡입 공기의 압력이 상승되어 공기의 온도가 높아져 결국 공기의 밀도 저하로 흡기 용량은 낮아진다.

52 밸브 스프링의 서징 현상

○ **밸브 서징 현상** : 밸브 스프링의 고유진동과 로커 암이 누르는 강제 진동이 일치할 때 밸브가 완전히 닫히지 않고 바르르 떠는 현상으로, 기관의 출력이 저하되고, 소음 발생의 원인이며, 폭발 압력의 저하와 밸브와 밸브 시트의 마모 원인이 된다.

○ **밸브 서징 방지책**
- 스프링 장력을 크게 한다.
- 부등 피치 스프링을 사용할 것
- 2중 스프링을 사용할 것
- 원추형 스프링을 사용할 것

53 밸브 스프링 검사 및 정비 조건 3가지

- **장력** (15% 이내) : 규정 장력에서 15% 이상 감소한 것은 교환
- **자유고** (3% 이내) : 3% 이상 감소한 것은 교환
- **직각도** (3% 이내) : 스프링 자유 길이가 3% 이상인 것은 교환

54 디젤기관에서 슬로버링(slobbering) 현상에 대한 정의, 발생원인 및 대책

○ **정의** : 혼합가스의 미연소 연료와 오일이 희석된 액체가 배기 라인에서 흘러내리는 현상(엔진의 배기다기관 장착부 또는 배기관 끝에서 오일이 비치는 현상)

○ **발생원인** : 윤활 오일량 수준 과다로 연소실내 오일 유입

○ **대책**
- 윤활 오일 적정수준 유지
- 실린더 벽, 피스톤링 마모로 연소실 내 오일 유입 : 엔진 오버홀 정비
- 밸브 가이드 실 손상에 따른 윤활 오일 유입 : 밸브 가이드 실 교환

55 불도자 엔진의 배기다기관 장착부 또는 배기관 끝에서 오일이 비치는 원인 3가지

○ 슬로버링 현상
- 밸브 스템 오일 실 마모, 손상
- 실린더 벽 및 피스톤 링 마모,
- 손상으로 연소실내 윤활 오일 유입
- 실린더 헤드 크랙(균열) 발생
- 터보차저 장착 엔진의 터보차저 베어링 손상으로 오일 누출

56 엔진에서 크랭크 케이스의 오일량은 정상인데 오일 압력이 낮은 원인

- 오일펌프 성능 불량
- 오일의 점도가 너무 낮을 때
- 유압 조정 밸브의 스프링 장력이 너무 낮을 때
- 크랭크축 메인 베어링의 오일 간극이 너무 클 때
- 오일펌프 흡입구의 막힘

57 실린더 헤드 볼트를 풀고 난 후 실린더 헤드가 분리되지 않을 때 조치 방법 3가지

- 자중에 의한 방법
- 압축압력을 이용하는 방법
- 플라스틱 해머를 이용하는 방법
- 나무 해머를 이용하는 방법

58 연료 소비율 계산 문제

(연료 소모량 700L/24hr - 120ps, 연료 비중 0.9일 때)

[풀이] 연료 소비율은 g/PS-h 이므로 g = 700×0.9×1000 = 630,000

PS-h = 120×24 =2,880

$$\therefore \text{SFC} = \frac{g}{PS-h} = \frac{630,000}{2,880} = 218.75 \text{ g/psh}$$

59 **장비에서 오일20ℓ, 200PS, 250시간 사용시 기관의 엔진 오일 소비량을 구하시오.**

10W-30 오일의 비중 : 875g/L

오일 소비량 = (비중×오일량) ÷ (제동마력×사용시간)

(875×20) ÷ (200×250) = 0.35g/PS·h

60 **연료 1kg의 발열량이 6800kcal 일 때 1시간에 20kg의 연료를 사용했을 때 마력을 계산하시오.**

연료 마력 = (저위발열량kcal/kg × 시간당 소비량kg/h) ÷ 632.3

= (6,800kcal/kg × 20kg/h) ÷ 632.3 = 215.08 PS

61 **4사이클 디젤기관을 기동 동력계로 시험하였더니 2,000rpm에서 회전 토크가 14.3 kgf-m였다면 제동 마력은 얼마인가?**

[풀이] $H = \frac{T \cdot N}{716.2} = \frac{14.3 \times 2,000}{716.2} = 39.93 = 40\ PS$

★★★ 연료소비율 산출 ['92년 기능장시험 출제문제]

62 **120PS의 출력을 내는 어느 디젤 기관이 650ℓ의 연료를 24시간에 소비했다면 이 기관의 연료소비율은 얼마인가? (단, 연료의 비중은 0.9이다.)**

[풀이] 연료 소비율은 g/PS-h 이므로

g = 650×0.9×1000 = 585,000

PS-h = 120×24 =2,880

$\therefore B = \frac{g}{PSh} = \frac{585,000}{2,880} = 203\ g/psh$

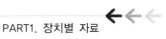

★★★ 제동 열효율 ['93년 기능장시험 출제문제]

63 **연료 소비율이 210g/ps-h이고, 연료의 저위 발열량이 10,000 kcal/kg인 기관의 제동 열효율은 몇 %인가?**

[풀 이] $\eta = \frac{632.3}{He \times B} = \frac{632.3}{10,000 \times 0.21} = 0.301\ (30.1\%)$

★★★ 연료소비율 산출 ['93년 기능장시험 출제 문제]

64 **기관의 성능시험을 하였더니 120PS에서 1분간 400g의 가솔린을 소비하였다. 연료의 소비율은 얼마인가?**

[풀 이] 연료 소비율은 g/PS-h 이므로 g = 400, PS-h = 120×(1/60) = 2

$\therefore B = \frac{g}{PSh} = \frac{400}{2} = 200\ g/psh$

★★★ 열효율 ['93년 기능장시험 출제문제]

65 **시간당 연료 소비율이 180g/ps-h로 운전되는 디젤기관의 열효율은 얼마인가? (단, 사용연료는 저위 발열량 10,500 kcal/kg의 경유를 사용한다.)**

[풀 이] $\eta = \frac{632.3}{He \times B} = \frac{632.3}{10,500 \times 0.18} = 0.3346\ (33.46\%)$

★★★ 제동마력 산출 ['95년 기능장시험 출제문제]

66 **암의 길이가 76cm이고 동력이 45kg인 기관의 회전속도가 800rpm 일 때의 제동마력은 얼마인가?**

[풀 이] $H = \frac{T \cdot N}{716.2} = \frac{45 \times 0.76 \times 800}{716.2} = 38.2\ PS$

67 효율이 32%, 제동마력이 135PS, 저위 발열량이 10,500kcal/kg, 632.5kcal/PS-h, 시간당 연료소비량(kg/h)은 얼마인가?

계산식 :

$$제동열효율\eta = \frac{제동마력(PS)\times 632.5(kcal/h)}{저위발열량(kcal/kg)\times 시간당 연료소비량(kg/PS-h)}$$

$$시간당 연료소비량(kg/PS-h) = \frac{제동마력(PS)\times 632.5(kcal/h)}{저위발열량(kcal/kg)\times 제동열효율(\eta)}$$

$$= \frac{135\times 632.5}{10500\times 0.32} = 25.41(kg/h)$$

68 100kW를 발생하는 디젤기관에서 매시간 연료 소비량이 28kg일 때, 이 기관의 열효율은? (저위발열량은 10,000kcal이다)

♠ $열효율 = \frac{실제일로 변한 열에너지}{기관에 공급된 열에너지} = \frac{632.3\times BPS}{저위발열량\times 연료소비량}\times 100\%$

$= \frac{632.3}{저위발열량\times 연료소비율}\times 100\%$ [시간 1마력당의 일량 = 632.3kcal]

$= \frac{632.3\times 100}{10,000\times 28}\times 100 = 22.58$ [1PS = 0.735kW] 이므로

$\frac{22.58}{0.735} = 30.7\%$

69 4,870cm-kg 토크를 전달하는 엔진의 회전속도가 1,000rpm일 때, 이 엔진의 출력은 몇 kW인가?

BHP = $\frac{TR}{716} = \frac{48.7\times 1000}{716} = 68PS$

1 BHP는 0.736kW 이므로 68ps × 0.736 = 50kW

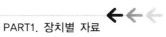

70 비열비 1.4, 최고온도 2,500K, 최저온도 300K, 최고압력 35ata, 최저 압력 1ata일 때, 디젤 사이클의 이론 열효율은?

① 단절비(σ) 구하기

② 압축비(ϵ) 구하기

③ 이론 열효율

(풀이) ① $T_1 = 300K,\ T_3 = 2500K$ 이므로 T_2는 $\dfrac{p^{\frac{k-1}{k}}}{T} = C$에서

$$\frac{T_2}{T_1} = \left(\frac{p_2}{p_1}\right)^{\frac{k-1}{k}}$$

$$\therefore\ T_2 = T_1\left(\frac{p_2}{p_1}\right)^{\frac{k-1}{k}} = 300\times\left(\frac{35}{1}\right)^{\frac{1.4-1}{1.4}} = 828.48$$

따라서 단절비 σ 는

$$\sigma = \frac{T_3}{T_2} = \frac{2500}{828.48} = 3.02$$

② 압축비 ϵ 은

$$\epsilon = \left(\frac{v_1}{v_2}\right) = \left(\frac{T_2}{T_1}\right)^{\frac{1}{k-1}} = \left(\frac{828.48}{300}\right)^{\frac{1}{1.4-1}} = 12.67$$

③ 이론열효율

$$\eta th = 1 - \frac{1}{\epsilon^{k-1}}\cdot\frac{\sigma^k - 1}{k(\sigma-1)} = 1 - \frac{1}{12.67^{1.4-1}}\times\frac{3.02^{1.4}-1}{1.4(3.02-1)} = 0.5263$$

정답 52.63%

71 디젤사이클, T1 300k, T2 800k, 단절비 σ = 3, 압축비 14, 최고온도 T3 =?

[풀이] 디젤기관의 열효율식은 $\eta_{th} = 1-\left(\frac{1}{\epsilon}\right)^{k-1} \times \frac{\sigma^k -1}{k(\sigma-1)}$

① $\frac{T_2}{T_1} = \left(\frac{v_1}{v_2}\right)^{k-1} = \epsilon^{k-1}$ $\therefore T_2 = \epsilon^{k-1} T_1$ 이므로

정리하면 비열비 $k = \frac{T_2}{T_1}\varepsilon = \varepsilon^k$ 이다.

② 비열비 k 구하기

$\frac{300}{800} \times 14 = 14^k$ 이고, 정리하면 $37.33 = 14^k$ 이다.

③ $\mathrm{kLog14} = \mathrm{Log37.33}$ 이므로 $\mathrm{k} = \frac{\mathrm{Log37.33}}{\mathrm{Log14}}$, k=1.37이다

디젤 사이클의 최고 온도 T_3 는 $T_3 = \sigma\epsilon^{k-1} T_1$ 이므로

위에서 구한 비열비 1.37을 대입하면

$T_3 = \sigma\epsilon^{k-1} T_1 = 3 \times 14^{1.37-1} \times 300 = 2389.5\,K$ 이다.

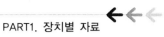

02 엔진 - 흡배기장치

01 과급기 설치시의 이점 4가지

- 고속에서 체적 효율 저하 방지
- 평균 유효 압력의 증가
- 출력 35 ~ 45 % 증대
- 연료 소비율 향상
- 질이 낮은 연료 사용 가능

02 과급기의 파손 원인

- 에어크리너에서 과급기까지의 라인 누출 및 이물질 유입
- 배기 매니홀드와 흡기 매니홀드 내 이물질 유입
- 과급기에서 나오는 오일 리턴 라인이 막혔거나 비틀렸을 때
- 과급기로 가는 오일 공급 라인이 막혔거나 비틀렸을 때

03 소음기의 배기 저항

과도한 배기 저항은 배압 (Back Pressure) 증가의 원인이 되어 불완전한 실린더의 소기 상태를 유발시킨다. 또한 엔진 출력 저하와 과도한 연료 소모를 초래하며, 배압이 2PSI 증가함에 따라 엔진 출력의 4HP 정도가 감소된다.

04 소기펌프(Blower)

2행정 기관에서 소기된 배기가스와 교환 될 신성한 공기를 2 ~ 7 PSI의 압력으로 실린더 안으로 밀어 넣어줄 공기펌프를 필요로 하는데, 이를 블로어 (Blower)라고 한다. 소기에 필요항 공기량은 실린더 용량의 약 40배 정도로 루우트형 블로어가 가장 많이 사용되고 있으며, 루우트형 블로어는 2개의 속이 빈 3엽 로터로 밀폐도를 높이고 공기 흐름량을 일정하게 유지하기 위하여, 한 개의 로터는 오른쪽으로 회전하고 다른 한 개의 로터는 왼쪽으로 회전하게 되어 있다

05 터보차저 사용시 장점 3가지

- 충진 효율 증대
- 충진 효율 증대로 엔진 출력 향상
- 공기 흡입량에 따라 압축비 설계 가능

06 디퓨져(Diffuser)

터보차저 하우징 내면에 설치되어 공기의 속도 에너지를 압력에너지로 바꾸는 기능

07 터보차저(Turbo-Charger)

- 엔진의 크기를 증대시키지 않고 출력을 높이기 위한 방법으로 고안된 것으로, 공기를 연소실 내로 압송시켜 연소에 필요한 공기량을 증가시키기 위함이다. 따라서 연료를 더 많이 효율적으로 연소시키게 되므로 엔진의 출력을 증가시키게 된다.
- 터보차저를 이용한 과급은 배기 에너지를 이용해 임펠러를 작동시키는데 엔진속도, 실린더 수와 배기량, 행정 또는 평균 피스톤 속도를 증가시키지 않고도 출력 (평균 유효 압력)을 효율적으로 향상시킬 수 있다. (약 75~100 % 향상)
- 기본적인 구조는 터빈과 터빈 하우징, 베어링 하우징 및 결합체, 임펠러 하우징과 임펠러의 3가지 구조로 되어 있다.

08 과급기를 사용함으로서 얻어지는 이점

- 엔진 체적을 줄일 수 있어 소형으로 제작 가능
- 흡입효율 증대로 출력증대(25~45% 증가)
- 연료 소비율 향상(3~5%)
- 흡입 소음과 매연감소로 공해방지
- 냉각 손실이 줄어든다.
- 압축온도 상승으로 착화지연이 짧다.
- 질이 낮은 연료의 사용이 가능하다.
- 높은 지대에서도 출력 감소가 적다.
- 노킹현상이 적다.
- 고속시 체적 효율 저하를 막을 수 있다.

09 과급기 부착 차량에서 기관 정지시 공회전을 충분히 한 후 정지해야 하는 이유

배기가스에 구동되는 과급기는 고열에 접촉되는 부분으로, 고속주행 직후 기관을 정지시키면 터빈 축을 지지하는 플로팅 베어링에 오일이 공급되지 않기 때문에, 고열로 인한 소결이 되는 경우가 있으므로 충분히 공회전하여 과급기를 냉각시킨 후 엔진을 정지시켜야 플로팅 베어링의 손상을 방지할 수 있다.

10 검은색의 배기가스가 과다하게 배출될 때 생기는 원인 5가지

- 에어크리너 막힘
- 연료 분사량 과다
- 흡기 밸브 열림 시간이 짧다
- 연료 분사 시기가 빠르다
- 터보차저 장착 엔진의 경우 터보차저 고장시

11 디젤엔진의 과급기에서 웨이스트 게이트 밸브의 역할

터빈 입구측에 부착하여 부스트 압력을 제어하는 것으로, 터보차저의 과급압이 일정 압력 이상 상승시 내부의 손상 방지를 위하여 배기가스를 바이패스 시키는 기능

12 과급 방법의 종류

- 기관 자체의 동력에 의한 것
- 배기가스의 타성을 이용한 것
- 다른 원동기에 의한 것

13 배압이 발생되는 원인

- 배기 행정시 배기밸브의 열림 시간이 짧을 때
- 소음기 카본이 퇴적되었을 때
- 배기관이 막혔을 때

14 디젤기관에서 백색 또는 청색의 매연이 나오는 원인 4가지(단, 엔진은 정상)

- 공기량이 많을 때
- 연료 분사량이 부족할 때
- 냉각수가 약간씩 줄고 있을 때
- 엔진 오일이 약간씩 소모되고 있을 때
- 냉각수 온도가 비정상일 때(엔진이 과냉일 때)

15 터보차져의 A/R 과 Trim에 대하여

- 일반적으로 터보의 성능을 파악하는 많은 요소 중에 대표적으로 A/R 비율 및 trim 값이 있다.

○ A/R rate

- A/R 비율은 터보차져의 컴프레서/터빈 하우징의 용적 비율로써, 수치의 크고 작음으로 터보차져의 부스팅 특성을 파악할 수 있다. 일반적으로 A/R값이 높은 하우징은 초반 부스팅은 다소 떨어지나 고속영역에서 좋은 성능을 보여주며, A/R 값이 낮으면 초반 부스팅은 빠르지만, 고속영역 대에서 배기 저항으로 인하여 임펠라의 회전이 제한되며, 그만큼 고속에서 공기 충진 효율이 떨어지게 된다.

○ TRIM

- 트림값은 임펠라의 inducer/ exducer 비율로써, 임펠라의 상단부 지름(inducer)과 종단부 지름(exducer) 의 비율이다. 트림값이 커지는 만큼 고회전 고풍량에 대응 가능한 임펠라로써, 공기 저항은 크지만 토출 공기량이 많고 속도도 빨라진다.
- 트림값은 다음의 공식으로 구할 수 있다.

  흡기 임펠라 트림값 = inducer 지름^2 / exducer 지름^2 x 100

  배기 임펠라 트림값 = exducer 지름^2 / inducer 지름^2 x 100

- inducer는 임펠라 형상의 상단부로써 흡기임펠라의 경우 공기를 빨아들이는 출입구 이며, 배기임펠라의 경우 배기가스 토출구 부분이다. Exducer는 임펠라 형상의 하단부로써 인듀서보다 지름이 넓다.

※ A/R 비율은 절대수치가 아닌 상대 수치로써 터보차져 하우징의 용적비율에 따른 터보차져의 특성을 파악할 수 있다.

A(Area)는 임펠라 중심으로부터 에어 아웃랫 중심까지의 거리로써 이 영역에서는 임펠라 회전을 통해 공기의 방향이 바뀌며 가속되게 된다. R(Radius)는 Area 영역에서는 가속된 공기가 압축되는 영역으로써 실제적인 부스트 압력을 생성하며 R값은 아웃랫 부근의 둘레치수이다.

※ Area (dimeter) / Radius (length)

예를 들어 A 값이 7cm이고 R값이 10cm이면 7/10 즉 0.7이 되는 것이다.

일반적으로 A/R값은 0.6 부근에서 특성이 나뉜다. 0.6 이하로 내려갈수록 점점 초반 순발력은 빨라지나 후반 가속력은 점점 떨어지는 특성을 보이며, 0.6 이상으로 올라갈수록 초반 순발력은 나빠지나 후반 가속력은 좋아진다. 이것은 단지 하우징의 특성이며 터빈의 종합적인 특성을 파악하기 위해서는 하우징 뿐만 아니라 트림값도 동시에 파악하여야 한다.

동일한 체적, 압력의 배기가스가 공급되는 가정하에 A/R값이 높은 하우징에 트림값이 매우 낮은 임펠라가 조합될 경우 임펠라에 의해 상대적으로 적은 양과 낮은 속도의 공기가 발생되는 동시에 과급된 공기의 압축 효율이 떨어지는 특성을 보인다.

반대로 A/R값이 낮은 하우징에 트림값이 높은 임펠라가 조합될 경우, 임펠라에서는 상대적으로 높은 속도의 많은 공기가 공급되지만, 하우징이 발생되는 대량의 공기를 처리하지 못하여 압축저항이 걸리게 되는 특성을 보인다.

따라서 하우징과 임펠라는 상호 적정한 규격으로 조합되어야 최상의 성능을 발휘하게 된다.

16 에어콘 가스 주입순서

- 게이지 매니홀드의 고, 저압 밸브를 모두 완전히 닫는다.
- 충진 밸브의 핸들을 완전히 되돌려 놓고 냉매 배럴에 부착한다.
- 진공 펌프 측 호스를 떼어내고 충진 호스를 충진밸브에 접속한다.
- 충진 밸브의 핸들을 완전히 돌려서 배럴의 봉한 곳을 자른다.
- 핸들을 되돌리면 충진 호스 내에 냉매가스가 들어간다.
- 게이지 매니홀드 및 충진 호스내의 공기빼기를 한다.
- 게이지 매니홀드의 저압측 밸브를 연다(냉매가스 충전)
- 규정량의 1/2 정도를 충진하면 일단 중단하고 가스누출을 점검한다. 만약, 가스누출이 발견되면 우선적으로 냉매가스를 방출하고 누설부위를 정비한 후 냉매 충진을 실시한다.

17 냉방장치 주요 구성품 및 역할

- **냉매** : 냉동효과를 얻기 위해 사용하는 물질이며 최근에는 R-134a라는 신냉매 사용
- **압축기(콤프레셔)** : 증발기에서 저압기체로 된 냉매를 고압으로 압축하여 응축기로 보내는 작용
- **전자클러치(마그네트 클러치)** : 압축이 필요할 때 접촉하여 압축기가 회전할 수 있도록 하는 장치
- **응축기(콘덴서)** : 압축기로부터 오는 고온의 기체 상태인 냉매의 열을 대기중으로 방출시켜 액체 상태로 변환시키는 장치
- **건조기(리시버 드라이어)** : 이물질이 시스템 내로 유입되는 것을 방지하기 위해 여과기가 설치되어 있다.
  (건조기 기능 : 냉매를 저장, 수분 제거, 압력 조정, 냉매량 점검, 기포 분리)
- **팽창밸브(익스팬션 밸브)** : 냉매를 급속 팽창시켜 저온, 저압의 액이 되게 한다.
- **증발기(베이퍼레이터)** : 냉매가 증발기 튜브를 통과할 때 송풍기에 의해서 증발하여 기체로 변환
- **송풍기(블로워 모터)** : 저온화된 증발기에 공기를 불어 넣는 역할

18 에어컨 가스 주입시 가스통을 거꾸로 하여 보충시 생기는 현상

※ 가스통을 거꾸로 했을 때(액체 주입) / 세웠을 때(기체 주입)

- 액상의 냉매가 압축기에 들어가면 압축기 작동시 액압축 현상이 생겨, 압축기나 밸브가 손상될 우려가 있다.

19 건설기계 장비의 냉방장치 냉매 충전시 액상으로 충전하는 경우 발생하는 현상과 그 결과를 설명

- 액상의 냉매가 압축기에 들어가면 압축기 작동시 액압축 현상이 발생하여 압축기나 밸브가 손상될 우려가 있음.

03 엔진 - 연료장치

01 경유의 착화지연에 따른 디젤엔진 노크를 방지하기 위해 첨가하는 연소촉진제의 종류

- 초산아밀
- 아초산아밀
- 초산에틸
- 아초산에틸
- 질산에틸
- 과산화 테트랄린

02 디젤 착화성을 표시하는 방법

- 세탄가
- 디젤지수
- 임계압축비
- 아닐린점

※ **아닐린점** : 동일 부피의 아닐린과 석유제품이 완전히 혼합되는 최저온도

03 디젤 노크 방지 대책 5가지

- 실린더 내의 급격한 압력 변화를 감소시킨다.
- 착화지연 기간을 짧게 한다.
- 압축압력을 증대시킨다.
- 압축온도를 증대시킨다.
- 분사 개시시 분사량을 적게 한다.
- 흡입 공기에 와류를 형성한다.
- 냉각수의 온도를 높인다.
- 회전속도를 낮춘다.
- 흡기 압력을 높인다.
- 실린더 벽의 온도를 높인다.
- 세탄가가 높은 연료를 사용한다.

04 분사 노즐에 발생될 수 있는 결함 4가지

- 압력 조정 스프링 파손
- 니들 밸브의 마모
- 분사 구멍의 막힘이나 확장
- 밸브 시트의 마모

05 디젤 노크 발생 감소시키는 조치사항 5가지 (단, 연료의 질, 온도, 세탄가, 착화성 등과 흡입 공기의 온도는 매우 좋은 상태)

- 분사 시작 전 실린더 내의 압력과 온도를 충분히 상승시킨다. (압축비 증가, 과급기 설치)
- 연소실 벽의 온도를 높여 착화지연을 단축한다.
- 착화지연 기간 중의 분사율을 낮게 한다.
- 연소실의 와류가 촉진되도록 기하학적 구조로 설계한다.
- 발화 촉진제를 첨가한다. (초산에틸, 초산아밀, 아초산에틸, 아초산아밀)

06 분사기 압력 시험시 연료 체류 기간이 불충분한 원인

- 딜리버리 밸브의 마모
- 딜리버리 스프링 불량
- 압력시험기 결합상태 불량
- 플런저와 배럴 결함

07 앵글라이히 장치

- 디젤기관에서 전부하 운전시에 각 행정마다의 연료 분사량이 흡입되는 공기량에 비해 적으면 충분한 출력을 얻을 수 없고, 또 과도하게 많으면 불완전 연소를 일으킨다.
- 디젤기관은 고속시에 흡입 공기량의 감소로 체적효율이 저하되므로 연료의 분사량도 작게 해야 되는데, 분사펌프는 회전수가 빠르면 각 행정마다 분사량이 증가하게 된다.
- 디젤기관의 전속도 범위에서 기관에 흡입되는 공기량에 맞추어 알맞은 비율의 연료를 분사시키는 장치를 말한다.

08 무기 분사식의 장·단점 3가지

○ **장점**
- 압축기가 필요치 않다.
- 고속 운전을 할 수 있다.
- 기관의 중량이 가볍고 열효율이 높다.
- 기관의 조속에는 분사량만 가감하므로 취급이 간단하다.
- 압축압력이 낮아도 시동이 가능하다

○ **단점**
- 연료 분사 때문에 고압 펌프가 필요하다.
- 구조가 복잡하다.
- 발화 늦음이 크고 노킹을 일으키기 쉽다.
- 질이 좋은 연료를 사용해야 한다.

09 연료 분사 시기 조정 방법 3가지 (분사각도)

- 분사 펌프와 타이밍 기어 커플링의 눈금 일치
- 태핏 조정 스크루의 조정으로 플런저의 분사 시기 맞춤
- 자동 타이머의 조정

10 연료분사펌프 분사 시기 조정

- 타이밍 기어를 정렬한다.
- 1번 실린더 압축말 행정시 플라이휠 상의 OT점 확인하고, 엔진을 반시계 방향으로 60° 회전한다.
- 1번 분사 파이프를 제거한다.
- 딜리버리 밸브의 홀더를 분해하고 밸브와 스프링, 밸브 시트를 제거한 후, U형 파이프를 딜리버리 밸브 홀더에 설치한다.
- 속도 조절 레버를 최대 위치로 고정한 후 연료 공급 펌프의 플라이밍 펌프를 작동시켜 U형 파이프에서 연료가 6~8초마다 1방울씩 떨어질 때까지 크랭크축을 회전시킨다.
- 플라이휠 상의 눈금을 확인한다. (정상 제원 : 18°)

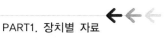

※ 조정 방법 약술

- 플라이휠 하우징 점검 구멍에 있는 표시점과 플라이휠 상의 분사 각도를 일치
- 분사 펌프의 커플링 연결 볼트를 이완
- 분사 펌프의 커플링을 서서히 회전시켜 분사펌프의 1번 플런저에서 연료가 6~8초에 한 방울씩 떨어질 때까지 회전시킨 후 커플링 연결 볼트와 너트를 체결
- 분사시기 조정 후 U형 파이프를 분해하고 딜리버리 밸브와 밸브 스프링을 재조립한다.

11 연료 계통 고장으로 인한 시동 불능시 고장 개소 5가지

- 연료펌프 작동 불량
- 연료여과기의 막힘
- 연료 파이프의 막힘이나 공기 흡입
- 분사 노즐의 불량
- 분사 펌프의 불량
- 연료 탱크에 연료가 없다.

12 디젤 연료 계통에 공기 침입 이유

- 연료 부족시
- 연료 파이프 교환시
- 연료 펌프 교환시
- 연료필터, 엘리먼트 교환시
- 분사 펌프 교환시

13 분사 노즐 과열 원인

- 분사량의 과다
- 분사 시기의 틀림
- 과부하에서의 연속 운전

14 분사 노즐의 구비조건

- 연료를 미립화하여 쉽게 착화시킬 것
- 연소실 구석까지 분사시킬 수 있을 것
- 후적이 일어나지 않을 것
- 고온, 고압의 가혹 조건 하에서 장시간 사용할 수 있을 것
- 정비성이 좋고 제작이 용이할 것

15 디젤 연료여과기 설치 개소

- 연료 탱크 주입구
- 연료 공급 펌프 입구
- 연료 분사 펌프 입구

16 연료펌프 송출 부족 원인

- 다이어프램 파손 및 스프링의 쇠약
- 로커 암과 링크의 마멸
- 흡입 체크밸브의 손상 및 접촉 불량
- 파이프라인 내의 공기 유입 (베이퍼록)

17 댐핑 밸브

연료 분사 펌프의 연료 토출압력은 부실식 엔진보다 직접 분사식 엔진이 높고, 대형 엔진에서는 그 차이도 크다. 댐핑 밸브는 고압 분사에 수반하여 불합리한 상태의 발생을 방지하는 것이며, 딜리버리 밸브에 감압장치로 분사관 내에 있는 고압 분사의 반사파 및 흡입 환원시에 있는 급격한 부압 발생을 완화시키며, 특히 분사관 내의 캐비테이션 발생을 억제시킨다.
따라서 대형 직접 분사식 엔진에 장착되어있는 경우가 많다.

18 디젤기관의 연소 4단계

가) 착화지연 기간 (A–B)

– A점에서 분사된 연료는 착화되지 않고 B점에서 착화된다. (저속 1~2°, 고속 10° 정도) 즉, 연료가 분사되어도 연소조건에 적합한 혼합기가 형성될 때까지는 자연 착화가 일어나지 않는다. (1/1000 ~ 4/1000 초) – 짧을수록 좋다.

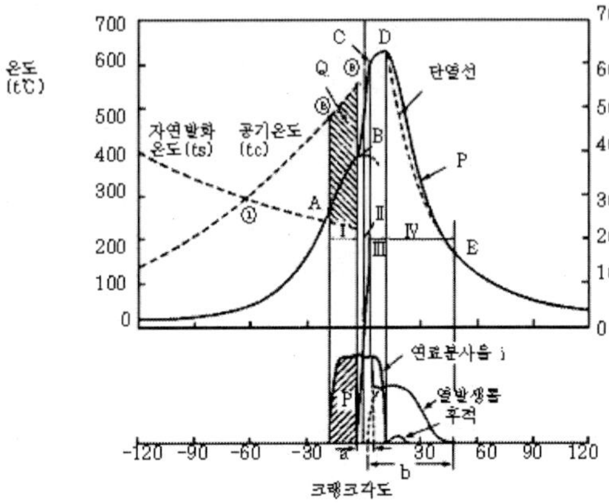

나) 화염 전파 기간 (B–C) (폭발 연소 기간)

– A~B사이에 분사된 연료는 거의 정적하에서 연소하여 압력이 급격히 높아진다. 이 압력 상승은 A~B 기간에 분사된 연료량에 비례한다.

다) 직접 연소 기간 (C~D) (제어 연소 기간)

– C점에서는 연소상태에 있는 혼합기가 대부분 타버린다. 그러나 연료 분사는 계속되고 분사하는 대로 기화하여 연소하므로 착화지연은 거의 없다. 이 기간은 거의 정압 연소한다.

라) 후기 연소 기간 (D~E)

– D점에 남아 있는 약간의 연료는 E까지 연소를 계속한다.
이 기간 동안의 연소는 유효한 일로는 이용되지 않고 배기가스 온도만 높인다.

※ 디젤기관 연소 4단계를 서술하시오.

– 착화 늦음 기간(연소 준비 기간)
: 연료가 연소실 내에 분사되어 연소를 일으킬 때까지의 기간
– 화염 전파 기간(정적 연소 기간)
: 연료가 착화되어 폭발적으로 연소하는 기간
– 직접 연소 기간(정압 연소 기간)
: 분사된 연료가 거의 동시에 연소되는 기간
– 후기 연소 기간(후연소 기간)
: 직접 연소 기간에 연소하지 못한 연료가 연소, 폭발하는 기간.

19 딜리버리 밸브

분사가 끝났을 때 분사관 내의 압력을 최대 압력까지 급격히 낮추어 분사노즐의 작용을 확실히 하는 흡입 환원 작용과, 다음의 분사가 시행될 때까지 분사관 내의 압력을 보유하며, 기밀 작용을 하여 역류를 방지한다.

※ 딜리버리 밸브의 기능

- 연료의 역류방지
- 후적 방지
- 잔압 유지

※ 시험방법

- 딜리버리 밸브 시험시에는 분사 펌프를 회전시켜 150kg/cm^2 이상으로 만든 후 조정 래크의 위치를 무분사로 하여 밸브 홀더의 압력이 10kg/cm^2 까지 내려갈 때의 시간이 5초 이상이면 양호하다.

20 노킹

- 정상 연소일 때 연소속도는 빠를수록 좋으나 연소속도가 지나치게 빠르면 실린더 내의 압력상승이 급격해져 충격적인 작용으로 고주파 진동과 높은 음이 발생하여 각종 장애를 일으키는 현상
- 화염이 정상적으로 도달되기 이전에 미연가스가 국부적으로 자기 착화에 의해 급격히 연소가 이루어지는 경우, 이 비정상적인 연소에 의해 발생하는 급격한 압력상승 때문에 실린더 내의 가스가 진동하여 충격적인 타음을 동반하는 것

21 노킹의 영향

- 실린더, 피스톤 충격으로 부품 손상 초래
- 피스톤링의 마모 증가
- 출력 및 효율 저하
- 피스톤 온도 상승으로 자기 착화 유발

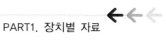

22 노킹이 일어나기 쉬운 운전 조건 (가솔린)

- 제동 평균 유효 압력이 높을 때
- 흡기온도가 높을 때
- 실린더 온도가 높거나 열점이 있을 때
- 회전속도가 낮을 때
- 점화시기가 빠를 때

23 디젤 연료 세탄가 측정하는 방법

- 임계 압축법 (CFR 기관)
- 흡기 압력에 의한 방법 (Deutz 기관)
- 발화 늦음에 의한 방법

24 인젝션 펌프 분사량 오차 원인

- 제어 래크와 피니언의 위치 조정 불량
- 태핏 간극 조정 불량
- 플런저 마모 및 불량
- 구동 캠의 마모
- 플런저 스프링 장력이 낮다
- 딜리버리 밸브의 잔압이 낮다
- 노즐 분사 압력이 다르다.

25 오버 플로우 밸브(Over Flow Valve)

- 연료여과기에 설치되어 여과기 내의 연료 압력이 규정압력(1.5kg/cm^2) 이상이 되면 밸브가 열려 연료를 탱크로 복귀시켜 필터 각부의 보호 작용을 한다.

26 디젤기관에서 출력 저하 원인

- 인젝션 펌프 조정 불량
- 흡, 배기 효율 불량
- 압축압력 불량
- 저질 연료 사용
- 필터 불량 및 공기 유입
- 분사 시기 조정 불량
- 조속기 불량
- 밸브 간극 조정 불량
- 연료 분사량 부족

※ 출력 증대 요소

- 행정 체적의 증가
- 회전수 증가
- 체적 효율의 증가
- 과급에 의한 흡기압의 증가

27 디젤기관에서 후연소는 어느 때 발생하는가?

- 연료의 분무 상태 불량
- 공기와 유립자와의 접촉 불량
- 착화지연 기간이 긴 연료를 사용할 때
- 연료 분사 시기가 늦을 때
- 압축압력이 낮을 때
- 연료 온도와 연소실 온도가 낮을 때

28 디젤 연료의 분무의 필요 조건

- **무화** : 연료를 미세한 안개 모양의 입자가 되도록 미립화
- **관통** : 분사된 연료가 압축공기를 뚫고 나가는 힘
- **분포** : 공기와 연료의 균일한 상태
- **분산** : 분무가 퍼지는 상태

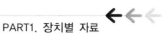

29 전속도 가버너(올 스피드 가버너)

- 가변 속도 조속기라고 부르며, 아이들링에서 최대 회전속도까지 사용 속도의 전 범위에 걸쳐 부하의 변동이 있어도 요구하는 회전속도를 유지하는 것으로,
- 흡기관의 교축밸브의 개도를 가감하여 벤추리부에 일어나는 압력의 변화를 다이어프램에 작용시켜 그 동작을 연료 제어밸브에 작동시키는 것인데, 원심식과 함께 전회전수에 걸쳐 분사량을 조절할 수 있다

○ **조정** : 제어피니언의 고정 볼트를 풀고 제어 슬리브를 회전시켜 조정한다.

30 자동 분사 시기 조정기

- 기관의 회전속도에 따라 적당한 연소를 할 수 있도록 자동적으로 분사 시기를 변화시키는 장치로서, 연료 주입 시기 진작도는 600rpm이 넘으면 작동한다. 자동 분사 조종기의 최대 진각은 10~15°이며, 진각도는 100rpm 증감할 때마다 0.5 ~ 0.75 정도가 증감한다.

31 보쉬형 분사 펌프에서 분사량 조정

- 제어 피니언의 고정볼트를 풀고 제어 슬리브를 돌려서 한다.
- 제어 래크에 제어 피니언이 물리고 제어피니언은 플런저 밑에 T자 모양을 거꾸로 한 조절 슬리브와 일체로 되어 가버너에 연결되어 있다. 조절 래크가 움직이면 플런저가 회전하므로 유량 조절 홈의 위치에 따라 분사량이 조정된다.

32 연료 분사 펌프의 측정 항목

- 분사 시기 조정 시험
- 분사량 조정 시험
- 가버너 작동 시험
- 공급 펌프 시험 (송유압에 따른 송유량 시험)
- 자동 분사 시기 조정기 진각 측정 시험

33 에어 블리더

- 연료 가운데 공기가 들어가 안개화 작용이 잘되고, 또 고속 전부하에서 혼합기가 진하게 되는 것을 방지하며, 일정의 고속을 유지하는 역할을 한다.

34 분사량의 불균율

- 다 실린더 기관에서 각 실린더에 공급하는 분사량에 차이가 있으면 폭발 압력에 차이가 생겨 진동이 발생하고 기관에 나쁜 영향을 준다.
  불균율의 수정한계는 ± 3%이다.

$$(+)\text{불균율}\ (\%) = \frac{\text{최대분사량} - \text{평균분사량}}{\text{평균분사량}} \times 100$$

$$(-)\text{불균율}\ (\%) = \frac{\text{평균분사량} - \text{최소분사량}}{\text{평균분사량}} \times 100$$

$$\text{평균 분사량} = \frac{\text{각 실린더의 분사량의 합계}}{\text{실린더의 수}} \times 100$$

35 연료 분무의 조건

- **무　화** : 연료 입자가 적을수록 연소가 잘 되지만 관통도는 낮아진다.
- **관통도** : 연소를 완료할 때까지 공기 속을 진행 할 수 있는 힘이다.
  입자가 클수록 관통도는 커지나, 너무 크면 연소상태가 나빠진다.
- **분　포** : 연소실 전체에 알맞게 분포하여 공기를 완전히 이용한다.
- **분산도** : 분사시에 분무의 중량 분포가 알맞아야 한다.
- **분사율** : 분사 노즐에서 시시각각으로 분사되는 연료의 분사량이다.
  초기에는 분사량을 적게 하고, TDC 접근에 따라 분사량이 증가하며 TDC 후 분사량이 감소된다.

36 분사 펌프 시험기 사용법(분사량 측정 방법) - 수광 GOLD 3500 기준

① 분사 펌프의 전원스위치를 ON하고 연료의 온도가 40℃가 되도록 유지한다.

② 연료공급펌프 스위치를 작동하고 회전스위치를 정방향(FOR)으로 작동한다.

③ 엔진의 회전속도와 연료 분사량 스트로크를 설정한다.

예) 500rpm, 200stroke

④ 연료 계량컵(비커)의 각도를 90°에서 15° 정도 눕힌다. 이때 계량컵(비커)에 연료가 남아 있지 않은지 확인한다.

⑤ 스트로크 스위치 우측에 있는 스타트 버튼을 누르면, 설정된 회전속도와 스트로크에 의하여 연료가 계량컵(비커)에 분사된다.

⑥ 연료가 모두 분사되면 회전스위치를 정지 위치로 하여 분사 펌프 시험기를 정지시키고, 연료공급펌프 스위치를 OFF 시킨다.

⑦ 연료 계량컵(비커)의 각도를 90°로 세워서 눈금을 읽는다. 이때 거품이 생기므로 거품이 사라진 다음에 눈금을 읽는다.

⑧ 스톱 버튼의 사용은 시험 도중 스트로크 및 회전속도를 재설정할 경우와, 연료 분사량을 다시 계량컵에 받아 볼 경우에만 사용한다.

⑨ 계량컵에 분사된 연료 분사량을 확인하고 불균율을 계산한다.

37 연료 분사 노즐에서 후적이 발생할 때 엔진에 끼치는 영향

- 연소 기간이 길어진다.
- 엔진이 과열된다.
- 출력 저하의 원인이 된다.
- 카본이 생성된다.
- 연소실 온도가 상승된다.
- 흡입효율이 저하된다.

38 분사기 압력시험에서 연료 체류 시간이 불충분할 때의 원인

- 노즐의 니들 밸브 밀착 불량
- 니들 밸브 스프링 장력 약화
- 분사 압력 조정 불량(낮게 설정)

39 무기분사식 장점과 단점 3가지

장점	단점
– 고속기관에 적합하며 무게가 가볍다	– 공기분사식보다 무화가 나쁘다
– 효율이 좋다	– 공기분사식보다 연료혼합이 좋지 않다
– 공기압력기가 필요 없다	– 착화지연이 길다.

40 디젤기관에서 과열, 노킹, 출력 감소시 분사 노즐의 고장원인 3가지

- 노즐 압력 조정 스프링 장력 약화 또는 절손
- 카본으로 인한 분사공 막힘
- 과열로 인한 니들 밸브 고착

41 디젤 연료의 구비조건

- 착화성이 좋을 것
- 적당한 점도가 있을 것
- 수분과 혼합물이 없을 것
- 유황분이 적을 것
- 세탄가가 높을 것

42 디젤기관 연료분사펌프 전기식 차단장치 압력스위치를 점검하는 방법 3가지와 대책

- 압력스위치의 단자 사이의 저항을 측정한다.
  8~10Ω이면 정상 (0Ω 또는 무한대일 경우 압력스위치를 교환한다)
- 압력스위치를 제거하여 전원을 인가 후 코일의 자화 상태를 점검한다.
  (자화되지 않을 경우, 압력스위치 코일의 손상으로 스위치를 교환한다)
- 압력스위치를 제거하여 전원을 인가 후 스풀의 작동상태 및 마모상태를 점검한다.
  (스풀의 작동이 원활하지 않거나 작동되지 않을 때는 압력스위치를 교환한다)
- 연료차단 압력스위치에 축전지 전원을 넣었을 때 찰칵하는 작동음이 나는지 점검한다.

43 디젤 연료 계통 고장으로 인해 시동이 안 걸리는 원인

- 연료 부족 또는 필터의 막힘
- 분사 펌프의 분사 압력이 현저히 낮을 때(플런저와 배럴 사이 마모 과다)
- 연료 계통에 공기 혼입
- 분사 파이프 조립 불량
- 분사 노즐의 불량
- 연료분사펌프 불량

44 디젤 연료 계통에서 분사압력이 낮은 연료분사펌프 결함으로 시동이 안 걸리는 원인

- 연료 분사 시기 부적당
- 딜리버리 밸브 스프링 장력 저하
- 연료 분사량 부족
- 연료분사기 니들 밸브 시트 마멸
- 플런저 및 배럴 마모
- 딜리버리 밸브 시트의 마멸(잔압 부족)
- 연료분사펌프 태핏, 캠의 마모
- 연료분사기 분사 압력 설정 불량

45 노즐 테스터기를 이용하여 분사 노즐 시험시 시험 항목 4가지 (시험조건: 시험 경유의 온도 20℃, 비중은 0.82~0.84 정도)

- 분사 개시 압력
- 분사 각도
- 분무 상태
- 후적 유무

46 연료 분사 노즐 분사 압력 조정법 2가지

- **조정스크루 방식** : 캡너트를 풀어내고 고정너트를 푼 다음 조정스크루를 드라이버로 조정하는 방법(조이면 분사 압력 상승)
- **심조정 방식** : 스프링과 푸시로드 사이에 심의 두께로 조정하는 방법 (심의 두께를 두껍게 하면 분사압력 상승)

47 연료 분사 노즐의 종류

- **개방형** : 연료분사펌프와 노즐 사이에 스프링과 니들 밸브가 없고 항상 열려있는 형식
- **밀폐형** : 연료분사펌프와 노즐 사이에 니들 밸브를 두고 필요할 때마다 니들 밸브를 열고 연료를 연소실로 분사하는 형식(구멍형, 핀틀형, 스로틀형)

48 분사 노즐의 과열 원인

- 분사 시기가 틀릴 때
- 분사량이 과다할 때
- 과부하에서 연속적으로 운전할 때

49 디젤기관에서 연료 장치 이상으로 시동이 꺼지는 원인

- 연료 공급 펌프 고장
- 연료 분사 펌프 고장
- 연료 분사 시기 부적당
- 연료 계통내 공기 혼입
- 연료여과기 막힘
- 분사 노즐 고장
- 연료 분사량 부족

50 디젤기관 연료분사펌프 타이밍 조정법

타이머는 기관과 분사 펌프의 캠축 간의 위상을 바꾸어, 회전속도가 빨라지면 분사 시기를 빠르게 하고, 속도가 낮아지면 분사 시기를 늦추는 작용을 한다.

- 수동식 : 조정 레버에 의해 앞뒤로 섭동하는 스플라인 부시를 움직이면 플랜지와 캠축의 위치가 바뀌게 된다.
- 자동식 : 기관의 회전속도에 따라 분사 시기를 자동 조정하는 것

51 공기식 조속기 부착 차량에서 무부하운전은 가능했으나 차량을 실제 작업에 투입 시 작업 현장에서 진행하지 못할 때 인젝션 펌프에 국한해서 예측되는 원인

- 조속기의 앵글라이히 스프링 피로 또는 절손
- 조속기의 다이어프램 파손(막판 파손)
- 진공 라인의 막힘

52 분사 펌프에서 분사량이 규정치 이내에 있지 않는 불균율이 발생되는 원인 5가지

- 분사 펌프 배럴과 플런저 사이 마모
- 플런저 리드의 열림 오차가 있을 때
- 플런저의 행정 체적 상이
- 제어 슬리브 와 피니언의 위치변화량 차등
- 태핏 간극 부적당

53 디젤엔진에서 조속기(governor)가 필요한 이유

- 건설기계용 디젤엔진은 그 사용 조건의 변화가 커서 부하 및 회전속도 등이 광범위하게 변동하므로, 오버런이나 엔진 정지가 발생됨으로 최고 회전속도를 조절하고, 동시에 저속 운전을 안정화시키기 위함.

54 연료필터의 기능, 구조, 종류

- **기능** : 연료중 고형 물질(먼지, 철분 등)을 여과하고, 수분을 분리하는 역할
- **구조** : 케이스, 엘리먼트, 중심파이프, 배출플러그, 공기빼기 플러그로 구성
- **종류** : 싱글필터, 직렬필터, 병렬필터

55 디젤엔진 저속 공전 상태가 불안정한 원인 중 연료 계통 5가지

- 연료필터의 막힘
- 연료 계통 내 공기 침입
- 연료 탱크 내 수분 발생
- 연료의 세탄가가 낮음
- 연료 분사 압력이 낮음
- 조속기 고장

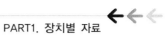

56 디젤 엔진의 공기빼기 방법(순서)

○ **저압 라인** : 프라이밍 펌프를 이용

- 분사 펌프 측면에 부착된 연료펌프의 핸드 펌프를 이완시킨다.
- 연료 펌프를 수회 작동하여 연료압을 채운다.
- 연료여과기 상단의 공기 배출 나사를 1~2회전 돌려서 푼다.
- 프라이밍 펌프(연료공급펌프)의 레버를 작동시켜, 분출되는 연료에서 기포가 보이지 않을 때까지 공기를 배출한다.
- 공기가 완전히 배출되면 공기 배출 나사를 조인다.
- 시동을 걸어 엔진 회전이 정상적인가 점검하고, 연결부의 이완으로 연료가 누출되면 단단히 조인다.
- 각 부품에 흘러내린 연료를 닦아낸다.

○ **고압라인** : 시동전동기를 이용

- 입구의 분사 파이프 너트를 조금 풀고 기관을 크랭킹 시키면서 1번 실린더부터 공기를 뺀다.
- 고압 라인의 공기빼기는 연료분사펌프에서 고압 파이프를 거쳐 분사노즐(인젝터)까지의 연료 계통에서 공기빼기를 실시하는 것으로 엔진을 시동하면서 실시한다.
- 각 기통 분사노즐의 피팅을 풀고 엔진을 크랭킹 하면서 고압 라인의 공기빼기를 실시한다.(렌치 규격 : 17㎜)
- 엔진을 시동하고 엔진이 부드럽게 작동할 때까지 한 번에 한 라인의 공기 빼기를 해준다.
- 엔진이 시동되면 고압 파이프의 고정너트를 조여 준다.

57 보쉬 연료분사펌프 연료 라인 에어 배출순서

- 공급펌프 → 연료여과기 → 분사펌프 순서로 작업하며, 프라이밍 펌프를 작동시키면서 벤트 플러그를 열고 기포가 없어질 때가지 작동한다. 이때 연료가 배출되기 시작하면 벤트 플러그를 잠그고 프라이밍 펌프를 고정한다.
- 분사 파이프(고압파이프)의 에어 배출은 엔진을 크랭킹 하면서, 분사 노즐에 연결된 분사 파이프의 너트를 풀고 1번 노즐부터 공기 배출 작업을 한다.

58 연료가 미립화되는 조건 4가지 (연료가 미립화되는 조건, 아래 내용 외에 2가지를 서술)

- 연료를 고압 분사시킨다.(다공형 분사 노즐을 사용)
- 노즐의 분출구 지름이 적게 한다.
- 연료를 예열시킨다.
- 세라믹 소재를 사용하여 연료를 미세한 입자로 투입
- 배압이 높아야 한다.(연료펌프의 압력을 조정)
- 히터를 사용해 열을 가해주는 방법

59 연료 입자의 도달거리(관통력)를 좌우하는 조건

- 배압이 증가함에 따라 도달거리는 감소한다.
- 노즐의 지름이 크면 연료 입자가 커진다.
- 노즐 분사구에서 유출 속도가 최대일 때 도달거리도 최대가 된다.

60 여과기(필터) 선정시 고려할 사항

- 여과 엘리먼트의 종류
- 여과 성능
- 점도와 압력강하
- 여과 입도
- 유체의 유량
- 내압과 엘리먼트 내압

61 연료 차단 솔레노이드 점검 방법 3가지

- 솔레노이드 단선 유무 점검
- 커넥터 단자에 규정된 전압을 ON/OFF 하여 작동음을 점검
- 솔레노이드 저항시험(단선 유무 점검)
- 솔레노이드 작동시 자화 시험

62 분배형 전자제어 분사 펌프의 주요 제어사항 2가지

- **분사량 제어**
  각종 센서(회전속도센서, 가속페달 위치센서, 흡기온도센서 등)의 신호를 기준으로 보정량을 결정하여, 실제 작동에 필요한 최적의 연료분사량이 얻어지도록 액추에이터를 제어하여, 컨트롤 스풀의 직선운동으로 분배 플런저의 컷오프 포트의 개구시기를 변화하여 분사량을 제어한다.
- **분사 시기 제어**
  분사 시기 액추에이터가 타이머 제어밸브를 ON, OFF시켜 분사 시기를 제어

63 착화지연을 짧게 할 수 있는 방법 5가지

- 연료의 착화성을 좋게 한다.(세탄가가 높은 연료를 사용한다)
- 공기 압축압력 및 온도가 높다.(연소실의 온도를 높인다)
- 연료의 분사 상태가 미세하다.(분사압력은 크게, 노즐의 분공 직경은 작게 한다.)
- 흡입 공기에 강한 와류를 준다.
- 분사시기를 TDC에 가깝게 한다.

04 엔진-윤활 및 냉각장치

01 윤활유의 API 분류와 사용 조건

가솔린엔진
- ML : 가벼운 조건
- MM : 보통 조건
- MS : 가혹한 조건

디젤 엔진
- DG : 가벼운 조건
- DM : 보통 조건
- DS : 가혹한 조건

02 오일 냉각기 고장으로 엔진 오일 과열시 고장개소 5가지

- 크랭크축과 메인 베어링 고착
- 커넥팅 로드와 베어링의 고착
- 실린더 내벽의 마모
- 피스톤링의 소결
- 캠과 밸브 스템의 마모
- 로커 아암과 푸시로드의 파손

03 윤활유의 사용 목적(6대 작용)

- 마멸 방지 작용
- 세척 작용
- 밀봉 작용
- 방청 작용
- 냉각 작용
- 응력 분산 작용

04 엔진 오일의 구비조건

- 양호한 유성
- 적당한 점성
- 온도 변화에 따른 점도 변화가 적을 것
- 카본의 생성이 적을 것

05 엔진에서 윤활유 소모가 과다한 원인

- 실린더 마모
- 피스톤링의 마모
- 밸브 스템 및 가이드의 마모
- 내부 누설
- 엔진 베어링의 과대 마모

06 엔진 과열시 영향

- 부품의 변형 발생
- 주유 기능 상실
- 노킹 또는 조기 점화 발생
- 출력 저하

07 엔진이 과열하는 원인

- 냉각수 부족
- 점화시기 및 밸브 타이밍 부정확
- 팬벨트의 이완 또는 손상
- 수온조절기의 열림 불량
- 방열기의 막힘
- 워터 펌프의 불량
- 엔진 오일 부족
- 희박한 혼합기

08 엔진 과냉시 영향

- 연료 소비의 증대
- 베어링 마멸 촉진
- 공기와의 혼합 불량
- 연료의 응결

09 엔진이 역화하는 원인

- 점화시기의 늦음
- 엔진 과열
- 밸브의 과열 또는 밸브 고착
- 점화플러그 배선의 잘못 연결
- 엔진 내부의 카본 퇴적 과다
- 엔진에 맞지 않는 열가의 플러그 사용

10 압력 순환식 냉각장치의 장점

- 라디에이터를 작게 할 수 있다.
- 냉각수의 비점 등을 높일 수 있다.
- 냉각 손실이 적다.
- 냉각수의 보충 횟수를 줄일 수 있다.
- 기관의 열효율이 향상된다.

11 라디에이터의 구비조건

- 단위 면적당 발열량이 클 것
- 가볍고 작으며 강도가 클 것
- 냉각수의 흐름 저항이 적을 것
- 공기의 흐름 저항이 적을 것

12 라디에이터 코어 재질 및 구조

- **플레이트 핀** : 평면판 모양
- **코루게이트 핀** : 파도 모양
- **리본 셀룰러 핀** : 벌집 모양

13 부동액의 구비조건

- 물보다 비중이 높을 것
- 물과 혼합이 잘 될 것
- 응고점이 낮을 것
- 내부식성이 크고 팽창계수가 적을 것

14 오일 필터 구비조건

- 충분한 여과 능력이 있을 것
- 오일 내에 포함된 첨가제 성분을 통과시킬 수 있을 것
- 필터를 통한 오일 흐름을 제한시키지 않을 것
- 최소한 다음 오일 교환 시기까지 충분한 수명이 유지될 것

15 냉각계통 압력시험

- 라디에이터를 수리하기 위해서 탈착하기 전에, 육안으로 발견하지 못한 어떤 누설을 검사하기 위해 냉각계통에 대해 시험하는 것으로, 냉각계통 압력시험기(Cooling System Pressure Tester)를 설치하고, 정상적인 작동압력보다 약 10% 이상의 압력으로 냉각계통에 가압한 다음 전체 냉각계통을 점검한다.
  특히 냉각계통 다기관 및 주조된 코어 구멍 플러그를 세밀히 점검한다.

16 냉각계통 세척

- 냉각수는 매 2,000시간 또는 1년마다 배출시키고 교환해야 한다. 냉각수가 더럽거나 거품이 발생되면 규정 시간보다 더 일찍 냉각수를 배출시키고 교환한다.
- 세척 절차는 세 가지 단계 즉, 알칼리성 세척제에 의한 세척, 산성 세척제에 의한 재세척 및 중성 액체에 의한 세척(헹굼)을 거쳐야 한다.
  알칼리성 세척제는 슬러지 및 실리콘 입자를 제거하는데 가장 효과적이며, 부식을 방지하고 산성 세척제는 녹 및 탄소 입자를 제거하는데 효과적이다.

17 라디에이터 압력식 캡

- 압력 밸브는 엔진이 작동하는 동안 고정된 냉각계통 압력을 유지시키고, 진공밸브는 엔진이 냉각될 때 압력(냉각수 및 대기)을 동일하게 유지 시켜준다.
- 냉각 계통 내의 압력이 대기압보다 1 PSI 높아질 때마다 비등점은 약 1.66 ℃씩 상승한다. 평균 작동압력은 7~14 PSI로 113~121℃에서 끓기 때문에 엔진이 높은 온도에서 작동하도록 해준다.
- 캡의 실(Seal), 개스킷, 압력 및 진공 스프링의 상태를 점검하고 어느 하나라도 손상이 되면 캡을 교환한다.

18 라디에이터 셔터 장치

- 라디에이터를 통해 흐르는 공기의 흐름을 폐쇄함으로서 엔진의 온도를 유지시켜 주는 것으로, 셔터, 셔터 작동바, 셔터 실린더, 셔터 스탯 등으로 구성되며, 공기 필터가 사용되기도 한다.
- 라디에이터 셔터 장치가 설치되어 있는 경우, 온도 조절기에 의해 냉각수 온도를 작동온도 상태로 도달한 후에는 라디에이터 셔터 장치가 냉각수 온도를 조절한다.

19 윤활유 구비조건

- 적당한 점도가 있고 유막이 강할 것
- 중성이며 금속을 부식시키지 않을 것
- 온도 변화에 따른 점도 변화가 적고 유성이 클 것
- 인화점이 높을 것
- 가격이 저렴할 것
- 발생열을 흡수하며, 열전도율이 좋을 것

20 윤활 계통 내의 밸브

– 오일 압력 릴리프 밸브

엔진 윤활계통 내에서 엔진의 회전속도나 오일 온도에 관계없이 항상 일정한 오일 압력(최대 압력)을 유지시킨다. 일반적인 정상 작동압력 58±12 PSI

– 오일쿨러 바이패스 밸브

엔진 오일이 매우 차가울 때, 오일의 진한 점도로 인하여 엔진 오일 쿨러를 통한 오일의 흐름이 제한을 받게 되면 오일이 쿨러를 통해 흐르지 않고 직접 오일 필터로 흐르게 된다.

– 오일필터 바이패스 밸브

엔진 오일 필터가 오염되거나 막혔을 때 또는 오일이 차가울 때, 펌프로부터 오일이 쿨러를 통한 후 오일 필터를 통해 흐르지 못할 때, 여과되지 않은 오일이 계통내로 공급되도록 한다.(필터의 막힘으로 인해 필터를 통하지 못한 오일이라도 엔진 내부 구성품에 공급하여, 발생할 수 있는 엔진의 마모 및 파손을 최소화하기 위함)

21 기관이 과열하는 원인을 6가지

- 팬벨트 장력이 작거나 끊어졌다.
- 수온조절기 불량
- 라디에이터 코어 막힘(20% 이상)
- 분사 시기 부적당
- 기관의 부조 현상이나 노킹 발생
- 냉각수 부족이나 누설
- 냉각팬 파손
- 물 펌프 고장
- 배기 계통의 막힘

22 엔진 냉각방식의 종류

- 공랭식 : 자연 통풍식, 강제 통풍식
- 수냉식 : 자연 순환식, 강제 순환식, 압력 순환식, 밀봉 압력식

23 디젤기관이 과열되었을 때 나타나는 현상 5가지

- 실린더 및 피스톤링의 마찰, 마모 증가
- 엔진 오일의 열화가 촉진
- 윤활 오일의 점도 저하로 유막 파괴
- 윤활유 소비량 증가
- 엔진 출력 저하

24 냉각계통에 사용되는 냉각첨가제 역할 3가지

- 냉각 효과를 증대하기 위하여(비등방지)
- 냉각수의 빙결을 방지하기 위하여(빙결방지)
- 기관의 물순환 통로에 부식을 방지하기 위하여(부식방지)

25 디젤 엔진 오일 냉각기의 고장으로 과열시 생기는 고장 사항 5가지

- 열팽창으로 인한 부품의 변형 및 파손
- 오일의 점도 변화(저하)로 인한 유막 파괴
- 오일 연소로 오일 소비량 증대
- 마찰 부분 소결 발생
- 조기 점화로 인한 기관 출력 저하

26 기관 웜업 후 엔진속도가 증가되었는데도 오일 압력 경고등이 켜지는 원인

- 오일팬 내의 오일 수준이 낮다.
- 오일 필터 엘리먼트가 막혔다.
- 파이프 연결부의 체결이 느슨하거나 파손되었다.
- 윤활 오일펌프의 고장이다.
- 유압조절밸브의 고장이다. - 경고 스위치 고장

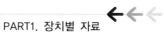

27 윤활유의 열화(劣化)현상과 방지대책

○ 열화현상의 영향

- 윤활유 완전 윤활의 저해
- 유성 저하로 유막 파괴
- 피스톤이나 실린더의 마모
- 연소실내 오일 유입, 연소
- 피스톤링의 고착 및 융착 현상 발생
- 윤활유 소모량 증가
- 각 베어링의 부식 및 마모 촉진

○ 윤활유 열화 방지책

- 산화 안정성이 좋으며, 유황 성분이 적은 윤활유를 사용한다.
- 완전 연소를 시키고 그을음 발생을 방지한다.
- 이물질의 혼입을 방지하고, 적정 주기에 오일을 교환한다.

28 디젤엔진 과열시 증상 3가지, 과냉시 증상 3가지(단, 기관 부품 파손, 베어링 마모는 제외)

○ 과열시

- 연소온도 상승으로 NOx 증가
- 충진효율 저하로 출력 저하
- 기관 윤활유 점도 저하 및 슬러지 발생

○ 과냉시

- 배출가스 백연 발생 / 연소온도 저하로 노킹 발생
- 연료 소모율 증가
- 피스톤링 이음 간극 증가로 블로바이 가스량 증가

29 밸브 냉각 방법의 종류

- 냉각수 분배에 의한 방법
- 밸브 가이드를 두지 않는 방법
- 나트륨 냉각 밸브에 의한 방법

30 나트륨 냉각식 밸브에 대하여

– 밸브 스템을 중공으로 하고 금속 나트륨을 중공부 체적의 40~60% 넣은 밸브로서, 운전 중에 나트륨이 액화되어 밸브 운동에 따라 유동하면서 헤드의 열을 스템을 거쳐 방출시키므로, 밸브 헤드의 열을 100℃ 정도 저하시킬 수 있어 고급기관이나 항공기 기관에 사용된다.

31 로더 엔진의 윤활장치 중 윤활 부품 5가지

– 오일팬
– 오일 스트레이너
– 오일펌프
– 유압조절밸브
– 오일여과기
– 오일냉각기

05 전기장치

01 키르히호프의 법칙

회로 내의 어떤 한 점에서 유입한 전류의 총합과 유출한 전류의 총합은 같다.

02 접촉 저항

도체를 연결할 때 헐겁게 연결하거나 녹, 페인트 등을 제거하지 않고 전선을 연결하면 접촉면 사이에 저항이 발생하여, 열이 생기고 전류의 흐름을 방해하게 된다.

03 접촉 저항을 줄이는 방법

- 접촉면과 압력을 크게 한다.
- 접촉 부분에 납땜을 하거나 단자에 도금한다.
- 단자를 설치할 때 와셔를 사용한다.
- 전기 접점을 닦아낸다.

04 직렬 접속 방법

- 어느 저항에서나 똑같은 전류가 흐른다.
- 전압이 나누어져 저항 속을 흐른다.
- 각 저항에 가해지는 전압의 합은 전원 전압의 합과 같다.

05 병렬 접속 방법

- 어느 저항에서나 똑같은 전압이 흐른다.
- 합성저항은 각 저항의 어느 것보다 작다.
- 저항이 감소하는 것은 전류가 나누어져 흐르기 때문이다.
- 전장 부품이 많을 경우 용량이 큰 전원을 사용한다.

06 예열 플러그 점검

- 히트 코일의 단선 및 부식 상태
- 배선의 연결 및 고정 상태
- 히터 시그널의 단선 여부

07 디젤 엔진의 예열장치인 히트 릴레이 설명

- 예열플러그 방식 중에서 실드형의 구성품인 히트 릴레이는, 예열 회로를 흐르는 전류가 크기 때문에 기동전동기 스위치의 손상을 방지하기 위한 목적으로 설치

08 예열 플러그가 자주 단선되는 원인

- 엔진이 과열되었을 때
- 엔진이 가동 중에 예열시켰을 때
- 예열플러그에 규정 이상의 전류가 흐를 때
- 예열 시간이 너무 길 때
- 예열 플러그를 설치할 때 조임이 불량할 때

09 건설기계에 사용되는 전자제어 엔진의 컴퓨터(ECM) 제어 기능 3가지

- 연료 분사 시기 제어
- 연료 분사량 제어
- 엔진 공회전 제어

10 배터리 자기방전에 대해 정의하고 그 원인 5가지

○ **정의**

내부방전이라고도 하며, 축전지를 사용하지 않아도 자연적으로 방전되는 현상으로 기온이 10℃ 상승할 때마다 방전량은 배가된다. 자기 방전량은 24시간 동안 실용량의 0.3~1.5% 정도이며, 자기방전 예방을 위해서는 15~30일마다 보충전을 해야 된다.

○ **원인**

- 장기간 축전지를 사용하지 않을 때
- 극판이 황산과의 화학작용으로 황산납화 될 때
- 전해액에 불순물이 혼합되어 국부전지가 형성될 때
- 퇴적물에 의한 극판의 단락시
- 축전지 윗면에 전해액의 누설로 인한 전류의 누전이 발생할 때

11 셀페이션 현상에 대하여 정의하고 발생 원인

유화 현상이라고도 하며, 축전지를 방전상태로 장기간 방치하면 극판이 영구황산납으로 되어, 원래의 상태로 회복되지 못하는 것으로 축전지의 기능이 상실된다.

○ **발생원인**

- 과방전하였을 때
- 전해액의 비중이 너무 높거나 낮을 때
- 극판이 단락되었을 때
- 전해액 부족으로 극판이 노출되었을 때
- 충전전압이 너무 낮을 때
- 전해액에 불순물이 혼입되었을 때
- 불충분한 충전을 반복하였을 때

12 납산축전지 충·방전 화학식

충 전			⇄	방 전		
PbO_2 +	$2H_2SO_4$ +	Pb		$PbSO_4$ +	$2H_2O$ +	$PbSO_4$
과산화납 (양극판)	묽은황산 (전해액)	해면상납 (음극판)		황산납 (양극판)	물 (전해액)	황산납 (음극판)

13 배터리(축전지)의 고장 및 수명 단축 원인 5가지

- 전해액에 불순물 혼입시
- 과방전 상태로 장시간 방치시
- 충전전압보다 높게 충전시
- 방전종지전압 이하로 사용시
- 배터리 용량보다 많은 전기의 사용시

14 축전지 충전시 주의사항

- 환기가 잘 되는 곳에서 실시
- 전해액의 온도 상승에 주의
- 병렬연결로 충전금지
- 벤트 플러그 전부 개방
- 역충전 금지
- 화기 엄금

15 축전지 급속 충전시 주의사항

- 전해액의 온도가 45℃ 이상 넘지 않도록 주의
- 통풍이 잘되는 장소에서 실시
- 충전 중 충격을 주지 않고 화기에 주의
- 차량에 설치된 상태로 충전 금지
- 충전 시간 단축

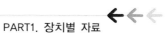

16 축전지 격리판의 구비조건

- 비전도성일 것
- 다공성으로 전해액의 확산이 잘될 것
- 기계적 강도가 있고 전해액에 부식되지 않을 것
- 극판이 좋지 못한 물질을 배출하지 않을 것

17 납산 축전지의 용량

완전 충전된 축전지를 일정한 전류로 연속 방전하여 단자 전압이 방전 종지전압이 될 때까지 방전시킬 수 있는 용량

18 축전지의 용량이 크기를 결정하는 요소

- 극판의 크기
- 극판의 수
- 셀의 크기
- 전해액

19 축전지 잉여 용량

방전을 잠시 멈추었을 때 이 사이에 전해액이 확산되어 다시 방전 기능이 회복되는 것

20 방전율과 용량의 관계

- 20시간율
- 25암페어율
- 냉간율

21 납산 축전지의 자기방전(자연방전)

충전된 축전지를 사용하지 않고 방치해 두면, 조금씩 자연 방전되어 용량이 감소되는 현상. 1일 자기방전량은 0.3 ~ 1.5% 정도

22 축전지의 자기방전(자연방전) 원인

- 극판 물질의 화학 반응으로 황산납이 되었다.
- 전해액에 포함된 불순물이 국부적으로 전지를 구성
- 작용물질이 축전지 내부에 퇴적
- 작용물질의 입자가 축전지 내부에 단락으로 인한 방전
- 축전지 커버 위에 부착된 전해액이나 먼지 등에 의한 누전

23 축전지의 수명 단축 요인 4가지

- 고온(엔진룸 내의 온도, 축전지 외기 온도)
- 사용 빈도
- 충전 부족
- 장시간 방치

24 보충전이 필요한 경우

- 주행거리가 짧아 충분한 충전이 되지 않을 때
- 주행 충전만으로 충전이 부족할 때
- 발전기 및 조정기의 고장이나 불량으로 충전이 되지 않을 때
- 사용하지 않고 보관중인 축전지는 15일에 1번씩 보충전 실시

25 축전지의 보충전 방법

○ 보통 충전

- 정전류 충전 : 일정한 전류로 충전, 충전전류는 축전지 용량의 5~20% 정도
- 정전압 충전 : 일정한 전압으로 충전, 가스발생이 거의 없고 충전 능률이 우수한 장점이 있으나 충전 초기에 큰 전류가 흘러 축전지의 수명을 단축시키는 요인이 된다.
- 단별전류 충전 : 충전 중에 전류를 단계적으로 감소시키는 방법
  충전효율을 높이고 전해액 온도의 상승을 완만하게 한다.

○ 급속 충전

시간적 여유가 없을 때 하는 방법이며, 충전전류는 축전지 용량의 50%, 시간은 가급적 짧게 해야 한다.

26 축전지 과방전, 과충전시 일어나는 현상

○ 과방전시 :

- 극판과 극판의 손상으로 축전지의 기능이 상실
- 비중의 저하로 한랭시 동파 위험
- 셀페이션 현상 확산으로 원상태 복구 불가

○ 과충전시 :

- 격자의 산화 촉진
- 전해액이 넘쳐 흐름
- (+) 단자 기둥의 솟아 오름
- 극판이나 케이스의 변형(부풀어 오름)

27 축전지의 브리지 현상

축전지를 과충전하게 되면 기포 운동으로 인하여, 밑바닥에 침전되었던 극판의 작용물질이 떠오르게 되는 현상

28 건설기계에 사용되는 배터리 성능저하 원인 5가지

- 전해액에 불순물 혼입시
- 과방전 상태로 장시간 방치시
- 과충전이 반복시
- 방전종지전압 이하로 사용시
- 배터리 용량보다 많은 전기의 사용시
- 전해액의 부족으로 극판 노출시
- 설페이션 현상으로 인한 영구 황산납화가 될 때
- 극판에 퇴적물로 인한 극판의 단락시

29 축전지의 전압을 측정하는 방법

- **고방전 시험** : 중부하를 걸고 전압을 측정
- **경부하 시험** : 전조등을 점등한 상태에서 측정
- **개회로 시험** : 무부하 상태에서 각 셀의 전압을 측정

30 AC 제네레타 전류 시험시 전류가 나오지 않을 때의 원인

- 전압 조정기의 불량
- 브러시와 슬립링의 접촉 불량
- 구동 벨트의 헐거움
- 다이오드의 소손
- 로터 코일, 스테이터 코일의 단선

31 AC 발전기 취급시 주의사항

- 접지 극성에 주의할 것
- B 단자 분리 후 고속 회전 절대 금지
- B 단자와 F 단자를 접지시키지 말 것
- 모터링 테스트를 하지 말 것

32 교류발전기 취급시 주의사항

- 축전지 극성에 특히 주의하며, 절대로 역접속해서는 안된다.
- 급속 충전시 반드시 축전지의 접지 단자를 떼어낸다.
- 발전기의 B단자에서 단자선을 떼고 기관회전을 금한다.
- F단자에 축전지를 접속해서는 안된다.
- 세차할 때 발전기에 물이 뿌려지지 않게 한다.

33 교류발전기의 특징

- 저속에서도 충전이 가능하다.
- 실리콘다이오드로 정류함으로 전기적 용량이 크다.
- 소형 경량이다.
- 전압조정기만 있으면 된다.

34 교류발전기의 주요 구성품 3가지 종류와 기능 (부품 명칭만 작성한 경우는 채점에서 제외)

- **스테이터(고정자)** : 유도기전력 및 유도 전류가 발생되는 부분
- **로터(회전자)** : 자계를 형성하는 부분
- **다이오드(정류기)** : 실리콘 다이오드를 정류기로 사용하며, 스테이터 코일에서 발생한 교류를 직류로 정류하여, 외부로 공급 및 축전지에서 발전기로 전류가 역류하는 것을 방지

35 DC 발전기 조정기 3유닛

- **전압조정기** : 발전기의 발생전압을 일정하게 유지
- **전류조정기** : 발전기의 발생전류를 조절하여 발전기 자체의 손상을 방지
- **컷아웃 릴레이** : 축전지에서 발전기로 전류가 역류하는 것을 방지

36 충전계통에 있어서 전류계의 지침이 기준치 이하를 가리키고 있는 원인 5가지 (단, 배터리는 방전이 심한 상태이고, 조정기는 정상이다.)

- 발전기 구동용 V벨트 슬립 및 끊김
- 로터 코일의 단선
- 스테이터 코일의 단선
- 충전회로에 과대한 저항이 있을 때
- 다이오드 불량 또는 단선

37 충전계통에서 발전기 고장시 고장 가능 부분

- 다이오드 손상
- 스테이터 코일 단선 단락
- 로터 코일 단선 단락
- 브러시 마모
- 전압조정기 고장

38 발전기의 발전 전압이 고르지 않고 약한 원인 (전압조정기 및 벨트는 이상이 없을 때)

- 다이오드의 불량
- 발전기 브러시 및 슬립링 불량
- 충전회로에 과대한 저항 발생
- 스테이터 코일 및 로터 코일 단선

39 발전기의 충전률이 낮거나 불안정하게 충전될 때 고장원인

- 스테이터 코일의 단선 및 단락
- 로터 코일의 단선
- 다이오드의 불량
- 발전기 브러시 및 슬립링 불량
- 벨트의 장력이 약할 때

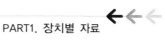

40 기동전동기에서 무부하 시험시 많은 전류가 소모되면서 기동력이 약한 원인

- 스위치 또는 단자의 접지 또는 단락
- 전기자코일 및 계자코일이 단락 또는 접지되었을 때
- 전기자가 계자철심에 접촉될 때
- 전기자축 베어링이 고착되었을 때
- 브러시 스프링의 장력이 약할 때

41 기동전동기 무부하 시험시 필요한 장치

- 축전지
- 전류계
- 전압계
- 가변저항
- 회전계

42 기동전동기 풀인 코일 시험

- 솔레노이드 스위치의 M단자와 계자코일 사이의 배선을 분리한다.
- S단자(+)와 M단자(−) 사이에 축전지를 연결한다.
- 피니언이 밖으로 튀어나오면 풀인 코일은 양호한 상태이며, 튀어나오지 않으면 솔레노이드 스위치를 교환한다.

43 기동전동기 홀드인 코일 시험

- 솔레노이드 스위치의 M단자와 계자코일 사이의 배선을 분리한다.
- S단자(+)와 계철(−)사이에 축전지를 연결한다.
- 피니언이 바깥쪽에 있으면 모든 것이 정상이지만, 피니언 안쪽으로 움직이면 회로가 개방된 상태이므로 솔레노이드 스위치를 교환한다.

44 기동전동기가 회전이 안되는 원인(기동전동기에서)

- 계자코일의 단선
- 전기자코일의 단선
- 브러시의 과다 마모로 접촉 불량

45 기동전동기 시험 항목

- 무부하시험
- 회전력시험
- 저항시험

46 기동전동기 솔레노이드 스위치 복귀시험

- 솔레노이드 스위치의 M단자와 계자코일 사이의 배선을 분리한다.
- M단자(+)와 계철(-)사이에 축전지를 연결한다.
- 피니언을 밖으로 당겼다가 놓았을 때 피니언이 원래의 위치로 빨리 복원하면 모든 것이 정상이지만, 그렇지 않을 경우에는 솔레노이드 스위치를 교환한다.

47 기동전동기가 작동되지 않는 원인

- 축전지의 과도한 방전
- 전지자 코일의 단선(개회로)
- 계자코일의 단선
- 기동전동기의 브러시 및 정류자의 소손
- 시동스위치 손상 및 배선 결함

48 기동전동기 크랭킹 회전속도가 낮아지는 원인

- 축전지의 용량 감소
- 기온 저하로 시동 부하 증가
- 계자코일의 단락
- 축전지 단자의 접속 불량

49 기동전동기가 회전이 안되거나 회전력이 약한 원인

- 시동스위치의 접촉 불량
- 축전지 단자와 케이블의 접촉 불량
- 브러시와 정류자의 접촉 불량
- 축전지 전압이 낮음

50 계기류는 원칙적으로 수리하지 않게 되어 있으나, 결함이 있을 때는 새것으로 교환한다. 속도계가 전혀 작동하지 않았을 경우 고장원인 3가지

- 케이블의 단선
- 케이블 기어마모
- 케이블과 속도계의 연결 불량
- 속도계 고장

51 반도체의 장점 및 단점

○ 장점

- 매우 소형이며 가볍다
- 내부 전력 손실이 매우 적다.
- 예열 시간을 요하지 않고 즉시 작동한다.
- 기계적으로 강하고 수명이 길다.

○ 단점

- 온도가 상승하면 특성이 매우 나빠진다.
- 역 내압이 매우 낮다.
- 정격값 이상이 되면 파괴되기 쉽다.

52 자동차 전조 장치와 토공용 전조 장치의 차이점

– 토공용 전조 장치

반사경과 필라멘트가 일체로 되어 있는 실드빔 형식으로, 필라멘트가 끊어지면 전조등 전체를 교환하여야 하는 단점과, 먼지가 많은 건설 현장과 같은 악조건에서도 반사경이 흐려지지 않는 장점이 있다.

– 자동차 전조 장치

렌즈와 반사경은 녹여 붙였으나 전구는 별개로 설치된 세미 실드빔 형식으로, 필라멘트가 끊어지면 전구만 교환하는 장점과, 전구 설치 부분으로 공기 유통이 있어 반사경이 흐려지기 쉬운 단점이 있다.

53 건설기계의 전조등의 기준

– 광도 • 2등식 : 15,000칸델라 이상일 것
• 4등식 : 12,000칸델라 이상일 것

– 한등당 광도(최대 광도점의 광도)

- 주행빔 : 15,000칸델라
- 변환빔 : 3,000칸델라 이상 45,000칸델라 이하일 것

※ 최고 주행속도가 50km/h 미만인 건설기계에서는 주행빔의 최고 광도의 합(건설기계에 설치된 각각의 전조등에 대한 주행빔의 최고 광도의 총합을 말한다)은 225,000칸델라 이하일 것

54 방향지시등이 좌우 점멸 수가 다르거나 한쪽만 작동되는 원인

- 방향지시등 전구 1개가 단선
- 규정 용량의 전구를 사용하지 않았을 때
- 한쪽 전구 소켓에 녹이 발생하여 전압강하가 있을 때
- 접지가 불량할 때

55 건설기계 전조등의 광도 부족원인

- 반사경이 흐려졌을 때
- 반사경의 부식
- 렌즈 안이나 밖에 물기나 습기의 부착
- 전구 설치 위치가 부정확할 때
- 전구의 장시간 사용으로 열화

56 방향지시등의 점멸이 느린 원인

- 축전지의 용량 저하
- 전구의 용량이 규정보다 적음
- 전구의 접지 불량
- 퓨즈 또는 배선의 접촉 불량
- 플래셔 유닛의 결함

57 타이어식 건설기계에서 주행 중 충전 램프 경고등이 켜질 때의 원인

- 축전지의 접지 케이블의 이완
- 발전기 팬벨트의 절손
- 발전기 불량
- 충전회로 퓨즈 단선

58 건설기계에서 전조등이 점등되지 않는 원인

- 전조등 퓨즈 단선
- 발전기 불량으로 축전지 방전
- 전조등 릴레이 불량
- 전조등 필라멘트 단선
- 전조등 작동 스위치 불량
- 전조등 회로의 단선

59 **24V 축전지에 6PS 출력을 가진 기동전동기의 전류 소모량(A)은?**

P = I · E I = P / E

1PS = 735W 6PS = 4,410W

I = 4,410W / 24V = 183.75A

60 **기동전동기에 흐르는 전류가 120A이고 전압은 24V라면, 이 기동전동기의 출력은 몇 PS인가?**

P = I · E 이므로 120 × 24 = 2,880W

1PS = 735W이므로 $\dfrac{2,880}{736} = 3.92 PS$

61 **논리 회로(AND)**

– 논리 대수에 의한 연산에 쓰이는 회로로, 트랜지스터나 다이오드 등으로 조합하여 나타내는 회로로, 복잡한 논리를 간결하고 정확하게 표현할 수 있어 컴퓨터 등에 이용된다. 논리 회로를 구성하는 기본 단위를 논리 게이트라 하며, 가장 기본적인 논리 게이트에는 논리곱(AND), 논리합(OR), 부정(NOT) 게이트 등이 있다.

명칭	그래픽 기호	함수식	진리치표			명칭	그래픽 기호	함수식	진리치표		
			A	B	X				A	B	X
AND	A_B	X = AB	0	0	0	NAND	A_B	X = (AB)'	0	0	1
			0	1	0				0	1	1
			1	0	0				1	0	1
			1	1	1				1	1	0
			A	B	X				A	B	X
OR	A_B	X = A+B	0	0	0	NOR	A_B	X = (A+B)'	0	0	1
			0	1	1				0	1	0
			1	0	1				1	0	0
			1	1	1				1	1	0
			A		X				A	B	X
NOT	A	X = A'	0		1	XOR	A_B	X = (A⊕B)	0	0	0
			1		0				0	1	1
									1	0	1
									1	1	0
			A		X				A	B	X
BufferT	A	X = A	0		1	XNOR	A_B	X = (A⊙B)	0	0	1
			1		0				0	1	0
									1	0	0
									1	1	1

62 교류발전기의 3상 회로중 아래 그림에서 a-b, c-d 부분의 정류 과정을 → 로 표시하시오.

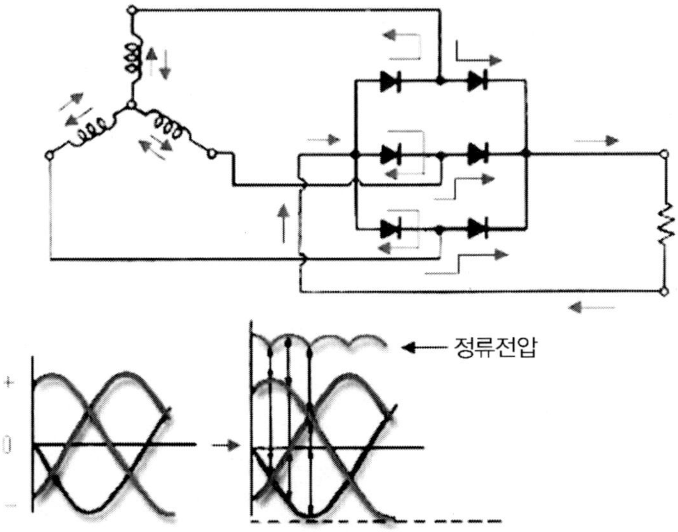

63 굴착기에서 키스위치 ON시 충전경고등이 들어오지 않거나 깜빡거릴 경우, 발전기 내·외부에 발생 가능한 원인 각각 3가지에 대하여 쓰시오.

○ 내부 원인

- 전압 조정기(레귤레이터) 불량
- 스테이터 코일 불량
- 정류자 다이오드 불량

○ 외부 원인

- L단자 단선 또는 접촉 불량
- 충전 경고등 램프 불량
- 배터리 노후

06 섀시 및 차체

01 작업 장치에서 유압식과 기계식을 비교 설명

○ 유압식(PCU)

- 동력 조정장치라고도 하며 기관의 동력으로 구동하는 오일펌프에서 보내진 오일을 이용하여 액추에이터(유압실린더, 유압모터)를 동작하여 작업 장치를 작동시키는 방식

○ 기계식(CCU)

- 케이블 조정장치라고도 하며 기관의 동력을 이용하여, 케이블 드럼(윈치)을 작동하여 작업 장치를 작동시키는 방식

02 작업 장치에서 유압식과 기계식의 특징

○ 유압식

- 속도제어가 용이하다.
- 힘의 연속적 제어가 용이하다.
- 과부하에 대한 안전장치가 간단하다.
- 에너지의 축적이 가능하다.
- 왕복운동의 충격과 진동이 적고 속도가 자유롭다.
- 동조운전 및 시퀀스 작동 사이클이 간단하다.

○ 기계식

- 효율이 높다.
- 가격이 저렴하다.
- 구조가 간단하다.
- 고장 발생이 적고 단순하다.

03 유압구동 방식과 기계구동 방식 특징을 비교하여 5가지 설명

구 분	유압 구동방식	기계 구동방식
① 구조	구조가 복잡하다	비교적 간단하다
② 운동	응답성이 좋다	소음이 크고, 마모도가 크다
③ 힘	소형으로 큰 힘을 낼 수 있다	큰 힘을 내기 위해 대형화 된다
④ 조작성	원격 및 미세 조작이 가능하다	원격 및 미세 조작이 어렵다
⑤ 동력전달	조작이 쉽고 신속, 정확하다	동력전달의 정확도가 나쁘다
⑥ 안정성	과부하 방지가 가능하다	과부하 방지가 어렵다

04 건설기계의 차륜식과 무한궤도식 주행 장치의 특징 비교

※ 차륜식

- 운반로가 좋은 곳에서 고속작업이 용이하다.
- 기동성이 풍부하고 포장도로 주행이 가능하며
- 작업거리에 영향이 없다.
- 점토질이 많고 습지 구간의 주행성이 불량하다.

※ 무한궤도식

- 접지 면적이 넓고 분포하중이 일정하여 연약 지반, 험지, 경사지에서 작업이 가능하다.
- 주행속도가 느리고 노면이 손상된다.
- 구배 작업 능력이 크다.
- 유지보수비용이 많이 든다.

05 클러치가 미끄러지는 원인

- 클러치 페달의 자유 간극이 작다
- 클러치 디스크의 마멸 과다
- 클러치 디스크의 페이싱에 오일 부착
- 플라이휠 및 압력판의 손상 또는 변형
- 클러치 스프링의 장력 약화 또는 자유 높이 감소

06 클러치가 차단이 불량한 원인

- 클러치 페달의 자유 간극이 크다
- 클러치 디스크의 흔들림(런아웃)이 크다
- 릴리스 베어링의 손상 또는 파손
- 유압 계통에 공기의 혼입
- 클러치 각 부분의 심한 마멸

07 주행 중 변속기에서 기어가 빠지는 원인

- 기어의 마모가 심할 때
- 기어의 축이 휘었거나 물림이 약할 때
- 인터록 및 록킹 볼이 마모되었을 때
- 인터록 및 록킹 볼의 고정 스프링이 불량할 때

08 주행 중 변속기에서 소음이 발생하는 원인

- 기어 축의 베어링이 마모되었을 때
- 기어가 마모되었을 때
- 기어오일이 부족할 때

09 유체클러치와 토크컨버터의 차이점

○ 유체클러치

- 유체클러치는 직선 방사상으로 많은 날개가 부착된 임펠러와 터빈으로 구성되어 있고, 임펠러가 회전하면 펌프의 운동 에너지가 터빈 날개에 전달되어 터빈이 회전한다. 이때 오일은 펌프 측으로 돌아오면서 와류, 회전 흐름을 하는데, 이 와류가 유체의 회전 흐름을 저해하므로 중심부에 가이드링을 두어 유체의 충돌이 감소되도록 하고 있다. 토크 변환율은 1 : 1이다

○ 토크컨버터

- 토크컨버터는 유체클러치에 프리휠링 장치가 부착된 스테이터를 추가시키고, 펌프와 터빈의 날개가 나선형으로 되어 있으며, 2~3 : 1의 큰 토크 변환을 할 수 있어 건설기계에 많이 사용되고 있다.

10 유체클러치의 구조에 대하여 설명

- **펌프(임펠러)** : 크랭크축에 연결되어 회전하면서 기계적 에너지를 유체의 운동 에너지로 전환
- **터빈(런너)** : 변속기 입력축에 연결되어 펌프에서 발생된 유체에너지를 기계적 에너지로 변환하여 변속기에 동력을 전달
- **가이드링** : 유체의 흐르는 방향을 유도, 유체의 충돌로 인한 맴돌이 흐름을 방지, 클러치 효율 저하 방지

11 유체클러치와 토크컨버터 구성부품

유체클러치	토크컨버터
펌프(임펠러) – 크랭크축에 연결	펌프(임펠러) – 크랭크축에 연결
가이드링 - 와류 방지	스테이터 - 오일 흐름 방향 변환
터빈(런너) – 변속기 입력축	터빈(런너) – 변속기 입력축

12 토크컨버터가 과열되는 원인

- 냉각계통의 결함
- 토크변환기의 기계적 결함
- 토크컨버터에 오일 공급 불량 및 누출
- 부적당한 장비 운행 및 계속적으로 과부하를 걸 때
- 오일 수준 부족 또는 과다

13 **토크컨버터가 열을 받는 원인 3가지**(단, 오일 온도, 압력, 누설, 양, 오일 계통 내의 공기 혼입 등과 오일 냉각계통에는 이상이 없다)

- 토크컨버터의 기계적 결함(펌프, 터빈, 스테이터)
- 오일 부족 및 누출
- 부적당한 장비 운행 및 계속적으로 과부하 운행시
- 작동유의 열화 및 오염

14 토크 디바이더 하우징 내부에 오일이 과다한 원인

- 소기펌프의 작동 불량
- 컨버터의 내부 누설
- 소기펌프의 흡입라인 막힘

15 토크컨버터와 유성기어를 이용한 자동변속기의 고장점검 5개소

- 킥다운 스위치 작동상태
- 인히비터 스위치 작동상태
- 댐퍼 클러치(록업 클러치)상태
- 컨트롤 케이블 상태
- 프라이밍 밸브 작동상태

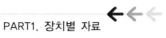

16 브레이크 드럼 점검 방법

- 드럼의 진원도(편마모)를 다이얼 게이지로 측정한다.
  (규정값 : 0.25mm 이하 / 한계값 : 0.25mm 이상)
- 드럼 두께 측정은 버니어 캘리퍼스를 사용하여 측정한다.
  (드럼의 진원도와 직경은 한계값 이하시는 선반으로 연삭하여 수정 사용하고, 한계값 이상시는 교환한다.)

17 브레이크 오일의 구비조건 5가지

- 화화적으로 안정될 것
- 침전물이 생기지 않을 것
- 적당한 점도를 가질 것
- 점도지수가 높을 것
- 윤활성이 좋을 것
- 빙점이 낮고 비등점이 높을 것
- 베이퍼록이 발생되지 않을 것
- 증발되지 않을 것
- 금속, 고무 제품에 부식, 열화, 팽창을 일으키지 않을 것

18 브레이크 드럼의 구비조건

- 충분한 강성이 있고 가벼울 것
- 정적 동적 평형이 조정되어있을 것
- 방열이 잘되어 과열되지 않을 것

19 앵커먼 장토식 조향장치의 기능

- 조향 핸들을 돌려 원하는 방향으로 조향한다.
- 운전자의 핸들 조작력이 바퀴를 조향하는데 필요한 조향 토크로 증강시킨다.
- 선회시 좌우 바퀴의 조향각에 차이가 나게 한다.
- 노면의 충격이 핸들에 전달되지 않도록 한다.
- 선회 저항이 적고 옆방향으로 미끄러지지 않도록 한다.

※ 위의 기능을 만족하기 위해서는, 모든 바퀴가 한 점을 중심으로 동심원을 그리도록 회전해야 하는데, 앵커먼 장토식은 조향 너클의 연장선이 뒤차축의 중심선에서 만나게 하면, 선회시 안쪽바퀴의 조향각이 더 크게 되어서 뒤차축의 연장선상의 한 점에서 모든 바퀴가 동심원을 그리게 되는 원리이다.

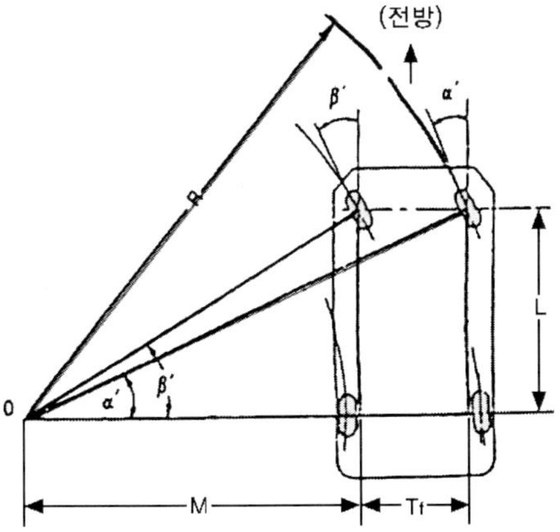

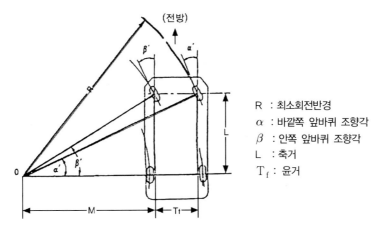

R : 최소회전반경
α : 바깥쪽 앞바퀴 조향각
β : 안쪽 앞바퀴 조향각
L : 축거
T_f : 윤거

※ 선회시에 내측륜의 회전각 (β)은 외측륜의 회전각 (α)보다 크다 ($\alpha < \beta$)

20 공기 브레이크의 장점

- 차량의 중량이 커도 사용할 수가 있다.
- 파이프의 누설이 있을 때 유압 브레이크에 비해 그 위험도가 비교적 적다.
- 베이퍼록이 일어나지 않는다.
- 제동력이 크고 조작이 쉽다.
- 트레일러 사용시 사용이 간단하다.

21 언더 스티어링과 오버 스티어링

- 언더 스티어링은 전륜의 조향각에 의한 선회반경보다 실제 회전반경이 커지는 현상으로, 전륜의 횡활각이 후륜의 횡활각보다 크다.
  즉, 후륜에서 발생한 선회력이 큰 경우로, 무게 중심이 앞차축에 가까운 표준 구동 방식(FR)과 전륜 구동방식(FF)의 자동차는 대부분 언더 스티어링 특성을 나타낸다.
- 오버 스티어링은 전륜의 조향각에 의한 선회반경보다 실제 회전반경이 작아지는 경우로, 후륜의 횡활각이 전륜의 횡활각보다 크다.
  즉, 전륜에서 발생한 선회력이 큰 경우로, 후기관 방식(RR)이 오버 스티어링 특성을 나타낸다.
- 고속으로 주행하는 자동차에서는 핸들 조향보다 바퀴가 적게 조향되는 언더 스티어링 특성이 안정상 좋다.

22 최소 회전 반지름 측정

- 무한궤도식은 무한궤도 접지면 궤적의 가장 바깥부분, 타이어식은 조향륜의 가장 바깥 바퀴와 노면간의 접촉면의 중심이 만드는 궤적의 반지름으로
- 측정 방법은 핸들은 좌 또는 우로 최대로 꺾은 다음 저속으로 원선회를 하고 각 궤적의 원중 최대의 것을 측정하여 그 치수의 1/2를 최소 회전 반지름으로 한다.
- 중차량은 7 ~ 10m 이내이다.

$$R = \frac{L}{\sin\alpha} + r$$

L : 축간거리
α : 바깥 바퀴의 최대 조향각
r : 바퀴 접지면과 킹핀의 거리

23 건식 클러치의 구비조건

- 동력 차단이 신속하고 정확해야 한다.
- 회전 평형이 좋아야 한다.
- 방열이 잘되어야 한다.
- 회전관성이 적어야 한다.
- 구조가 간단하고 취급이 용이하고 고장이 적어야 한다.

24 추진축이 진동하는 이유

- 추진축의 휨
- 축의 밸런스가 맞지 않을 때
- 요크 설치 방향이 맞지 않을 때
- 저널 베어링의 마모 또는 손상시
- 중간베어링의 마멸이 심할 때
- 플랜지와 연결 볼트가 이완되었을 때

25 공기브레이크 캠 정비시 분해공정 순서

- 브레이크 실(챔버)제거 → 슬랙 조정기 제거 → 캠샤프트 제거 → 앵커핀의 세트스크루우 제거 → 앵커핀 제거 → 브레이크슈 제거

26 마스터 실린더에 잔압을 두는 이유

- 베이퍼록 방지
- 브레이크 작동 지연 방지
- 회로 내의 공기 침입 방지
- 휠실린더 내의 오일 누출 방지

27 베이퍼록(vapour-lock)이란?

- 엔진의 기화기나 연료 분사 장치 등의 연료 장치에 연료에서 나온 증기나 공기 등이 괴어 연료의 공급을 저해하는 현상으로 증기 폐색이라고도 한다.
- 액체를 사용한 계(系)가, 액체의 비점 이상으로 가열된 때에, 발생한 기포가 관 등 시스템 내에 갇혀 정상적으로 작용하지 않게 되는 상태를 말한다. 브레이크 또는 클러치에서는 페달 스트로크가 급격히 증가하고, 답력의 전달 능력이 극히 나빠진다. 연료 계통에도 발생하는데, 이 경우 연료의 공급이 불량이 된다.
- 이 현상은 액체의 온도가 내려가면 해소된다. 브레이크에서는 긴 비탈길에서 브레이크를 많이 사용한 경우나, 고속에서의 브레이크를 반복한 경우 등에서 일어나는 경우가 있다.
- 베이퍼록은 브레이크액의 비점과 밀접한 관계가 있고, 비점이 높은 브레이크액을 사용하는 것은 물론 열화하여 비점이 내려간 오래된 브레이크액을 정기적으로 교환하는 것이 바람직하다.

28 종감속기 하이포이드 기어의 장점

- 추진축의 높이를 낮게 할 수 있어 안전성이 향상된다.
- 넓은 공간으로 거주성이 향상된다.
- 스파이럴 베벨기어보다 구동 피니언기어를 크게 만들어 강도가 증가된다.
- 기어의 물림량이 크기 때문에 회전이 정숙하다.

29 핸들이 떨리는 이유 (한쪽으로 쏠리는 이유)

- 타이어의 공기압이 맞지 않을 때
- 캠버가 맞지 않을 때
- 앞 코일스프링의 절손 또는 탄성이 없을 때
- 쇽업쇼버의 작동이 불량할 때
- 일체 차축일 경우 판스프링 센타 볼트의 이완 및 U 볼트의 이완
- 조향 핸들 축의 축방향 유격이 크다.

30 브레이크 페달의 높이가 낮아지는 원인 (5가지)

- 브레이크 회로 내에 공기가 들어 있을 때
- 라이닝과 드럼 사이의 간격이 과다할 때
- 마스터 실린더 내의 체크 밸브가 불량할 때
- 마스터 실린더 내의 피스톤 컵 고무가 심하게 마모되었을 때
- 휠 실린더의 컵 고무가 심하게 마모되었을 때
- 브레이크 회로의 오일이 누설될 때

31 브레이크 페달 간극 측정

○ 측정

- 페달을 손으로 눌러 최초의 저항이 느껴지는 지점을 표시하고, 페달을 놓아 표시 지점과 바닥과의 거리를 측정한다.
- 소형은 5~10mm, 중형은 10~15mm, 대형은 15~20mm 정도로 페달의 높이 조정은 페달 스토퍼의 조정 나사로 한다.

○ 조정

- 마스터 실린더 푸시로드를 연결하는 U형 요크에서 핀을 제거하고, 조정 나사를 고정하는 너트를 푼 다음, 조정 나사를 시계 방향 또는 시계 반대 방향으로 돌려 유격을 조정하고 고정나사를 완전히 조인다.

32 유압식 브레이크가 잘 풀리지 않는 원인

- 마스터 실린더의 리턴 구멍의 막힘
- 마스터 실린더 푸시로드 길이가 너무 길다
- 브레이크 슈, 마스터 실린더 리턴 스프링 장력 부족
- 마스터 실린더와 휠 실린더의 피스톤 컵의 부풀음

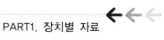

33 유압식 브레이크에서 브레이크가 잘 듣지 않는 원인 3가지

- 브레이크 계통 내에 공기의 혼입
- 디스크 패드 및 라이닝의 과다 마모
- 마스터 실린더 피스톤 컵 불량시
- 브레이크 배력장치(진공 부스터) 작동 불량
- 페이드 현상 발생시
- 브레이크 라이닝과 드럼의 간극이 클 때
- 휠 실린더의 오일 누출
- 패드 및 라이닝에 오일이 묻었을 때

34 진공 배력식 브레이크에서 페달의 조작이 무거운 원인

- 진공 파이프에 공기 유입
- 진공 및 공기밸브의 작동 불량
- 진공 체크 밸브의 작동 불량
- 릴레이밸브 및 피스톤의 작동 불량
- 하이드로릭 피스톤의 작동 불량

35 디퍼런셜 기어(구동피니언과 링기어의 접촉상태) 접촉상태 5가지

- **정상접촉** : 구동 피니언과 링기어의 접촉이 링기어 중심부 쪽으로 50~70% 정도 물리는 상태의 접촉
- **토우접촉** : 구동피니언의 물림이 링기어의 이빨 사이가 좁은 안쪽에 접촉
  (수정) 구동피니언을 밖으로, 링기어를 안쪽으로 이동
- **힐접촉** : 구동피니언의 물림이 링기어의 이빨 사이가 넓은 바깥쪽에 접촉
  (수정) 구동피니언을 안쪽으로, 링기어를 바깥쪽으로 이동
- **페이스접촉** : 구동피니언의 물림이 링기어 잇면의 끝부분에 접촉
  (수정) 구동피니언을 안쪽으로, 링기어를 바깥쪽으로 이동
- **플랭크 접촉** : 구동피니언의 물림이 링기어 이뿌리 부분에 접촉
  (수정) 구동피니언을 바깥쪽으로, 링기어를 안쪽으로 이동

※ 조정

- 링기어 좌우 이동 : 캐리어의 사이드 조정나사 또는 심
- 구동 피니어 전후 이동 : 앞뒤 베어링 심

36 디퍼런셜 기어(구동 피니언과 링기어의 접촉 상태) 접촉상태 측정 방법

- 구동피니언과 링기어에 묻은 오일을 깨끗이 제거한다.
- 광명단을 기어 이끝 양면에 균등하게 바른다.
- 공구를 사용하여 피니언을 회전 방향 또는 반대 방향으로 천천히 돌린다.
- 구동피니언과 링기어의 이끝 접촉상태를 점검한다.

37 에어 컴프레셔에서 다음 기능에 대해서 설명

- **애프터 쿨러** : 공기라인의 수분을 제거하여 공기압축기의 부식을 방지한다.
- **인터쿨러** : 저압 실린더와 고압 실린더 사이에 부착되어 저압 실린더가 공기를 압축할 때 냉각시켜 고압 실린더로 공급해 주어 15% 정도의 동력 절감 효과를 얻으며, 압축 효율을 향상시킨다.
- **언로드밸브** : 탱크 내의 압력이 설정 압력에 도달하면 언로드 밸브가 흡기 밸브를 개방하여 공기 생산을 중단시킨다.

38 기계식 조향장치에서 핸들 조작이 무겁다. 원인 7가지

- 타이어 공기압이 낮다.
- 조향기어 백래시가 작다.
- 조향기어 마멸/파손
- 앞바퀴 얼라이먼트 조정 불량
- 킹핀, 볼 조인트 마멸/파손
- 휠 베어링의 마멸/파손
- 링크 접합부의 이완/파손

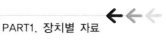

39 제동시 핸들이 한쪽으로 쏠리는 원인

- 좌우 브레이크 라이닝과 드럼 간극 조정이 불량할 때
- 좌우 타이어의 공기압이 불균형일 때
- 한쪽 라이닝에 물이나 오일이 부착되었을 때
- 앞바퀴 정렬 불량시
- 한쪽 브레이크 파이프 라인이 막혔을 때
- 슈 리턴스프링의 장력이 약하거나 절손시
- 속업소버의 작동 불량

40 차동장치에서 규칙적인 소음이 발생하는 원인 5가지

- 차동장치 내 윤활 오일 부족
- 피니언과 링기어의 백래시 과대
- 스플라인축의 기어 마모, 손상
- 피니언기어 베어링 마모
- 차동 피니언과 차동 사이드기어 백래시 과다

41 건설기계 조향(steering) 장치의 구비조건

- 노면으로부터의 충격이 조향 핸들에 전달되지 않을 것
- 조작이 쉽고 방향 변환이 원활할 것
- 회전반지름이 작을 것
- 고속주행에서도 조향 핸들이 안정될 것
- 조향 조작시 섀시 및 차체에 무리한 힘이 작용되지 않을 것
- 수명이 길고 정비성이 좋을 것

42 하이드로 백 기밀시험 방법

○ 기밀 기능 점검

- 엔진을 1~2분 정도 운전을 하다가 정지시킨 후 페달을 여러 번 밟는다.
- 판정 : 이때 페달이 들어갔다가 점차 상승하면 정상이다.

○ 작동점검

- 엔진의 시동을 정지시킨 상태에서 브레이크 페달을 여러 번 밟았을 때, 페달의 높이가 변화하지 않는가를 점검한 후, 브레이크 페달을 밟은 상태로 엔진의 시동을 건다.
- 판정 : 이때 페달이 약간 하강하면 정상이다, 그러나 페달이 상승하면 부스터는 손상된 것으로 판단한다.

○ 부하 기밀시험 방법

- 엔진을 가동시킨 상태에서 브레이크 페달을 밟고 엔진 가동을 정지시킨 후 30초 동안 페달을 밟고 있는다.
- 판정 : 페달의 높이가 변화하지 않으면 부스터는 양호한 상태이며, 페달이 상승하면 부스터는 손상된 상태

43 튜브리스 타이어의 장점 3가지, 단점 3가지

장점	단점
- 펑크 수리가 간단	- 휠 변형시 공기누설
- 펑크시에 공기 누설시간이 길다	- 측면 충격에 약하다
- 발열 성능이 우수	- 날카로운 칼 등에 베었을 때 수리가 불가

44 건설기계 타이어를 취급하는 방법

- 공기압은 규정값을 주입한다.
- 전차륜 얼라이먼트를 바르게 조정한다.
- 정기적으로 타이어의 위치를 바꾼다.
- 급출발, 급정지, 급선회를 금한다.
- 과속 운행을 피한다.

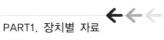

45 타이어 취급상 안전 사항 5가지

- 공기압은 규정 값으로 주입
- 과속 운행을 피한다.
- 정기적으로 타이어 위치를 바꾼다.
- 급출발, 급선회, 급정지 금지
- 전차륜 얼라이먼트를 바르게 조정한다.

46 타이어 구조

- **트레드** : 직접 노면과 접촉하는 부분, 카커스와 브레이커의 외측에 붙어있는 강력한 고무층으로 내마모성이 우수한 고무로 제작
- **브레이커** : 트레드와 카커스의 중간에 있는 코드층으로, 외부로부터 오는 충격에 의한 내부 코드의 손상을 방지
- **카커스** : 강도가 강한 합성섬유로 된 코드지를 겹쳐 만든 것으로, 타이어의 골격을 형성
- **비드** : 카커스 코드의 끝부분을 감아주는 철선으로, 타이어를 림에 고정시키는 기능
- **사이드 월** : 타이어의 옆부분으로 커커스를 보호하고 굴신운동으로 승차감 향상

47 타이어 부하율 공식

$(Pn\ /\ Px \times n) \times 100(\%)$

Pn = 축중 P, Px = 타이어 하중, n = 타이어 수

48 킹핀 경사각을 두는 이유

- 캠버와 함께 조향 핸들의 조작력을 가볍게 한다.
- 캐스터와 함께 앞바퀴의 복원성을 부여한다.
- 앞바퀴의 시미 현상을 방지한다.

07 유압 작동유

01 작동유의 성질 (작동유 구비조건 5가지)

작동유는 유압기기에 압력을 전달하는 매체로서 압력, 온도, 유속 등의 변화로 인한 영향으로 기름의 성질이 변하기 쉬우므로 선택시 주의를 요한다.

- 동력 전달을 확실히 하기 위해 비압축성일 것
- 각 부의 유체 마찰 저항이 적을 것
- 유막의 강도를 갖고 윤활성이 좋을 것
- 연속 사용시 화학적 물리적 변화가 적을 것
- 녹이나 부식의 발생을 방지할 것
- 혼입된 불순물을 급속하게 분리 침전시킬 것
- 실 재료와의 적합성이 좋을 것
- 거품 발생이 적을 것

02 작동유의 일반적인 성질

- 액체는 압축되지 않는다.
- 액체는 운동을 전달할 수 있다.
- 액체는 힘을 전달할 수 있다.
- 액체는 힘을 증대시킬 수 있다.

03 작동유의 기능

- 동력을 전달한다.
- 마찰열을 흡수한다.
- 움직이는 기계요소를 윤활한다.
- 필요한 기계요소 사이를 밀봉한다.

04 작동유의 구비조건 5가지

- 비압축성일 것
- 각 부의 유체 마찰 저항이 적을 것
- 윤활성이 좋을 것
- 물리적·화학적으로 안정될 것
- 물, 먼지, 공기 등을 신속히 분리할 것
- 실, 패킹 등과 적합성이 좋을 것
- 기밀효과가 좋을 것

05 유압유(작동유) 첨가제

종 류	기 능
산화방지제	산소에 의해 산화되는 것을 방지
점도지수 향상제	온도에 따른 점도 변화를 적게 한다.
청정 분산제	슬러지가 카본을 녹여 윤활유에 미세한 입자 상태로 분산
유성 향상제	유막의 형성을 향상시키고 마찰을 감소
소포제	사용 중에 심한 교반작용으로 인해 기포와 거품 발생 방지
유동점 강하제	저온에서 왁스 성분이 석출하는 것을 방지하여 유동성을 높임
방청제	금속 표면에 피막을 만들어 공기, 수분의 접촉을 방지하고 표면의 녹 발생을 방지
극압제	하중이 작용할 때 유막이 끊겨 금속 마찰이 생겨 마모와 발열하는 것을 방지
유화제	안정된 유성을 갖도록 한다.
착색제	윤활유의 누설을 알아보기 쉽게 오일을 착색

06 작동유 탱크에서 유압유를 채취 분석한 결과 크롬이 검출되었다. 그 원인은?

- 유압 실린더는 이음매 없는 압력용기로서 내압성, 내식성, 내마모성, 고항장력이 요구된다. 실린더의 내면은 피스톤이 왕복운동을 하므로 흠집을 막는다는 목적과 내식성과 내마모성을 높이기 위해 내면에 경질의 크롬 도금을 한다.
- 유압 실린더가 작동 중에 피스톤 표면의 씨일 등의 마모나 파손 또는, 작동유 중에 포함된 불순물이 실린더 내면을 심하게 마찰함으로 해서 도금된 크롬이 떨어져 나와 작동유 탱크에 쌓이게 된다.

07 점도지수(Viscosity Index)

- 점도가 온도에 따라 변화하는 척도를 점도지수라고 한다.
- 점도지수의 척도로서 온도에 따른 점도 변화가 가장 적은 파라핀계의 표준유를 선정하고 이를 H계 표준유 점도지수 100으로 정한다.
  이와 반대로 점도 변화가 가장 큰 나프텐계의 표준유를 정하고 이를 L계 표준유 점도지수 0으로 정한다.

$$V1 = \frac{L-U}{L-H} \times 100$$

L : VI = 0인 기름의 100。F(37.8。C)에서의 세이볼트 점도

H : VI = 100인 기름의 100。F(37.8。C)에서의 세이볼트 점도

U : 점도를 구하고자 하는 기름의 100。F(37.8。C)에서의 세이볼트 점도

- VI가 높을수록 온도 변화에 대한 점도 변화가 적고
  온도에 따라 점도 변화가 적을수록 좋은 윤활유이다.
  일반적으로 VI = 80 ~ 150 cst 정도의 윤활유를 많이 사용하고 있다.

08 표면장력에 대해 설명

- 액체의 자유 표면에서 표면을 작게 하려고 작용하는 장력을 말하며, 계면장력이라고도 한다.
- 액체의 표면에서 그 표면적을 작게 하도록 작용하는 힘.
  물방울이나 수은의 입자가 둥글게 되는 것은 표면장력 때문이다.

09 작동유 탱크의 역할

- 유압장치에 필요한 양의 기름을 저장
- 적정 온도의 유지(오일을 냉각해서 온도 조정)
- 오일중에 혼입한 불순물(공기, 물, 먼지)을 분리해서 오일을 정화
- 작동유 중의 기포 발생의 방지와 기포의 소멸

10 작동유 점도가 높을 때의 영향

- 기계 효율의 저하
- 소음 및 캐비테이션 발생 원인
- 유동저항의 증대, 압력손실의 증대 초래
- 내부 마찰 증대로 인한 온도의 상승
- 유압기 작동 부정확 및 유효 일의 감소

11 작동유 점도가 너무 낮을 때의 영향

- 유압펌프, 모터 등의 용적 효율 저하
- 각종 기기의 마모 증대
- 오일의 내부 누설 증대
- 일정한 압력 유지 및 조절의 곤란

12 건설기계 작동유 사용상태 점검내용 3가지 (단 오일의 유량, 누설, 압력, 사용온도 등은 적정하고 이상이 없으므로 제외함)

- 점도의 변화
- 색깔의 변화
- 수분함량
- 침전물의 유무
- 악취의 유무

13 각종 오일(엔진 오일, 작동유, 기어 오일)을 검사하여 알 수 있는 사항 5가지

- 점도의 변화
- 색상의 변화
- 수분함량
- 침전물 유무
- 악취의 유무

14 작동유의 열화

- 유압회로 내에 공기가 기포로 머물러 있게 되면, 기름은 비압축성이나 공기는 압축성이므로 공기가 압축되면 열이 발생되고 온도가 상승하게 된다.
- 또, 상승압력과 기름의 공기 흡수량이 증가하고, 기름의 온도가 상승하면 유압유가 산화작용을 촉진하여 중합이나 분해가 일어나며, 고무같은 물질이 생겨서 펌프, 밸브, 실린더의 작동 불량을 초래한다.

15 작동유 온도가 과도하게 상승할 때 나타나는 현상

- 작동유의 점도가 저하되고 산화작용 촉진
- 유압장치의 작동 불량 및 효율 저하
- 기계적인 마모의 증대
- 작동유 누출 증대
- 각종 밸브의 기능 저하
- 고무같은 끈적한 이물질 발생

16 오일(작동유) 냉각기의 구비조건

- 촉매 작용이 없을 것
- 적으면서 냉각 효과가 좋을 것
- 정비 및 청소하기에 편리할 것
- 코어 내부와 외부에 오물 협착이 안될 것
- 온도 조정이 잘될 것
- 오일 흐름에 저항이 작을 것.

17 현장에서 오일의 오염 및 열화 판정

- **외관** : 색, 탁함, 흐림, 먼지(공기포, 수분, 기타유지, 먼지, 오일의 열화)
- **냄새** : 신유에 비해 악취나 탁한 냄새
  (오일의 열화, 기타 유지나 브레이크 오일, 부동액 등의 혼입)
- **산성도** : PH 시험지 또는 스포트 테스트 용지 시약(오일의 열화)
- **<u>스포트 테스트</u>** : 여과지에 한 방울의 오일을 떨어뜨려 30분 ~ 2시간 방치하여 흐름의 정도를 살핌 (오일이 번지는 중심부에 확실한 원이 생기면 먼지 마모분이며, 오일의 열화에 주의해야 함)
- **<u>크레크 테스트</u>** : 가열 철판 위에 오일을 떨어뜨려서 지지하는 소리가 나는가를 확인(수분)

18 작동유에 수분 유입시 미치는 영향

- 윤활성 저하
- 산화 및 열화 촉진
- 방청성 저하
- 내마모성 저하

19 작동유의 열화 찾는 방법

- 오일에서 심한 자극적인 악취 유무 확인(이물질의 혼입이나 변질된 경우 악취 발생)
- 색깔의 변화나 수분, 침전물의 유무 확인
- 오일을 흔들었을 때 생기는 거품이 없어지는 양상 확인
- 점도 상태 확인

20 육안 및 냄새에 의한 작동유 오염판별 및 사용 여부 판정 (유압유 교환기준을 판단하기 위한 점검항목 3가지)

- **냄새** : 오일에 이물질이 혼입되거나 변질되면 자극적인 악취가 발생
- **색깔** : · 검정색(열화 및 심한 오염상태)
  · 회색 또는 흰색(수분이 혼입으로 변질된 상태)
  · 갈색(공기 혼입 상태)
- **이물질** : 이물질이나 불순물이 혼입되면 필터가 막히고, 펌프에 흡입되는 오일이 부족하게 된다.(유압기기 파손 및 유로의 막힘, 밸브 작동 불량의 고장 원인)
- **점도** : 오일이 규정보다 묽으면 유막이 파손

21 건설기계 작동유 사용상태 점검내용 3가지 (단, 오일의 유량, 누설, 압력, 사용 온도 등은 적정하고 이상이 없으므로 제외함)

확인 사항	판정
① 투명하며 색채의 변화가 없다	사용 가능
② 투명하나 색채가 있다	점도가 좋으면 사용
③ 우유색으로 변해 있다	수분 제거 후 사용 또는 교환
④ 투명하며 작은 흑점이 있다	여과 후 사용 또는 교환

22 유압유에 공기 혼입시의 조치

- 엔진을 정지시키고 제어밸브를 움직여 대부분의 유압을 제거
- 공기빼기 플러그를 조금씩 느슨하게 풀고 제어밸브의 레버를 가볍게 움직여 공기가 전부 배출될 때까지 계속한다.
- 작업 완료 후 탱크 내 유압유 보충
- 공기가 계속 혼입되면 근본 원인을 찾아 대책 강구

23 유압 작동유가 과열되면 나타나는 현상 5가지

- 점도 저하로 인해 윤활성이 감소되어 섭동부의 마찰 마모 증가
- 내부 누설량 증가
- 액추에이터의 작동 속도가 느려진다.(작동기기의 동작이 불확실)
- 각종 실 및 O–링의 경화가 촉진된다.
- 유압펌프의 효율 저하
- 밸브 및 베어링 고착
- 누유 및 슬러지 생성

24 유압장치에서 작동유가 과열되는 원인 5가지

- 과부하로 연속 작업을 하였을 때
- 오일 냉각기(오일 쿨러)의 작동이 불량할 때
- 작동유의 양이 부족할 때
- 유압 작동유의 점도가 너무 높을 때
- 릴리프밸브의 설정압이 너무 높게 조정되어 있을 때
- 유압펌프의 효율이 낮을 때
- 캐비테이션 현상이 발생되고 있을 때

25 유압유 오염시 나타나는 현상

- 흡입 필터 막힘으로 인해 유압펌프 흡입효율 저하 및 손상
- 오일 냉각기 성능 저하
- 저압 펌프의 압력 변동
- 각 작동부의 성능 저하
- 리턴 필터(복귀 필터) 막힘으로 저압부 오일 실 손상 및 오일 누출
- 유압 오일의 열화
- 유압유 점도 불량
- 각종 밸브 장치의 막힘 및 작동 불량현상

26 건설기계에 사용되는 유압 작동부의 적정 온도 범위와 이상 저온, 이상 고온시 유압장치에 미치는 영향

○ **적정 온도 범위** : 40~60℃

(난기운전 : 30℃ 이상, 최고사용온도 : 80℃ 이하, 위험 온도 : 80~100℃ 이상)

○ **이상 저온시**

- 캐비테이션 발생
- 펌프의 흡입효율 저하
- 액추에이터 작동 속도 저하
- 유압기기의 작동 속도 저하

○ **이상 고온시**

- 작동유의 열화
- 윤활 성능의 감소
- 유압기기의 작동유 누설 증대
- 패킹류의 성능 열화

27 유압유 교환 주기의 고려사항 5가지

- 유압유의 사용온도
- 작업장의 환경이나 기상 조건
- 사용자의 이용 상태
- 사용압력의 크기
- 사용 목적

28 유압유 교환 시기

- 정기적인 교환시 새 유압유를 주입
- 오일탱크에 먼지 및 이물질 혼입시
- 오일탱크에 수분 혼입시(우유빛 변질)
- 유압펌프에 공기가 흡입시
- 오일에서 악취가 발생한 경우
- 오일의 열화로 인한 변질시

29 유압에서 흡입 압력이 높은 이유 5가지

- 흡입 스트레이너의 막힘
- 흡입 관로의 지름이 작다.
- 작동유의 점도가 높다.
- 작동유의 온도가 낮다.
- 작동유 탱크 내 압력이 진공압 이하이다.

30 작동유 주입 및 보충시 주의사항

- 적정품질의 오일을 선택하여 사용한다.
- 적당한 위치에 적당한 양을 사용한다.
- 누출을 방지한다.
- 먼지, 진흙, 수분에 의한 오염의 방지와 제거대책을 세운다.
- 오염이나 열화가 한도를 초과하면 교환한다.

31 유압유(작동유) 보관 및 취급시 주의사항

- 인체에 접촉되지 않도록 한다.
- 통풍이 잘되고 화기로부터 떨어진 곳에 보관한다.
- 수분에 의한 오염에 주의한다.
- 먼지 등의 불순물에 의한 오염에 주의한다.
- 지붕이 있는 옥내에 보관하며, 선반이나 파레트에 보관한다.
- 이동할 때 충격을 가해서는 안된다.

32 플러싱 효과 증대 방법

- 플러싱 중에 가끔 변환 밸브를 작동시킨다.
- 플러싱 중에 배관을 해머로 가볍게 두드려준다.

33 플러싱의 목적 및 방법 (유온, 유압 확인)

유압장치 내의 심한 오염이나 불순물 등이 혼입되었을 때 이물질 등을 제거하기 위해 실시하는 배관 청소작업

- 유압기기 파손에 의해 금속가루가 유압계통 전체에 이르렀을 때(작동유 탱크 청소)
- 작동유의 오염이 심할 경우 (작동유 탱크 청소)
- 작동유 중에 물이 다량 혼입되었을 경우 (산세 후 방청처리)
- 배관 계통을 전체 분해했을 경우

○ 플러싱 방법

- 작동유와 동일한 것으로 제작사가 추천하는 것을 사용한다.
- 기관을 시동하여 2~3시간 정도 운전 후 작동유 탱크내의 오일을 완전히 배출한다.
- 유압기기 전체를 플러싱 오일이 순환할 수 있도록 플러싱 회로를 만든다. (서보밸브 등 정밀한 밸브는 떼어내고, 라인필터는 엘리먼트를 빼낸다.)
- 경유를 사용하여 탱크를 세척한 후 플러싱 오일을 탱크 용량의 60% 이상 주입한다.
- 전 계통을 순환할 수 있게 플러싱 한다.
  (이때 유온은 40~50℃이며, 압력은 10~30kg/㎠ 정도로 24시간 이상 플러싱 한다.)
- 유압필터의 오염도를 보고 필요한 경우에는 2차 플러싱을 한다.
- 필터 엘레멘트를 교환하고 새로운 작동유를 주입한다.

34 플러싱 작업시 주의할 사항

- 플러싱 용제를 사용시 까다로운 용제를 사용하지 말 것
- 회로 내에 잔류하는 플러싱 오일을 충분히 배유할 것
- 금속, 시일, 패킹, 호스, 페인트 등에 적합성이 있는가 검토한 후 사용할 것
- 플러싱 오일은 제작사에서 추천하는 오일을 사용할 것.

35 건설기계 유압장치에서 플러싱 작업이 끝난 다음 처리 방법

- 플러싱 오일을 완전 배유한다.
- 작동유 탱크 내부를 세척하고, 라인필터를 교체한다.
- 작동유를 즉시 보충함과 동시에 수 시간 운전한다.
- 작동유를 즉시 보충하지 못할 경우에는, 공기와 접촉할 수 있는 부위는 방청유를 바르고 밀봉한다.

36 건설기계의 유압장치에서 플러싱을 하는 시기

- 유압펌프의 파손으로 교환했을 때
- 작동유 중에 물이 다량 혼입되었을 때
- 정상적으로 사용하던 건설기계의 유압장치에 오일 흐름 저항이 증가되었을 때
- 작동유 교환시

37 숨돌리기 현상

- 압력이 낮고 오일 공급량이 부족할수록 생기는 현상
- 오일속에 기포가 생기면 작동시에는 부하의 저항을 감당할 때까지 압력이 상승하여 공기가 압축되면서, 피스톤이 움직이기 시작하면 저항이 적어져서 부하의 운동저항까지 공기가 팽창하고, 강한 압력으로 피스톤이 일시 정지한다. 오일이 항상 압송하고 있으므로 다시 압력이 상승하여 같은 작용을 반복한다. 이 현상을 숨돌리기 현상이라 한다.
  (압력이 낮고 오일 공급량이 부족할 때 오일 속에 기포가 생기면, 작동시에 공기가 압축되고 팽창하여 강한 압력으로 피스톤이 일시 정지하는 현상)

※ 숨돌리기 현상이 발생하면

- 피스톤의 동작이 불안전해진다.
- 작동 지연이 발생하며 심하면 정지된다.
- 서지 압력이 발생된다.

38 유압회로에 공기가 침입하면 생기는 현상

- **캐비테이션 발생** : 공기의 압축, 분해가 반복됨에 따라 과도한 열 상승이 발생되면서 공기가 자연 발화(기포)되는 현상으로, 이 상태에서 오일이 흐르면 기포가 파괴되면서 국부적인 고압이나 소음을 발생하는 현상
- **열화 촉진** : 공기의 압축시 발생되는 열에 의해 작동유 유온이 상승한다.
- **작동시간 지연** : 공기가 압축되는 동안 작동기기가 잠시 지연되는 현상
- **맥동현상** : 공기의 압축, 팽창으로 인해 유압기기 작동에 맥동이 생김
- **숨돌리기 현상** : 압력이 낮고 오일 공급량이 부족할수록 생기는 현상

39 유압회로에 공기가 들어가면 생기는 현상

- 공동현상의 발생
- 작동유의 열화 촉진
- 캐비테이션 현상이 발생
- 액추에이터 작동시 소음/진동 발생 및 작동 제한

40 작동유 여과기의 구조 및 작용

- **흡입 스트레이너**
  유압펌프의 흡입쪽에 설치되며, 비교적 큰 불순물을 제거할 목적으로 사용 (흡입 저항이 작은 것)
- **복귀 필터**
  작동유가 탱크로 복귀되는 관로에 설치되며, 미세한 불순물을 제거 목적으로 사용
- **라인 필터**
  솔레노이드밸브, 파일럿밸브, 밸런스밸브, 시퀀스밸브 등이 먼지에 의한 작동 제한을 방지할 목적으로 유압기기 앞에 설치

41 공기 혼입시 작동유 처치 방법(공기 혼입 방지책)

- 기름탱크의 펌프 흡입구 위치에 주의하고 유면에서의 자유 소용돌이를 없게 한다.
- 기포 분리를 위한 기포 방해판이나 60 ~ 100메시의 철망을 설치
- 회로 중의 압력 저하를 방지
- 패킹, 개스킷의 누설로 인한 공기의 혼입 방지(소모성 부품 정기적 교환)
- 공기와 기름의 접촉 차단

42 여과기를 선정할 때 주의사항

- 성능
- 내압과 엘리먼트 내입
- 여과 엘리먼트의 종류
- 여과 입도
- 유제의 유량
- 점도와 압력

43 건설기계에 사용되는 필터의 종류

- 저압 필터
- 자석 스트레이너
- 흡입 스트레이너
- 고압 필터

44 작동유의 과열 원인

- 작동유의 부족
- 유압장치 내에서 작동유의 누출
- 작동유의 점도가 너무 높다.
- 릴리프밸브가 닫힌 채로 고장

45 유압펌프가 작동유를 배출하지 못하는 원인

- 오일 탱크 내의 작동유의 부족
- 흡입관으로 공기의 유입
- 작동유의 점도가 너무 높다.

46 유압유의 오염물질이 유압장치에 미치는 영향

- 압력제어밸브에서 오리피스부의 작동 불량 및 채터링 현상 발생
- 방향제어밸브의 마모나 로크 현상을 일으켜 솔레노이드 손상
- 유량제어밸브에서 오리피스의 마모를 촉진하거나 오리피스 구멍의 막힘
- 유압 실린더에서 O링, U링등의 손상으로 누설 발생의 원인
- 오염물에 의한 작동유 열화 촉진
- 좁은 틈새에 미립자가 막혀 섭동부의 고착 현상 발생

47 회로 내에서 바이패스 되는 유압유는 열역학 제 1법칙에 의한 에너지 보존의 법칙에 의해서 어떻게 변환되는가?

회로 내에서 사용되지 않고 릴리프 되는 유압유는 열역학적 제 1법칙에 의한 에너지 보존의 법칙에 의해서 열에너지로 변화하게 된다, 따라서 작동유 탱크 내의 유온을 상승시키게 되는 주원인이 되기 때문에 유압회로 장치에 악영향을 미치게 한다.

48 작동유의 오염과 열화 원인

- 고형 이물질 혼입
- 수분 혼입
- 작동유의 열화
- 다른 유지류의 혼입
- 공기의 혼입으로 용해 및 방울 맺힘

49 작동유 취급 방법에 대하여 5가지

- 적정품질의 오일을 선택하여 사용한다.
- 적당한 위치에 적당한 양을 사용한다.
- 누출을 방지한다.
- 먼지, 진흙, 수분에 의한 오염의 방지와 제거대책을 세운다.
- 오염이나 열화가 한도를 초과하면 교환한다.

08 유압기기

01 유압장치의 장점

- 윤활성, 내마모성, 내부식성이 좋다.
- 속도제어가 용이하다.
- 힘의 연속제어가 용이하다.
- 소형으로 큰 출력을 발생한다.
- 과부하에 대한 안전장치가 간단하고 정확하다.
- 전기·전자의 결합으로 자동제어가 용이하다.
- 에너지의 축적이 가능하다.
- 힘의 전달 및 증폭이 용이하다.
- 회전 및 직선운동이 자유롭다.

02 유압장치의 단점

- 온도의 변화에 영향을 받는다.
- 고압 사용으로 인한 위험성 및 이물질(공기, 먼지, 수분)에 민감하다.
- 유압회로의 구성이 전기회로의 구성보다 어렵다.
- 장치의 연결부에서 기름이 새기 쉽다.
- 소음과 진동이 발생하기 쉽다.

03 파스칼의 원리

밀폐된 용기에 넣은 액체의 일부에 압력을 가하면 같은 세기의 압력이 액체 각부에 전달된다. (P = F/A ⇒ 압력 = 힘/단면적)

- 액체의 압력은 전면에 직각으로 작용한다.
- 밀폐된 용기내의 유체 일부에 가해진 압력은 동시에 유체 각부에 같은 힘으로 전달된다.
- 정지 유체 속의 임의의 한 점에 작용하는 압력은 모든 방향에서 일정하다.

04 베르누이의 정리

점성을 무시한 비압축성 정상흐름의 유체 운동에 대하여 외력이 중력만 작용하는 경우는 각 유선이 가지는 압력에너지, 속도에너지, 위치에너지의 총합은 유선에 대해 일정하고 전수두 H와 같다.

$$\frac{v^2}{2g}+\frac{P}{r}+Z=H\ (\mathrm{Const})$$

05 서지 압력

- 회로 내에 과도적으로 상승하는 압력의 최대값으로, 릴리프밸브의 작동 지연이나, 유량 제어밸브의 가변 오리피스를 급격히 닫거나, 방향 제어밸브의 유로를 급격히 바꾸거나, 고속실린더를 급정지시킬 때 회로 중에 순간적으로 이상 고압, 즉, 서지 압이 발생된다.
- 서지압의 크기는 유량, 관로의 길이, 관의 강성, 기름의 압축성 등에 따라 변화한다.

06 릴리프밸브의 기능

회로의 압력이 밸브의 설정값에 도달했을 때, 유압의 일부 또는 전량을 빼돌려서 회로 내의 압력을 설정값으로 유지시키는 압력 제어밸브로서, 유압회로에서 이상 압력의 발생이나 압력 충격파를 방지하고, 유압회로를 일정한 압력으로 유지하는 기능을 가진 밸브이다.

07 채터링 현상

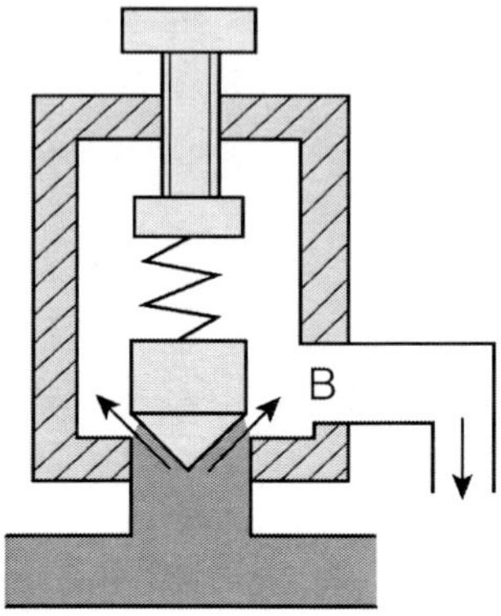

- 직동형 릴리프 밸브에서 포핏이 밸브 시트를 두드려서 비교적 높은 음을 발생시키는 일종의 자력진동 현상이다.
- 그림의 밸브로 회로 압력을 조종할 때 A부분의 회로 압력이 릴리프밸브의 설정 압력에 가까워지면 포핏이 조금 위로 올려져 B부분의 밸브시트와의 사이에 근소한 틈새를 만든다.

이 틈새로 A부분의 고압의 오일이 고속으로 빠져나오게 되고 A부가 가지고 있는 오일의 압력에너지가 B부분에서 속도 에너지로 바뀌므로 이 부분의 압력이 갑자기 내려가게 된다.

- 이 급격한 압력저하와 스프링의 힘에 의해 포핏은 맹렬하게 시트면에 부딪힌다. 또다시 압력이 상승하여 포핏은 상승하게 되고 이같은 동작을 높은 소리를 내면서 반복하게 되는 현상
- 직동형 릴리프 밸브는 압력 조정 범위가 좁고 채터링에 의한 밸브시트의 흠이 생기므로 밸런스 피스톤형 릴리프 밸브를 사용한다.

08 유압회로에서 채터링(Chattering) 현상이 발생되는 이유와 대책

직동형 릴리프밸브에서 포핏이 밸브 시트를 두들겨서 비교적 높은 음을 발생시키는 일종의 자력진동 현상

○ **발생 이유**

- 단면적이 적은 포핏부를 통과하는 유체는 압력에너지가 속도에너지로 변환되면서 유체의 압력은 낮아지고, 급격한 압력 저하와 스프링의 힘에 의해 포핏은 맹렬하게 시트에 부딪히며, 소음을 발생시킨다.

○ **대책**

- 직동형 릴리프밸브는 압력조정범위가 좁고, 채터링에 의한 밸브시트의 흠이 생기므로, 밸런스 피스톤형 릴리프밸브를 사용한다.

09 디설러레이션 밸브(Deceleration Valve)의 기능

- 감속 밸브라고 하는데, 기계 장치의 캠에 의해서 스풀을 작동하여 유로를 서서히 개폐시켜 액추에이터의 발진 혹은, 속도 변환 등을 충격없이 행하는 밸브로서, 유압실린더를 행정의 최종단에서 서서히 정지시키거나, 유압모터의 회전속도를 어떤 사이클에서 변화시키는 곳에 쓰인다.
  (유압 작동기의 유량을 조정하여 속도를 감속시키는 밸브)
- 상시 개방형과 폐지형이 있으며, 체크밸브, 교축밸브 붙임형이 있다.

10 축압기(어큐뮬레이터)에 대해 설명

유체를 에너지원으로 사용하기 위하여 가압상태로 저축하는 용기
- 유체에너지의 축적
- 충격파의 흡수
- 부하 라인의 누유 보상
- 온도 변화에 의한 기름의 용적변화 보상
- 펌프의 맥동 압력 흡수
- 다른 유체간의 동력 전달 (특수 유체의 수송 기능)

※ 축압기(어큐뮬레이터)의 기능

- 유압 에너지 저장
- 충격압력 흡수
- 유압회로 보호
- 회로내 일정 압력 유지
- 펌프 맥동 감쇄
- 서지 압력 방지
- 체적변화의 보상
- 배관, 밸브, 계기류 보호

11 어큐뮬레이터의 구조상 분류 4가지

- 블래더형
- 피스톤형
- 다이어프램형
- 인라인형

12 축압기의 장점 5가지

- 작동유가 누출될 때 보충해준다.
- 갑작스러운 충격압력을 흡수해준다.
- 유압펌프의 동력을 절감한다.
- 유압펌프가 정지되었을 때 회로 압력을 유지한다.
- 안전장치 역할을 한다.

13 축압기의 점검 및 수리 방법

상태와 판정	수 리 방 법
가스밸브에서의 가스누출	–비누액을 바르고 가스밸브의 누설 부위를 체크 –개스킷 불량의 경우 개스킷 불량 –밸브 불량의 경우 밸브 교환
오일 입구부의 셀 누유	–O 링의 교환
블리더의 파손	–블리더 교환 (파손 원인분석 및 대책강구)
포핏 밸브의 불량	–스프링 파손시 스프링 교환 –가이드 마모시 수정

14 축압기의 설치 목적 3가지 (어큐뮬레이터의 용도 5가지)

- 유체에너지의 축적
- 충격파의 흡수
- 온도에 의한 체적변화에 대한 유압 보상
- 유압펌프 맥동의 흡수
- 다른 유체 간의 동력 전달

15 유체기계 펌프에서 캐비테이션(cavitation ; 공동현상)의 발생원인, 문제점, 방지 대책

○ 정의

- 유동하고 있는 액체의 압력이 국부적으로 저하되어 포화증기압 또는 공기분리압에 달하여 증기를 발생시키거나, 또는 용해 공기 등이 분리되어 기포를 일으키는 현상으로, 이것들이 흐르면서 터지게 되면 국부적으로 초고압이 발생되어 소음, 진동이 발생된다. 이것들은 유체 중의 기체 용유량, 유체의 점도, 속도 등의 변화에 영향을 준다.

○ 발생원인

- 흡입 스트레이너의 막힘
- 작동유의 점도가 너무 높다.
- 유압펌프의 회전수가 너무 빠르다.
- 유압펌프 흡입관 연결부에서 공기가 혼입된다.
- 유온 상승 및 용적 효율의 저하
- 급격한 유로의 차단

○ 문제점

- 유압장치 내 소음과 진동이 발생된다.
- 유압펌프와 작동기의 효율이 저하된다.
- 유압펌프 내부에 매우 높은 압력이 발생한다.
- 캐비테이션 발생 부분의 금속이 부식된다.
- 유압모터가 브레이크 작용을 할 때도 발생한다.

○ 대책

- 적당한 점도의 작동유를 선택한다.
- 작동유 중에 물, 공기 및 먼지 등의 이물질이 유입되지 않도록 한다.
- 오일 스트레이너를 정기적으로 점검/교환한다.
- 유압펌프의 회전수를 낮춘다.
- 흡입관의 굵기를 유압 본체의 연결구와 같은 크기로 한다.
- 한랭한 경우 작동유의 온도가 30℃ 이상 되도록 난기운전을 실시한다.
- 캐비테이션 발생시 유압회로의 압력 변화를 없애준다.

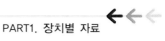

16 기어펌프의 폐입 현상(밀폐 현상)

- 운동하는 기어의 서로 맞물리는 점에 의해 둘러싸인 공간은 흡입 측에도 토출 측에도 통하지 않게 된다.
- 기어의 두 치형 사이의 틈새에 가두어진 유압유는, 기어가 회전함에 따라 가두어진 상태로 그 용적이 좁아지고 넓어지기도 하여, 유압유의 압축, 팽창을 반복하는 현상
- **폐입 현상을 그대로 두면**
  - 기름의 압축
  - 팽창 현상의 반복
  - 고압의 발생 및 베어링 하중 증대
  - 기어의 진동 및 소음의 원인이 된다.
- 이 현상을 방지하기 위해 측판에 유출 홈을 만들고, 밀폐용적이 감소될 때는 기름이 토출측으로 통하게 하고, 밀폐 용적이 중앙 위치에서 팽창하는 동안 기름을 흡입측으로 통하도록 한다.

17 밸브 고착 현상 방지책

밸브가 분리가 안될 정도로 강하게 접착되는 현상으로 유압장치의 고압화로 발생하는 현상으로 주로 스풀이나 슬리브에 고착 현상이 생긴다.

- 스풀에 고주파 미소 진동 디더를 발생시킨다.
- 스풀 표면을 단단하게 하고 평활에게 다듬질한다.
- 스풀 랜드부의 누설에 지장이 없는 한 큰 홈을 파서 압력 평형을 이루도록 한다.

18 점핑 현상

- 압력 보상형 유량 제어밸브에 있어서 유체가 흐르기 시작하는 경우에, 유량이 과도적으로 설정치를 넘는 현상
- **방지법** : 점핑 방지용 조정나사를 붙여 압력 보상 스풀을 최초부터 정상위치 가까이에 이동시킨다.

19 유압펌프에서 소음이 발생되는 원인 7가지

- 오일이 없는 펌프 회전
- 흡입 필터의 막힘
- 펌프 베어링 마모 또는 파손
- 유압회로 내에 공기혼입
- 펌프 캐비테이션 발생시
- 유압펌프 흡입효율 저하시
- 펌프 레귤레이터 조정 불량
- 작동유의 점도가 높을 때

20 유압펌프에서 소음이 발생되는 원인

- 펌프의 회전이 너무 빠르다.
- 유압유의 점도가 너무 높다.
- 스트레이너의 용량이 너무 작거나 흡입관이 막혀 있다.
- 기름속에 기포가 있다.
- 흡입관의 접합부나 펌프의 시일부에서 공기가 혼입된다.
- 펌프축과 구동축의 편심 오차가 크다.

21 유압펌프 소음방지 대책 5가지

- 펌프의 속도를 낮출 것
- 흡입 필터를 사용할 것
- 입출구 배관을 호스로 사용할 것
- 작동유의 점도가 적합한 것을 사용할 것
- 에어레이션, 캐비테이션을 방지할 것

22 유압펌프의 토출이 안되거나 적은 원인

- 펌프 회전 방향이 다르다.
- 흡입관이 막혀 있다.
- 작동유의 점도가 너무 낮다.
- 기름 탱크의 유면이 낮다.
- 펌프의 회전수가 너무 느리다.

23 유압펌프를 신품으로 교체한 후 조치사항 4가지

- 유압회로 및 기기에 부족분의 오일을 보충
- 유압회로 내의 공기빼기 실시
- 유압기기를 작동하여 소음과 누유 개소를 점검
- 유압은 정상인가 확인
- 오일 필터를 교환
- 오일 점검 결과 오염이 심할 때는 교환

24 석션 밸브(Suction Valve)

자중으로 작업 장치를 하강시킬 때 스풀이 완전히 열리면, 펌프로부터 토출되는 유량은 실린더에서 요구되는 유량보다 작게 되어 실린더의 흡입측에는 진공이 발생하게 된다. 이 경우 연속적인 작업장치의 작동이 이루어지지 않고 작동 지연이 발생되게 되는데, 이를 방지하기 위하여 **실린더와 탱크 사이에 오일을 흡입시키기 위한 체크밸브를 장착하여 진공의 발생을 방지하는 밸브**로 메이크업 밸브(Make Up Valve)라고도 한다.

25 서보 밸브

- **전기적, 기계적 그 밖의 입력신호에 따라 유량이나 유압을 조정하는 밸브**
  파워스티어링 장치에서 단순히 서보 밸브의 스풀을 움직여 장비의 휠이 유압의 힘으로 작동하게 함으로서 훨씬 부드러운 운전 조작이 가능해진다.

26 유압장치 구성 4가지

– **유압발생부** : 유압에너지의 발생원으로 오일을 공급하는 기능
(유압펌프, 전동기, 원동기)
– **유압제어부** : 압력, 방향, 유량제어밸브 등으로 공급된 오일을 조절하는 기능
(압력제어밸브, 유량제어밸브, 방향제어밸브)
– **유압작동부** : 유압 에너지를 기계적 에너지로 변환하는 작동기
(유압실린더, 유압모터)
– **부속기기** : 오일탱크, 여과기, 오일냉각기, 가열기, 축압기, 배관 등

27 유압펌프의 종류

– **기어펌프** : 외접기어펌프, 내접 기어펌프, 트로코이드(로터리)펌프
– **베인펌프** : 정용량형, 가변용량형, 평형형
– **나사펌프**
– **플런저(피스톤)펌프** : 액시얼형(사축식, 사판식), 레이디얼형, 정용량형, 가변용량형
※ **정용량형** : 기관의 회전속도에 따라 토출량이 변화하는 형식
※ **가변 용량형** : 조작 레버의 움직임 정도에 따라 토출량이 변화하는 형식

28 용적식 유압펌프의 종류

– **기어식 펌프** : 외접식과 내접식펌프
– **베인식 펌프** : 정용량형과 가변용량형
– **플런저식 펌프** : 엑시얼형과 레디얼형 펌프
– **나사식 펌프**

29 유압펌프 종류에서 베인펌프 종류 4가지

– 정용량형　– 가변 용량형　– 평형형　– 불평형형

30 트로코이드 펌프

기어펌프의 일종으로 로터리 펌프라고도 하며, 치형은 트로코이드 곡선을 이용한다. 케이싱의 중심면과 편심된 트로코이드 곡선의 내부 회전자, 케이싱과 동심원이며 내부 회전자보다 톱니가 1개 더 많은 외부 회전자로 구성되어 있다. 효율이 좋아 널리 사용된다.

31 유량제어밸브의 종류 3가지

- **교축밸브** : 좁은 관로에 의해 유량을 규제하는 밸브
- **압력 보상 유량조절밸브** : 압력 변동이 있어도 일정치의 압력을 보상해 주는 밸브
- **온도 압력 보상 유량조절밸브** : 온도와 압력을 동시에 보상해 주는 밸브

32 유압제어밸브의 종류 3가지를 들고 설명

- **압력제어밸브**

  유압펌프 가까이 설치하여 과부하의 방지와 유압기기의 보호를 위하여, 최고출력을 규제하고 유압회로 안의 필요압력을 유지하는 목적으로 사용

  (릴리프밸브, 시퀀스밸브, 카운터밸런스밸브, 언로드밸브, 감압밸브, 압력스위치, 안전휴즈)
- **유량제어밸브**

  유로의 단면적을 변화시켜 유량을 제어하고, 액추에이터의 속도와 회전수를 변화시키는 작용을 하는 밸브

  (교축밸브, 압력보상형 유량조정밸브, 온도압력보상붙임 유량조정밸브, 분류밸브, 집류밸브)
- **방향제어밸브**

  작동유의 흐름의 방향을 제어하는 밸브

  (방향변환밸브, 체크밸브, 프레필밸브, 셔틀밸브, 감속밸브(디셀러레이션밸브))

33 유압제어밸브의 작동이 불량한 원인 3가지

- 스풀의 변형, 휨으로 인한 원활한 작동 불가
- 스풀 조종용 파일럿 압력 부족
- 스풀 리턴 스프링 절손 또는 고착 발생
- 이물질 끼임으로 인한 스풀 작동 불량

34 압력제어밸브의 종류 5가지 설명

- **릴리프밸브**
  회로 내 압력을 일정 유지 및 최고압력을 규제하여 기기를 보호
- **시퀀스밸브**
  2개 이상의 분기회로에서 유압 작동기를 일정한 순서로 순차 작동시키는 밸브
- **카운터밸런스 밸브**
  자중에 의한 낙하를 방지하기 위해 배압을 유지시키는 밸브
- **리듀싱밸브(감압밸브)**
  서로 각기 다른 압력으로 사용할 때 유압 작동기의 출구측 압력을 감압하는 밸브
- **언로드밸브(무부하밸브)**
  일정한 조건하에 펌프를 무부하로 하기 위하여 사용되는 밸브(회로 내의 압력이 급격히 상승시 회로보호를 위해 회로의 오일을 탱크로 복귀)
- **카운터밸런스 밸브 :**
  한쪽 방향의 흐름에 대하여 설정된 배압을 발생시키고, 다른쪽 방향은 자유로이 흐르도록 하는 밸브
  (실린더 등의 하중이 클 때 낙하의 배압을 유지하는 압력제어밸브)

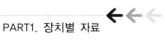

35 방향제어밸브의 종류 및 설명

- **체크밸브** : 오일의 흐름 방식을 한쪽 방향으로 한정하거나 유지하는 밸브
- **디셀러레이션 밸브** : 유압실린더 또는 유압모터의 속도를 천천히 감속 또는 가속할 때 사용하는 밸브
- **시트밸브** : 둥근 볼이나 원뿔형의 포핏을 밸브 시트에 밀착시켜 통로를 폐쇄
- **포트밸브** : 스풀을 축의 둘레에서 회전시키는 로터리 스풀형과, 스풀을 미끄럼 운동을 시키는 슬라이더 스풀형으로 분류.
  (밸브와 밸브보디 사이 작동유가 누출되므로 정밀가공이 요구)
- **셔틀밸브** : 3포트 밸브이며, 자체 압력에 의해 자동적으로 관로를 선택하는 밸브 (2개의 입구 중에서 어느 쪽이든 유압이 높은 부분이 토출구와 통하고 낮은 부분은 포핏 밸브에 의해 자동적으로 닫힌다.)

36 유량제어밸브의 종류 및 설명

- **교축밸브** : 유로의 단면적을 작게하여 오일 흐름에 저항을 주어 통과 유량을 제어
- **압력보상형 유량조정밸브** : 부하의 변동이 되어도 교축부 전후의 압력차를 항상 일정하게 유지하는 압력보상기구가 비치되어 일정한 유량을 얻을 수 있다.
- **온도압력보상 유량조정밸브** : 온도와 압력을 동시에 보상해 주는 밸브
- **분류밸브** : 하나의 통로를 통해 들어온 유압유를 2개의 액추레이터에 비례 배분적으로 분류 또는 집류하는 작용을 하는 밸브 (2개의 작동기에 동등한 유량을 분배하여 그의 속도를 동기시키는 경우에 사용)

37 유량을 제어하는 방법 3가지

- 오리피스의 유로 면적을 변화시켜 유량제어
- 교축밸브를 사용
- 점도 보상형 유량조절밸브를 사용
- 압력보상형 유량조절밸브 사용

38 감압밸브

유압장치의 분기회로에서 입구측 압력은 일정하고, 출구측 압력을 제어하여 감압하는 밸브

39 압력보상형 유량제어 밸브

밸브의 전·후에 압력의 변동이 있어도 통과 유량을 일정히 하기 위해, 일정 차압을 보상해 주는 밸브

40 온도 보상붙이 유량 조정밸브

유체의 온도에 관계없이 출구 쪽의 유량을 설정된 값으로 유지시켜 주는 유량조정밸브

41 유량제어 방식에서 속도제어 방식 3가지를 나열하고 설명

- 미터인 방식
  유압 액추에이터의 입구 쪽에 유량제어밸브를 직렬로 연결하여 액추에이터에 유입되는 유량을 제어하여 속도를 제어하는 방식(압력 변동이 큰 회로에 적합)
- 미터아웃 방식
  유압 액추에이터의 출구 쪽에 유량제어밸브를 직렬로 연결하여 액추에이터에 유입되는 유량을 제어하여 속도를 제어하는 방식(압력 변동이 큰 회로에 적합)
- 블리드 오프 방식
  관로에 부착된 유량조절밸브에 의해 유량을 제어하여 유압 실린더의 작동 속도를 제어하는 방식(부하 압력의 변동이 없는 유량제어에 적합)

42 공기 제어밸브에서 방향 제어 밸브 중 전환 밸브의 조작 방법 3가지

- 인력 조작 방식(기계 방식)
- 전자 조작 방식
- 공압 조작 방식

43 유압모터의 장점 5가지

- 넓은 범위의 무단 변속이 용이하다.
- 변속 및 역전 제어가 용이하다.
- 속도나 운동 방향 제어가 용이하다.
- 소형 경량으로 큰 출력을 낼 수 있다.
- 과부하 제어가 쉽다.
- 힘의 연속제어가 용이
- 작동이 신속 정확하다.
- 전동 모터에 비하여 급정지가 쉽다.

44 유압모터의 단점

- 누설의 문제점
- 온도에 영향을 많이 받는다.
- 오일 자체가 오염되기 쉽다 .
- 오일이 연소 및 비등되므로 위험하다.
- 작동유의 점도 변화에 따라 모터의 사용이 제한된다.
- 원동기의 마력이 커진다.

45 유압모터 회로에 속하는 것

- 일정 출력 회로
- 일정 토크 회로
- 제동 회로

46 유압모터 조립시 일반적인 주의사항 6가지

- 조립은 분해의 역순으로 한다. 이때 표시된 마크를 정확히 맞춰야 한다.
- 부품을 세척유로 깨끗이 세척하고 압축공기로 완전히 불어낸다.
- 회전 또는 섭동부에 유압유를 바르고 여러 번 작동후 조립한다.
- 스프링의 설치 높이 또는 장력을 규정값이 되도록 하고, 그중 스프링은 분해 전과 같은 방향으로 조립한다.
- 0-링 및 패킹류는 재사용하지 않는다.
- 조정심은 분해하기 전과 같은 것을 동일한 장소에 조립한다.
- 볼트를 조일 때는 록타이트를 바르고 조임을 하고, 최종 조임은 토크렌치로 조인다.
- 정비지시서 / 부품 카다로그를 보고 순서에 맞게 조립한다.

47 오일쿨러 파손에 의한 온도 상승으로 나타나는 현상과 대책

○ 현상

- 유압유 열화로 인한 산화
- 점도 저하로 인한 윤활성 감소
- 팽창유의 성능 열화
- 유압기기 내부의 오일 누설 증대
- "O" 링, 패킹류의 경화로 인한 수명감소
- 유압기기 작동속도가 느려진다

○ 대책

- 오일쿨러 내부 막힘으로 인한 압력상승을 방지
- 캐비테이션 발생 억제
- 외부 장애물로부터 오일 쿨러 보호
- 바이패스 관로 설치 및 바이패스 개방 압력 유지

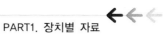

48 유압회로에 공기가 들어가면 생기는 현상

- 공동현상의 발생
- 작동유의 열화 촉진
- 캐비테이션 현상이 발생
- 액추에이터(유압실린더, 유압모터, 요동모터) 작동시 소음/진동 발생 및 작동 제한

49 가변형 피스톤펌프의 토출량이 적거나 유압이 낮은 원인 5가지

- 파일럿 밸브 스프링의 피로 또는 절손
- 밸브 플레이트 이상 마모 및 긁힘
- 피스톤 슈 파손 및 서보 실린더 작동 불량
- 실린더 블록과 피스톤(플런저)의 마모로 간극 과다
- 흡입관의 파열로 공기 혼입
- 레규레이터 작동 불량
- 펌프의 회전속도가 느릴 때

50 가변 용량형 플런저펌프의 토출압력은 정상이나 토출량이 적은 원인

- 파일럿 밸브 스프링 절손
- 컴페세이터 스프링 절손
- 파일럿 피스톤 고착
- 컴페세이터 피스톤 고착

51 유압밸브에서 배압유지밸브 또는 푸트 밸브라고도하는 카운터밸런스 밸브의 목적

실린더가 자중(중력)에 의해 제어 속도 이상으로 낙하하는 것을 방지하기 위해 배압을 유지시켜 주는 목적으로 설치된 밸브

52 유압기기의 작동이 불안정한 이유 5가지

- 유압펌프 토출량 부족
- 유압펌프 토출압력 부족
- 작동유 부족
- 작동유에 공기 혼입
- 원격조작밸브(RCV) 불량
- 릴리프밸브 작동 불량

53 유압펌프에서 오일은 배출되나 압력이 상승하지 않는 원인

- 릴리프밸브의 설정 압력이 낮거나 작동이 불량할 때
- 유압펌프 내부의 이상으로 작동유가 누출될 때
- 유압회로 중의 밸브나 작동 기구(액추에이터)에서 작동유가 누출될 때

54 유압실린더 검사시 착안해야 할 사항

- 실린더 튜브, 피스톤로드의 변형
- 피스톤로드의 마모
- 실린더 헤드부의 부싱, 베어링 마모
- 실린더 튜브, 피스톤로드의 균열
- 오일 패킹의 마모, 손상
- O링의 마모, 손상

55 유압실린더를 정비할 때 주의사항

- 조립할 때 O-링, 패킹에는 그리스를 바르지 않는다.
- 분해·조립할 때 무리한 힘을 가하지 않는다.
- 도면을 보고 순서에 따라 분해·조립한다.
- 쿠션 기구의 작은 유압회로는 압축공기로 막힘 여부를 검사한다.

56 유압장치에서 사용하는 실(Seal)의 종류

유체의 누설 또는 외부로부터 이물질 침입을 방지하기 위하여 사용되는 기구로, 실은 밀봉 장치라고 총칭하고, 고정되는 부분에 사용되는 실을 개스킷이라 하며, 운동 부분에 사용되는 실을 패킹이라 한다.

○ 실의 종류

- 개스킷(정적부에 사용)
- 패킹(동적부에 사용)
- 오일실(저압부에 사용) : O링, U패킹, 금속패킹, 더스트실, 백업링 등

57 오일 실의 구비조건

- 내압성과 내열성이 클 것
- 피로강도가 크고 비중이 적을 것
- 내마모성이 적당할 것
- 정밀 가공면을 손상시키지 말 것
- 설치하기가 쉬울 것

58 패킹 또는 실의 주요 기능 4가지

- 유체의 누설 방지
- 이물질 침입 방지
- 밀봉 작용
- 실린더 내부의 기밀 유지

59 누유의 종류

- 배관 이음매의 누유
- 밸브의 누유
- 실린더의 누유
- 펌프의 누유

60 유압호스 보관 및 취급 방법 5가지

- 호스에는 반드시 방진 플러그를 씌워 보관한다.
- 나사부, 테이프 시트 부에 상처가 나지 않게 한다.
- 호스를 굽힘이 없게 보관한다.
- 호스 위에 물건을 얹거나 모난 곳에 닿지 않게 한다.
- 냉암소에 보관하고 오래된 것부터 순서대로 사용한다.
- 땅에 닿지 않게 운반한다.

61 유압호스 설치(조립) 방법 5가지

- 직선 연결시 약간 느슨하게 설치한다.
- 호스가 다른 물체와 접촉되지 않도록 한다.
- 호스의 심한 굴곡이나 직각으로의 설치는 피한다.
- 호스가 꼬인 상태로 설치하지 않도록 한다.
- 호스 외부에 보호 코일을 감아서 사용한다.

62 유압호스의 정비 방법

- 파이프, 호스 나사 조임에는 반드시 실 테이프를 감고 연결한다.
- 실 테이프는 파이프 호스 나사 조임 방향으로 감아 끝나도록 한다.
- 실 테이프로 수나사 선단부터 1~2 산을 남겨 놓고 감는다.

63 유압호스 노화 판정

- 호스가 굳어 있거나 표면에 균열이 있는 경우
- 코킹 부분에서 오일의 누유가 있는 경우
- 정상적인 압력에도 오일의 누설이 있는 경우

64 유압호스 교환 시기

- 커버 고무가 부풀어져 있는 호스
- 호스가 열화 등으로 구부리기 어려운 호스
- 호스와 이음쇠 꼭지쇠와의 접합부에서 누유가 발생되는 호스
- 커버의 고무가 마모되었든가, 보강층이 노출되어있는 호스
- 외력 등에 의해 호스의 외형이 망가진 호스

65 유압호스 및 배관의 트러블 방지 방법

- 호스와 호스를 접촉시키지 않는다.
- 호스에 스패너 걸기를 하지 않는다.
- 호스의 직선 배관을 느슨하게 한다.
- 이음쇠, 꼭지쇠의 경우 호스를 구부리지 않는다.
- 호스를 비틀어서 탈착하지 않는다.

66 유압호스 관이음의 종류

- 유니언 이음
- 나사 이음
- 플랜지 이음
- 플레어레스 이음
- 급속 이음
- 회전 이음

67 유압장치에서 사용되는 솔레노이드 밸브에서 솔레노이드가 파손되는 이유 3가지

- 작동유 과열에 의한 솔레노이드 열 변형으로 파손(과열)
- 솔레노이드 밸브의 손상으로 인한 코일의 과부하 발생으로 파손
- 과전류로 인한 솔레노이드 내부 코일 소손(과전류)

68 유압회로의 종류

- 그림회로도
- 단면회로도
- 조합회로도
- 기호회로도

69 기본 유압회로

- 개방회로(오픈회로)
- 닫힘회로(밀폐회로)
- 텐덤회로
- 직렬회로
- 병렬회로

70 유압실린더의 행정 끝에서 로드가 유지되지 못하는 원인 4가지

- 메인 펌프의 불량
- 유량 부족 또는 유압유 불량
- 실린더 피스톤 실 손상
- 흡입 필터의 막힘
- 피스톤밸브(퀵 릴리스 밸브) 밀착 불량

71 유압장치 고장의 주원인

- 온도 상승으로 인한 것
- 공기, 물 등의 이물질에 의한 것
- 유압장치의 기계적 고장으로 인한 것
- 조립과 접속의 불완전으로 인한 것

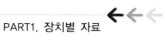

72 유압 회로를 완성하시오

- 미터인 회로

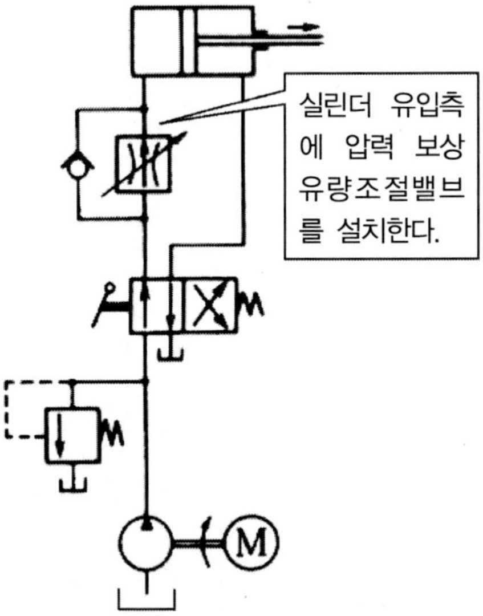
실린더 유입측
에 압력 보상
유량조절밸브
를 설치한다.
M

- 미터아웃 회로

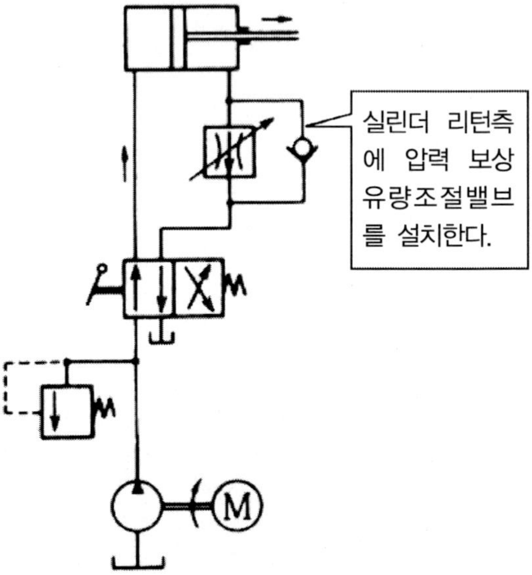
실린더 리턴측
에 압력 보상
유량조절밸브
를 설치한다.
M

- 블리드 오프 회로

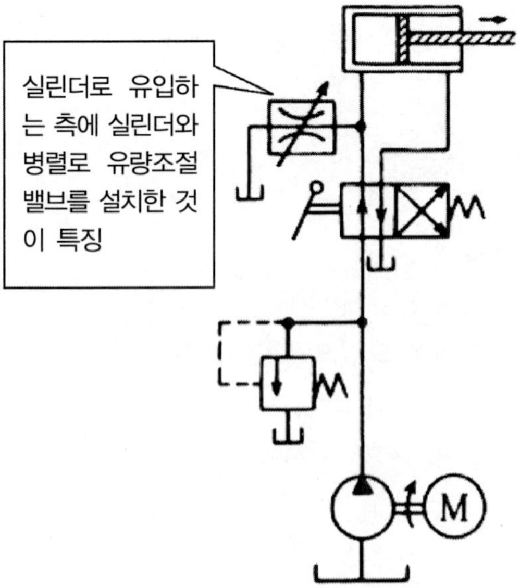
실린더로 유입하
는 측에 실린더와
병렬로 유량조절
밸브를 설치한 것
이 특징
M

73 릴리프밸브 특성곡선 용어

- **크래킹 압력** : 릴리프밸브가 압력이 상승하여 열리기 시작하는 압력
- **오버라이드 압력** : 설정압력과 크래킹 압력의 차이. 압력 차가 클수록 릴리프밸브의 성능이 나쁘고, 포핏을 진동시키는 원인이 된다.
- **채터링 현상** : 볼이나 밸브가 밸브 시트를 때려서 소음이 발생되는 현상

74 체크밸브의 형식

- **인라인형** : 한 방향으로 유압이 통과하고 반대 방향의 오일의 역류는 방지
- **앵글형** : 오일의 흐름의 방향을 90°로 변화시키는 형식
- **파일럿조작 체크밸브** : 파일럿 압력에 의해 오일의 역류를 해제시키는 형식

75 유압계통 오버 히팅 방지 대책 4가지

- 유압회로에 냉각시스템 설치
- 작동유 센서 장착하여 모니터링
- 캐비테이션 방지 설계
- 과도한 릴리프 방지

76 유압장치에서 유압유가 과열되는 원인 5가지

- 과부하로 연속 작업을 하였을 때
- 오일 냉각기의 고장 또는 성능저하
- 엔진의 열 때문에 작동유의 온도가 상승한다.
- 유압 작동유의 점도가 너무 높을 때
- 릴리프밸브의 설정압이 너무 높게 조정되어 있을 때
- 유압펌프의 효율이 낮을 때
- 캐비테이션 현상이 발생되고 있을 때
- 작동유 중에 기포가 많다(이상음과 진동을 수반할 때가 많다)

77 유압 기호의 표시 방법

- 기호에는 흐름의 방향을 표시한다.
- 각 기기의 기호는 정상상태 또는 중립상태를 표시한다.
- 오해의 위험이 없는 경우에는 기호를 회전하거나 뒤집어도 된다.
- 기호에는 각 기기의 구조나 작용압력을 표시하지 않는다.
- 기호가 없어도 바르게 이해할 수 있는 경우에는 드레인 관로를 생략해도 된다.

78 다음 명칭의 유압 기호 도식

통기 관로		요동형 유압모터	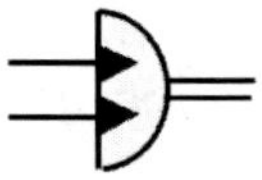
시퀀스밸브 (순차밸브)	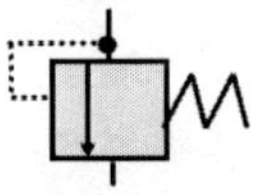	카운트밸런스밸브	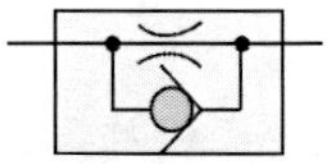
릴리프밸브 (내부 파일럿)	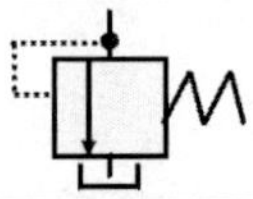	온도 보상붙이 유량제어밸브	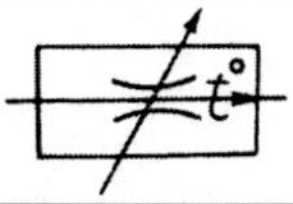
언로드밸브 (무부하밸브)	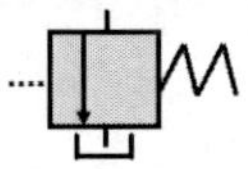	4포트 3위치 전자파일럿 조작 방향제어밸브	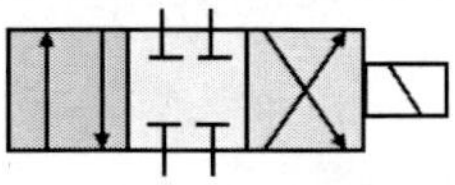
리듀싱밸브 (감압밸브)	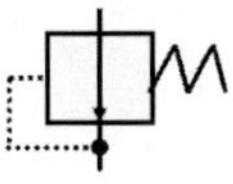	어큐뮬레이터	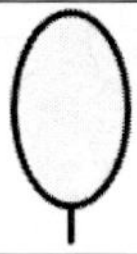

79 중기 부품 분해시 조치사항 4가지

- 분해하기 충분한 공간의 장소 선택
- 중량이 큰 것을 분해할 때는 크레인 등의 설비가 있는 장소 선택
- 교환부품 및 소모품 준비
- 분해 작업에 필요한 공구 준비
- 작업의 능률과 부품의 손상 및 망실 방지를 위한 부품정리대 준비

80 분해 작업시 주의사항 5가지

- 먼지가 없는 깨끗한 장소에서 실시
- 분해전 부품의 외부를 깨끗이 세척
- 순서에 의한 분해조립
- 알맞은 공구의 사용 및 무리한 힘 사용금지
- 분해시 부품의 손상 및 망실에 주의

81 동력 조향장치에서 조향이 무겁거나 안될 때 고장개소

- 유압펌프 토출량 부족
- 조향밸브 작동 불량
- 제어밸브 스풀 고착 또는 변형
- 스티어링 실린더 실 파손
- 릴리프밸브 압력 저하
- 조향 실린더 작동 불량
- 릴리프밸브 시트 불량
- 프라이어티 밸브 또는 디멘드 밸브 불량

※ **디멘드 밸브**: 조향 회로에 일정한 작동유를 공급하는 밸브

82 배관 호스의 탈거

- 탱크내의 공기를 뺀다.
  (밀폐형 탱크의 경우와 어큐뮬레이터 장착시는 특히 잔압을 잘 뺀다)
- 조작레버를 움직여서 배관중의 잔압을 제거한다.
- 필요하면 탱크내의 작동유를 빼낸다.
- 기름통을 준비하여 이음새를 푼다.
- 호스를 탈거할 때는 비틀어지지 않도록 2개의 스패너를 사용한다.
- 탈거 후 플러그나 테이프를 사용하여 먼지가 들어가지 않도록 한다.
- 배관은 조립시 바뀌지 않도록 꼬리표를 붙여 구분해 둔다.

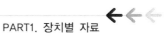

83 유압실린더의 탈거

- 실린더를 와이어 로프로 매달아서 침목 등으로 받치고 엔진 정지 상태에서 조작 레버를 움직여 배관내의 잔압을 제거한다.
- 로드측의 고정핀을 빼낸다.
- 엔진을 시동하고 조작 레버를 움직여 로드를 최대한 수축시킨다.
- 엔진 정지하고 탱크내의 공기를 빼고 조작 레버를 움직여서 배관내의 잔압 제거한다.
- 유압호스를 풀고 마개로 막은 뒤 움직이지 않도록 한다.
- 실린더 측의 핀을 빼낸다.

84 유압 모터의 탈거

- 탱크내의 공기를 뺀다.
- 유압모터가 유면보다 아래에 있을 때는 탱크 내의 작동유를 빼거나, 컨트롤 밸브와 유압모터 사이의 배관을 빨리 분해해서 플러그로 막는다.
- 유압모터를 와이어로 매달고 고정 볼트를 푼다.
- 흔들면서 유압모터를 빼낸다.

85 유압펌프의 탈거

- 탱크 내의 공기를 뺀다.
- 탱크 내의 작동유를 빼낸다.
- 기름통을 준비하고 흡입측 배관, 토출측 배관, 드레인 배관을 탈거한다.
- 배관 및 펌프 흡입구를 마개로 막는다.
- 가변 용량형 펌프의 경우, 컨펜세이터 조작 링을 제거한다.
- 기어박스 내 기름을 빼낸다.
- 캡 링을 탈거한다.
- 펌프를 와이어 로프로 매단다.
- 탈착 볼트를 푼다.
- 흔들면서 펌프를 뽑아낸다.

86 컨트롤 밸브의 탈거

- 조작 레버를 움직여 배관 내의 잔압을 제거한다.
- 탱크내의 공기를 뺀다.
- 탱크내의 작동유를 빼거나, 펌프 토출측의 배관을 빨리 분해하여 마개로 막는다.
- 액추에이터 측의 배관을 분리한다.
- 스풀의 핀을 뺀다.
- 고정볼트를 풀고 밸브뭉치를 떼어낸다.

87 오일 실의 손상 미연 방지법 (5가지)

- 치수의 선정은 잘 되었는가	(규격에 맞는 치수 선정)
- 취급 부주의로 인한 변형 발생	(취급 부주의로 인한 변형 발생 방지)
- 조립시 회전 방향은 바르게 되었는가	(조립시 올바른 회전방향 확인)
- 실 내부 윤활의 공급은 잘 되어 있는가	(실 장착시 소량의 오일 도포)
- 내부에 압력은 작용하지 않는가	(실 장착시 규정된 지그 사용)

- 실 부 장착시 소량의 오일 도포
- 실 장착시 규정의 지그 사용

- **오일 실의 고장원인**
  - 오일실 취급 부주의
  - 조립 불량
  - 키 홈, 개스킷 접착제, 페인트에 의한 소손
  - 장기간 사용으로 인한 마모
  - 실의 선택 불량

88 유압실린더의 움직임이 느리거나 불규칙한 원인

- 피스톤링의 마모
- 회로 내에 공기가 유입
- 작동유의 점도가 너무 높다
- 유압 회로 내의 유량의 부족

89 유압실린더의 자중에 의해 하강하는 원인 5가지

- 릴리프밸브 시트 접촉 불량(스프링 장력 부족)
- MCV 스풀 밸브 간극 과다(중량물 초과시)
- 실린더 실 또는 링의 마모(내부 누설)
- 실린더 튜브, 피스톤의 마모
- 제어밸브의 완전한 중립으로 복귀 불량
- 작동압력이 낮을 때

90 유압장치 공기빼기 작업

유압 린더 조립체를 분해했을 때나 회로중의 배관, 밸브 등의 부품을 분해했을 때는 재조립 후 공기빼기 작업을 실시해야 한다.

- 엔진의 난기운전을 실시하고 회로 내의 작동유가 정상적으로 순환할 수 있도록 한다.
- 실린더를 신장, 수축시킬 때 최초의 4~5회는 스트로크의 끝을 약 100mm 전에서 정지시킨다. (스트로크 끝에서 릴리프 시키지 말 것)
- 실린더를 스트로크 끝까지 4~5회 작동시킨다.(릴리프밸브 작동)
- 엔진 저속 상태에서 공기가 잔류되기 쉬운 상부의 배관을 조금씩 풀면서 공기빼기
- 유압모터는 한쪽 방향으로 2~3분간 공회전 후 공기빼기 실시
- 유압 작동유를 보충한다.

91 오일냉각기 파손에 의한 작동유 온도 상승시 나타나는 현상

- 밸브 스풀 고착
- O-링 및 실의 경화
- 작동유 점도 저하
- 누유 및 슬러지 형성
- 유압기기의 작동이 불확실

92 유압실린더를 3인 1조가 분해 작업하는 방법

- 유압실린더 조립품을 홀더에 설치하고 실린더 아래에 받침대를 놓는다.
- 피스톤로드를 신장/수축하여 실린더 내부의 작동유를 배출한다.
- 피스톤로드 보호를 위해 피스톤 행정 끝까지 수축시킨다.
- 실린더 헤드를 분리한다.
- 실린더 튜브로부터 피스톤로드 조립품을 분리한다.
- 홀더에서 실린더 튜브를 분리 후 피스톤로드 조립품을 설치한다.
- 피스톤로드 조립품으로부터 캐슬 너트 제거 후 피스톤 조립품을 분리한다.
- 피스톤로드로부터 실린더 헤드를 분리한다.

93 건설기계의 조작레버 작동이 무거운 이유 3가지

- 조작 레버 스플 뒤에 오일백 압력 형성
- 과열에 의한 스플 간극 저하
- 조작 레버 스풀, 제어밸브 스풀의 리턴 스프링 변형 및 고착
- 조작 레버 스풀, 제어밸브 스풀의 변형시
- 조작 밸브의 오일 실과 스풀 사이의 간극이 과도하게 작다
- 컨트롤 밸브 고정 토크 과다

94 건설기계의 조작 레버를 움직여도 액추에이터가 작동하지 않는 원인 5가지

- 유압펌프 고장
- 릴리프밸브 압력 조정 불량
- 파일럿 유압펌프 불량 또는 파일럿 압력이 낮음
- 유압유 부족 및 누설
- MCV의 스풀 밸브의 결함
- 유압실린더 내부 피스톤 및 실링 마모
- 흡입 파이프 및 호스 파손
- 회로내 공기의 유입

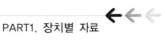

95 유압이 낮을 때 유압을 조정하는 방법

- 유압펌프에 압력계를 설치하고, 가속페달을 완전히 밟아 유압펌프가 최고 회전수로 유량을 토출할 때 압력을 확인
- 규정 압력보다 낮을 때는 컨트롤 밸브에 부착되어있는 릴리프밸브를 조정
- 릴리프밸브의 로크 너트를 풀고, L 렌치로 조정 나사를 시계 방향(압력 상승), 또는 반시계 방향(압력 하강)으로 돌려 조정
- 압력계를 확인하면서 반복하여 압력을 조정하고, 조정이 완료되면 조정 나사를 잡고 로크 너트를 고정한다.

  (유압 펌프에 압력계를 설치하고 유압실린더를 끝까지 신장하여 압력을 확인하고, 규정 압력보다 높거나 낮을 때는 컨트롤 밸브에 부착되어있는 릴리프밸브를 시계방향으로 회전시켜 압력을 상승시킨다. 반복하여 압력계를 확인하면서 압력을 조정한다.)

96 컨트롤 레버가 중립으로 돌아오지 않는 원인

- 밸브 스풀의 고착 및 배압 형성
- 컨트롤 밸브 스프링의 불량 또는 고착
- 컨트롤 밸브 피스톤의 불량
- 조작 레버 링크의 불량

97 디콤프레이션 밸브의 기능과 디콤프레이션붙임 파일럿체크 밸브 기호를 도식

- 유압액추에이터의 압력을 천천히 제거하여 기계 손상의 원인이 되는 회로의 충격을 작게 하는 밸브
  - 체크밸브붙임 유량조절밸브 
  - 파일럿 작동형 감압밸브 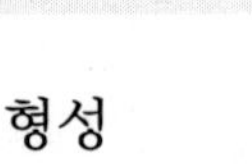

98 밸브 파손을 방지하기 위한 방법 5가지

- 적절한 점도의 유압유를 사용하고 과열을 피하고 관로 내의 유속을 적절하게 유지한다.
- 밸브의 고착을 방지하기 위해 스풀 밸브의 랜드부에 평활 홈을 설치하며, 유압유에 이물질이 혼입되지 않도록 한다.
- 두 개 이상의 스풀 밸브가 절환되지 않도록 시간차를 둔다.
- 밸브 또는 회로를 변경하여 절환하며, 급격한 압력 변동을 피하거나 어큐뮬레이터를 설치한다.
- 스풀 밸브 스프링이 공진하지 않도록 스프링의 설정이 겹치지 않도록 하거나, 한쪽 스프링의 감도를 변화시킨다.
- 절환 파일럿 압력을 낮추거나 리모트 콘트롤 릴리프밸브를 사용한다.

99 유압펌프 신품으로 장착 후 주의사항 3가지를 쓰시오.

- 유압회로 내의 공기빼기 실시
- 유압유의 수준은 정상인가 확인
- 유압회로 및 기기에 부족분의 오일 보충
- 유압기기 작동 후 소음과 누유 개소 점검
- 유압유 필터 교환
- 유압유 점검 후 오염이 심할 때는 교환

09 용접

01 피복 용접봉의 종류

– 알루미나이트계	E 4301
– 라임티탄계	E 4303
– 고셀룰로우스계	E 4311
– 고산화티탄계(루틸계)	E 4313
– 저수소계(라임계)	E 4316
– 철분산화티탄계	E 4324
– 철분저수소계	E 4326
– 철분산화철계	E 4327

02 크랭크축 균열 검사 방법

- 초나 그을음을 발라 기름 스며드는 상태로 균열부 발견
- 확대경으로 축의 표면을 관찰
- 세정액으로 닦고 적색의 침투성이 좋은 기름을 발라두면 균열부에 기름이 새어 나온다.
- 자기 탐상법, X선 투시법, 초음파검사법 등의 정밀 기기를 사용한다.

03 용접부 비파괴검사 방법 5가지

- 액체 침투 탐상 검사 (PT)
- 자분 탐상 검사 (MT)
- 방사선 투과 검사 (RT)
- 초음파 탐상 검사 (UT)
- 와류 탐상 검사 (ET)

04 용접부 비파괴검사 종류 5가지

- 침투탐상법(형광, 염색)
- 자기탐상법
- 초음파탐상법
- 방사선탐상법
- 외관탐상법

05 염색 탐상법 검사순서

- 검사표면의 이물질을 제거한다.
- 표면에 염료 침투액을 표면장력으로 침투시킨다.
- 표면의 침투제를 깨끗이 세척한다.
- 현상액을 사용하여 흠집 중에 남아 있는 침투액을 흡출시켜 표면에 나타나게 하여 검사한다.

06 전기 용접시 주의사항

- 감전 사고에 주의
- 아크 광선에 주의
- 중독성 가스에 주의
- 슬래그 비산에 의한 화상 주의

07 용접방식 중 와이어식 용접과 플럭스식 용접의 특징

○ 와이어식 용접
- 박판 용접에 효과적이다.
- 슬래그 혼입이 없어 용접 결함이 없다.

○ 플럭스식 용접
- 용접 속도가 빠르다.
- 강력한 용접부를 얻을 수 있다.
- 작업이 용이하다.

08 용접부의 결함에 대해 설명

- **기 공** : 용착 금속 속에 남아 있는 가스로 인한 구멍
- **오버랩** : 용융 금속이 모재와 융합되어 모재 위에 겹치는 현상
- **언더컷** : 용접선 끝에 생기는 작은 홈

09 용접부의 기공이 발생하는 원인

- 습기가 있는 용접봉의 사용
- 모재에 불순물 혼입시
- 용접 전류가 너무 클 때
- 용착 금속의 냉각 속도가 빠를 때

2

기종별 자료

도저 / 굴착기 / 로더 / 지게차
스크레이퍼 / 덤프·믹서트럭 / 기중기
모터 그레이더 / 롤러
콘크리트 배칭 플랜트 / 콘크리트 피니셔
아스팔트 믹싱 플랜트 / 아스팔트 피니셔
쇄석기 / 공기압축기
천공기 / 항타·항발기 / 준설선

01 도 저

01 개요

도저(dozer)란 트랙터(tractor) 앞에 부속 장치인 블레이드(blade ; 토공판/배토판)를 설치하여 토사의 굴착이나 굴착된 흙을 밀어내기 위한 건설기계이며, 주로 단거리 작업에 이용된다. 작업 거리는 10~100m 이내가 적합하고, 건설기계 범위는 무한궤도 또는 타이어식인 것이며, 그 크기는 작업 가능 상태의 자중(톤)으로 표시한다.

02 도저의 분류

가. 블레이드 설치 방식에 따른 분류

1) 불도저(bulldozer)

스트레이트 도저(straight dozer)라고도 하며, 블레이드를 도저의 진행 방향에 90°로 전면에 설치한 것으로서, 삽을 상하로 조종하면서 전후로 피치를 조정하여 굴토력을 증가시킬 수 있다. 피치 조정은 작업조건에 따라 10°씩 할 수가 있으나, 삽을 임의의 각도로 기울일 수 없게 되어 있다. 직선 송토, 거친 배수로 굴삭, 지균 작업, 경사지 작업 등에 효과적이다.

2) 틸트 도저(tilt dower)

틸트 도저는 불도저와 비슷하지만, 사이드 프레임에 설치된 틸트 실린더를 유압으로 조작하여, 트랙터 수평면을 기준으로 블레이드를 15~30cm 정도 기울인 상태로 조정이 가능하다. V형의 배수로 굴삭이나 동결된 땅 및 굳은 노면 파기, 나무뿌리 뽑기 등에 효과적이다.

3) 앵글 도저(angle dozer)

앵글 도저는 블레이드 각도를 좌우 20~30° 정도로 기울일 수 있는 도저로, 흙을 측면으로 밀어낼 수 있으며, 불도저, 틸트 도저보다 블레이드의 길이가 길고 폭이 좁은 것이 특징이다. 또 블레이드를 직각으로 설치하여 불도저의 기능을 수행할 수 있으며, 측면 절단작업, 땅고르기, 제설작업, 배수로 매몰 작업 등에도 효과적이다.

4) 레이크 도저

블레이드 대신에 레이크를 트랙터에 장착한 것으로, 산지 개간 때 나무뿌리를 뽑거나 도로 또는 사력 댐(earth dam)공사 때에 운반된 토사 중에서 큰 돌을 골라내는 작업 등에 사용한다.

5) U형 도저

U형 도저는 블레이드 좌우를 U자형으로 만든 것으로, 블레이드가 대용량이므로 석탄, 나무 조각, 부드러운 흙 등 비교적 비중이 적은 것의 운반처리에 적합한다.

6) 습지도저

습지도저는 트랙 슈가 삼각형으로 된 것으로, 접지 압력이 0.1~0.3kgf/㎠ 정도이며, 진흙이나 무른 지반에서 작업할 때 적합하다.

7) 트리밍 도저

트리밍 도저는 좁은 장소에서 곡물, 설탕, 소금, 철광석 등을 밀어내거나 끌어당겨 모으는데 효과적이다.

나. 주행 방식에 따른 분류

1) 무한궤도형(크롤러형 또는 트랙형)

접지면적이 넓고 지면의 분포 하중이 일정(0.5kgf/㎠ 정도)하므로, 강인한 견인력으로 수중 및 습지 통과 능력이 있다. 또한 연약 지반 또는 고르지 못한 지반, 경사지, 습지 등에서 작업이 가능하며 얕은 수심에서도 작업할 수 있다. 단점으로 포장지대에서 작업을 할 수 없고, 기동성이 좋지 못하여 장거리를 이동할 때는 반드시 트레일러에 실려서 운반되어야 한다.

2) 타이어형(휠형)

타이어 형식은 주행속도가 30~40km/h 정도로 기동성과 이동성이 양호하며, 포장된 도로의 주행이 가능하다. 사질 토반, 골재 채취장 등의 비교적 평탄하고 포장된 도로에서 정리 작업에 효과적이고 경제적이다. 그러나 견인력이 적고 접지 압력(2.5~3.0 kgf/㎠ 정도)이 커서 습지나 사지, 험지 등의 작업은 곤란하다.

03 도저의 언더 캐리지(하부 주행 장치)

도저의 하부 주행 장치는 무한궤도에 의하여 장비를 이동시키는 장치이며, 트랙 프레임의 아래쪽에는 하부 롤러가, 위쪽에는 상부 롤러가 설치되며, 앞쪽에는 프론트 아이들러(전부 유동륜)가 설치되어 있다. 최종 구동장치의 스프로킷에 의해 트랙이 회전하며 장비가 움직이게 된다.

가. 트랙 프레임

하부에는 하부 롤러, 상부에는 상부 롤러가 설치되고, 그리고 트랙의 앞부분에는 전부 유동륜(아이들러)이 설치되어 있다. 이 트랙 프레임은 스프로킷 축에 2개의 프레임 베어링에 의하여 지지되어 있어, 상하는 자유로이 움직일 수 있으나 옆으로 전혀 움직이지 않게 되어 있다.

트랙터의 무게는 프레임을 통하여 트랙 롤러는 프레임 내에 용접되어 있으며, 이것은 롤러 프레임의 정렬을 유지시킨다. 대각지주는 스프로킷 축에 피벗되어 좌우 트랙 프레임이 각각 상하로 독립적으로 작용하도록 한다.

나. 상부 롤러(캐리어 롤러)

상부 롤러는 전부 유동륜과 스프로킷 사이에 1~2개가 설치되며, 트랙이 밑으로 처지지 않도록 받쳐주고, 트랙의 회전 위치를 바르게 유지하는 일을 한다. 또한 상부 롤러는 싱글 플랜지식을 사용하며, 트랙이 옆으로 벗어지는 것을 방지해 준다.

상부 롤러는 샤프트, 부싱, 컬러, 링, 실 등으로 구성되어 있으며, OE가 주유된다. 롤러에는 특수 시일(Floating seal)이 설치되어 있어 오일이 새지 않으며, 반영구적으로 사용할 수 있는 장점이 있다.

다. 하부 롤러(트랙 롤러)

하부 롤러는 트랙 프레임에 4~7개 정도가 4개의 볼트에 의하여 고정 설치되어, 트랙터의 전체 무게를 지지하고 전 중량을 트랙에 평행하게 분배해 주며, 트랙의 회전 위치를 바르게 유지해 준다. 하부 롤러는 싱글 플랜지식과 더블 플랜지식(Double flange)을 사용하는데, 싱글형은 반드시 전부유동륜 쪽과 스프로킷이 있는 쪽에 설치한다. 싱글형과 더블형은 하나씩 건너서(교번으로) 설치하여 사용한다. 하부 롤러의 구성품은 롤러 축, 플로이팅 실이며, 구조와 주유법은 상부 롤러와 같다.

라. 전부 유동륜(아이들 롤러, 아이들러)

전부 유동륜은 트랙 프레임 전면부에 설치되어 있고, 프레임 위에 섭동할 수 있는 요크(Yoke)에 의해서 장치되어 있으며, 트랙의 진행 방향을 유도해 주는 일을 한다. 또한 트랙 유격 조정장치와 니코일 스프링에 의하여 전·후로 약간씩 전·후진하게 되어 있다. 전부 유동륜은 동력전달 계통에서 동력을 직접 전달받는 것이 아니고, 트랙이 회전함에 따라 자연히 돌게 되어 있다.

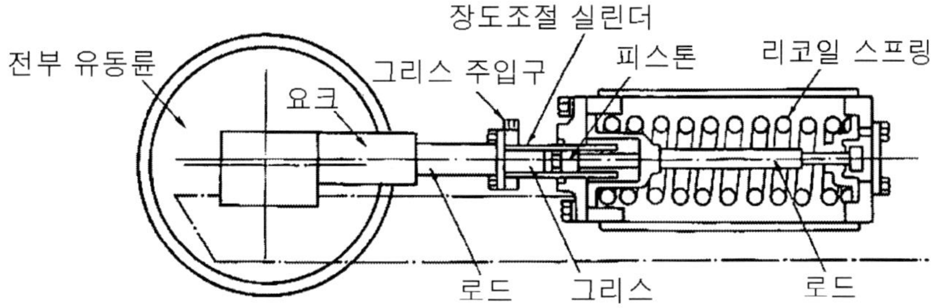

전부 유동륜과 리코일 스프링

마. 리코일 스프링

전부 유동륜은 리코일 스프링에 의하여 지지되어 있으므로, 도저가 주행 중에 전부 유동륜에 오는 충격을 완화 시켜, 하체의 파손을 방지하고 트랙의 회전을 원활하게 해주는 일을 한다. 즉 리코일 스프링 장력보다 충격이 크면 스프링이 압축되면서 전부 유동륜이 약간 후진하면서 충격을 완화시켜 준다. 강철로 된 2중 스프링으로 되어 있으며, 그중 1개는 반시계 방향으로 감겨 있다.

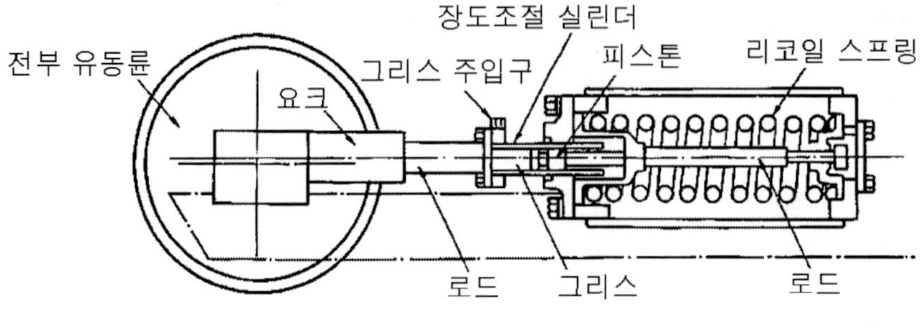

전부 유동륜과 리코일 스프링

바. 롤러 가이드(roller guard)

롤러 가이드는 암석이나 자갈 등이 하부 롤러에 직접 충돌하는 것으로부터 보호하고, 트랙이 벗겨지는 것을 방지하기 위하여 양쪽에 여러 개의 볼트로 고정되어 있다.

사. 평형 스프링(equalizer spring ; 균형 스프링)

평형 스프링의 좌우는 트랙 프레임과 결합되어 있으며, 그 중앙에서 차체 앞부분의 중량을 지지하고 있는 형식으로, 이와 같은 구조를 반경식 현가장치라 한다. 이 방식은 요철이 심한 지면을 주행할 때, 트랙이 항상 고정되어 있으므로 지면에서 오는 충격을 흡수하고 완충시키며, 또 강력한 견인력을 발휘한다.

04 전트랙(Track)

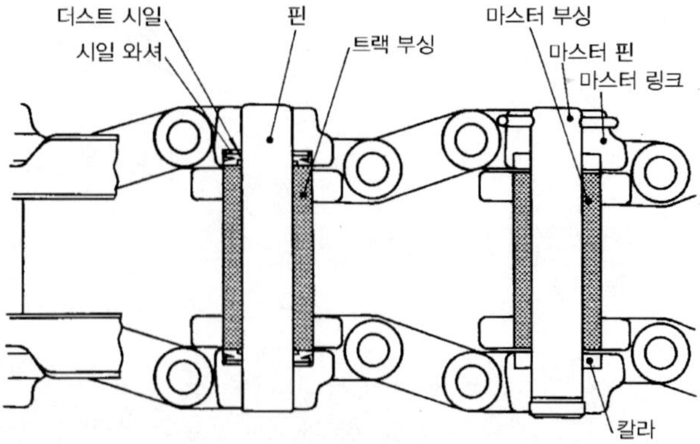

트랙의 구조

트랙은 링크, 핀, 부싱, 슈 등으로 구성되어 있으며, 스프로킷, 아이들 롤러, 상·하부 롤러에 감겨 스프로킷에서 동력을 받아 회전하게 된다. 트랙에는 1~2개의 마스터 핀이 있으며, 트랙을 분리할 때는 마스터 핀을 빼내어야 한다. 부싱이 마모되면 180° 회전 하여 재사용이 가능하다. 그리고 접지면적을 많이 차지하므로 견인력을 증가시켜 준다.

가. 구조

1) 링크(link)

링크는 2개가 1조로 되어 있으며, 핀과 부싱에 의하여 연결되어 상·하부 롤러 등이 굴러갈 수 있는 레일을 구성해 주는 부분이다. 그리고 아래쪽에는 4개의 볼트에 의해 슈가 설치된다. 링크는 마모되었을 때 용접하여 재사용할 수 있다.

2) 부싱(bushing)

부싱은 링크의 큰 구멍에 끼워지며 스프로킷 이빨이 부싱을 물고 회전하게 되어 있다. 부싱은 마모되면 용접하여 재사용할 수 없으며, 구멍이 생기기 전에 180° 회전하여 재사용이 가능하다.

3) 핀(pin)

핀은 부싱 속을 통과하여 링크의 작은 구멍에 끼워진다. 핀과 부싱을 교환할 때는 유압 프레스로 작업하며 약 100톤 정도의 힘이 필요하다. 또한 무한궤도의 분리를 쉽게 하기 위하여 마스터 핀(master pin)을 두고 있다.

4) 슈(shoe)

슈는 링크에 4개의 볼트에 의해 고정되며, 도저의 전체 하중을 지지하고 견인하면서 회전한다. 슈에는 지면과 접촉하는 부분에 돌기(grouser ; 그라우저)가 설치되며, 이 돌기가 견인력을 증대시켜 준다. 돌기의 크기가 2cm 정도 남았을 때 용접하여 재사용할 수 있다.

가) 단일 돌기 슈(Single Bar Grouser Track Shoe)

높은 돌기가 1개인 것으로 견인력이 크며, 중 하중용 슈이다. 원텁슈판이라고도 하며, 도저, 락 드릴, 산판 작업용 굴삭기에 주로 사용된다.

나) 2중 돌기 슈(Double Bar Grouser Track Shoe)

돌기가 2개인 것으로, 중하중에 의한 슈의 굽음을 방지할 수 있으며, 경사면 등판 시 트랙이 미끄러져 헛도는 현상을 감소시켜 선회 성능이 우수하다. 두날 슈판, 투텁 슈판, 험지 슈판, 석산용 슈판이라고도 부르며, 주로 30ton 이상의 굴착기가 석산이나 광산 등에서 험지 작업을 할 때, 또는 트랙 로더에 사용한다.

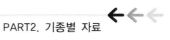

다) 3중 돌기 슈(Triple Bar Grouse Track Shoe)

돌기가 3개인 것으로, 바닥과 트랙 슈 사이의 마찰력이 높으므로, 조향할 때 회전 저항이 적어 선회 성능이 양호하며 견고한 지반의 작업장에 알맞다. 굴착기에서 가장 일반적으로 사용되며 세날, 쓰리텝 슈판이라고도 한다.

라) 습지용 슈(Swamp Shoe, Self-Cleaning Shoe)

삼각 슈라고도 불리는 습지 슈는 슈의 단면이 삼각형이며 접지면적이 넓어 접지 압력이 작다. 다른 압연공정으로 생산되는 일반적인 트랙 슈와 달리 다소 복잡한 조형으로 주조로 제작된다.

마) 고무 슈(Rubber Pad)

기존 3중 돌기 슈 판에 고무 재질을 덧씌워 사용하는 러버 패드(고무패드, 슈패드)로, 궤도형 굴착기가 포장도로나 철제바닥환경에서 작업할 수 있도록 노면 손상 방지, 소음 및 진동 감소(허리통증 감소) 등의 기능이 있다.

바) 기타 슈 : 고무 슈, 암반용 슈, 평활 슈 등이 있다.

나. 트랙의 유격

트랙의 유격은 상부 롤러와 트랙 사이의 간격을 말하며, 건설기계의 종류와 크기에 따라 다소 차이는 있으나 일반적으로 25~50mm 정도이다. 유격이 규정값보다 크면 트랙이 벗겨지기 쉽고, 롤러 및 트랙 링크의 마모가 촉진된다. 반대로 유격이 너무 적으면 암석지 작업에서 트랙이 절단되기 쉬우며, 각종 롤러나 트랙 구성품의 마모가 촉진된다.

1) 트랙 유격 측정 방법

- 도저를 평탄한 지반 위에 후진으로 이동하여 브레이크를 작동하지 않고 정지시킨다.
- 1.5m 철자와 30cm 철자를 가지고 트랙 위로 올라간다.
  (트랙에 균등한 힘을 가하기 위해 60kg의 무게로 눌러준다. 1인의 몸무게)
- 전부 유동륜과 1번 상부 롤러 사이의 트랙 그라우저 중앙 부분에 1.5m 철자를 세로로 세운다.
- 1.5m 철자의 하단 부분에 30cm 철자를 수직으로 세워서, 트랙의 가장 낮은 부분에 있는 트랙 슈의 그라우저 사이의 거리를 측정한다.
- 중형 도저의 적당한 트랙 유격은 38 ~ 50mm 이다.

트랙의 장력을 측정하는 또 다른 방법은 다음과 같다.

① 1번 상부 롤러와 트랙 사이에 지렛대(bar)를 넣고 들어 올렸을 때, 롤러 면과 트랙 링크와 사이의 간극이 25~40mm 정도이면 정상이다.

② 트랙의 한쪽을 지면에서 들어 올렸을 때, 하부 롤러와 아래로 쳐진 트랙 링크 사이가 50~80mm 정도이면 정상이다. 이 방법은 굴착기의 트랙 유격 측정 방법으로 사용된다.

2) 트랙 유격 조정 방법

가) 유격 조정할 때 주의사항

- 평탄한 지면 위에 주차 시킨다.
- 브레이크가 있는 경우에는 브레이크를 사용해서는 안된다.
- 후진하다가 정지시켜야 한다.(후진하다가 정지하면 트랙이 팽팽해진다.)
- 2~3회 반복 조정하여 양쪽 트랙의 유격을 똑같이 조정하여야 한다.

나) 유격 조정 방법

- 구형 도저의 경우에는 조정 너트를 렌치로 돌려서 조정한다.
- 현재는 대부분 장도 조절 실린더(텐션 실린더)의 그리스(GAA) 양을 주입하거나 배출시켜서 조정한다.
- 장력이 규정보다 적으면(느슨하면) 그리스 피팅(주입 밸브 ; 니플)에 그리스를 주입하고, 많으면(팽팽하면) 그리스를 배출하여 조정한다.
- 트랙을 앞뒤로 움직여 그리스가 골고루 분포되게 만든 다음 필요한 경우 장력을 다시 조정한다.
- 트랙의 장력은 작업 조건에 따라 조금씩 다르게 조정하는데, 일반적으로 단단한 지반이나 암반 등에서 작업할 때는 약간 팽팽하게 조정하고, 습지나 약한 지반에서는 조금 느슨하게 조정하여 작업한다.

다. 트랙 분리 방법

트랙을 분리하는 방법에는 마스터 핀을 분리하는 방법과, 스플릿 링크를 분리하는 방법이 있다.

1) 마스터 핀을 분리하는 방법

- 트랙에 붙어 있는 흙 등의 오물을 깨끗이 제거한다.

- 트랙의 유격을 느슨하게 조정한다. 조정 너트 방식은 조정 너트를 풀어주고, 그리스 주입 방식은 그리스를 배출시킨다.
- 마스터 핀이 트랙 전면부 중심선의 하단에 위치하도록 장비를 움직이고, 트랙 밑에 고임목을 받쳐준다. 마스터 핀은 트랙에 1~2개 정도 설치되어 있으며, 특징은 부싱의 길이가 짧아 핀이 조금 노출되어 있다.
- 이 마스터 핀에 가이드 핀을 대고 해머로 타격하여 분리하거나, 유압 프레스로 밀어내어 분리시킨다.

2) 스플릿 링크(split link) 분리하는 방법

- 분해하려는 스플릿 링크가 상부 중앙에 오도록 위치시킨다.
- 장도 조절 실린더에서 그리스를 배출하여 트랙을 느슨하게 한다.
- 트랙에서 스플릿 링크 핀이 설치되어 있는 2개의 트랙 슈를 분해한다.
- 특수공구 클램프를 링크에 설치하여 링크에 부하가 걸리지 않도록 조여준다.
- 스플릿 링크를 고정하는 핀을 분해한다.(볼트 형식은 볼트를 제거)
- 스플릿 링크를 분해한다.

3) 트랙을 분리해야 하는 경우

- 트랙이 벗겨졌을 때
- 트랙을 교환하고자 할 때
- 핀, 부싱 등을 교환하고자 할 때
- 프런트 아이들러 및 스프로킷을 교환하고자 할 때

4) 트랙이 벗겨지는 원인

- 트랙의 유격이 규정값보다 너무 클 때(트랙 장력이 느슨할 때)
- 트랙의 정렬이 불량할 때
  (프런트 아이들러와 스프로킷의 중심이 일치하지 않을 때)
- 고속주행 중에 급선회하였을 때
- 프런트 아이들러, 상·하부 롤러 및 스프로킷의 마모가 클 때
- 리코일 스프링의 장력이 부족할 때
- 경사지에서 작업할 때

05 도저의 작업 장치

가. 블레이드(blade ; 토공판, 배토판, 삽)

블레이드는 트랙터의 앞쪽에 부착되며, 상하좌우 및 앞뒤로 움직이면서 작업을 수행한다. 또 토사의 굴착과 배출이 잘 되도록 곡면으로 제작되었으며, 원삽날, 장삽날, 귀삽날 등으로 구분하는데, 블레이드의 아래쪽 원삽날에 장삽날(cutting edge)과 귀삽날(end bit)이 부착되어 있다. 장삽날은 2cm 정도 남았을 때 상하로 뒤집어서 사용할 수 있으나, 귀삽날은 뒤집거나 좌우를 서로 교환하여 사용할 수 없고, 마모가 된 부분만 교환하여 사용한다.

나. 리퍼(ripper)

리퍼는 도저의 뒤쪽에 장착되며, 굳은 지면, 나무뿌리, 암석 등을 파헤치는데 사용하는 부수 장치로서, 단단한 암반을 파쇄할 때는 화약에 의한 발파작업과 조합 작업하면 능률적인 사용이 가능하다.

리퍼의 생크(발톱)는 보통 3개가 설치되는데, 도저의 방향을 15° 이상 선회할 때는 생크를 지면에서 들어주어야 한다. 또 생크가 땅속으로 침투가 잘 되지 않을 때는 가운데 것을 제거하고, 단단한 바위를 제거할 때는 가운데 것 하나만 사용한다.

다. 토잉 윈치(towing winch ; 권양기)

도저의 뒤쪽에 설치되며 엔진 동력을 이용해 드럼을 회전시켜 케이블을 감아 무거운 물체를 끌어당길 때 사용한다.

라. 드로우 바(draw bar)

트랙터의 뒤쪽에 부착되어 있으며, 견인용 장비를 끌기 위한 고리를 말한다.

도저 예상문제

01 건설기계의 작업량 산출 및 작업 거리

- **도저** : 100m 이내
- **견인식 스크레이퍼** : 100~500m
- **자주식(모터식)스크레이퍼** : 500~1,500m
- **덤프트럭** : 1,500m 이상

02 트랙터의 주행 장치 형식

- 무한궤도식(크롤러식)
- 차륜식
- 반차륜식, 반크롤러식
- 레일식

03 도저의 삽날이 상승 불능이거나 늦을 때의 원인 및 대책

원인	대책
릴리프밸브의 조정 불량	릴리프밸브를 규정압력으로 조정
유압 실린더의 내부 누출	피스톤 시일 또는 실린더 어셈블리 교환
제어밸브의 스풀 고착	제어밸브의 청소 또는 밸브 어셈블리 교환
흡입 필터의 막힘이나 공기의 혼입	흡입 필터의 청소 또는 교환
펌프의 작동 불량	펌프 교환
유압탱크의 유면이 낮다	유압탱크의 유압유 보충

04 도저의 조향 레버를 작동했을 때 직진이 되는 원인 및 대책 2가지

- **원인** - 조향 클러치와 조향 브레이크의 조정이 불량
  - 각 라이닝에 불순물을 부착 및 마모가 심함
- **대책** - 조향 클러치와 조향 브레이크를 정상 유격으로 조정
  - 라이닝의 청소 또는 교환

05 도저 유압 실린더 분해 조립시 필요한 공구 5가지, 소모품 5가지, 안전 대책 2가지

- **공구** - 플라스틱 망치, 스냅링용 플라이어, 토크렌치, L-렌치, 실 압입용 치구
- **소모품** - 교환부품, 씨일, O-링, 실 테이프, 개스킷, 세척유
- **안전대책** - 유압 실린더의 중량에 맞는 호이스트 사용
  - 실린더 제거 전 잔압 제거 작업

06 도저의 언더 캐리지 구성품 5가지

- 아이들 로라
- 상부 롤러(캐리어 롤러)
- 리코일 스프링
- 스프로킷
- 하부 롤러(트랙 롤러)
- 트랙

07 트랙이 주행 중 벗겨지는 원인

- 트랙의 장력이 느슨할 때
- 전부 유동륜(아이들러)과 스프로킷의 중심이 틀릴 때(트랙 정렬 불량)
- 경사지 작업시
- 고속 주행시 급선회를 했을 때
- 전부 유동륜과 스프로킷, 상부 롤러, 하부 롤러의 마모가 클 때

08 도저 트랙 유격 측정(장력 검사)

- 아이들러가 있는 방향으로 장비를 가동시킨다.
- 트랙핀 중의 1개가 첫 번째 상부 롤러 위에 오도록 하여 장비를 정지시킨다.
- 트랙 위에 직선자를 놓고 직선자 밑에서 가장 낮은 슈 팁의 윗부분까지의 거리를 측정한다.
- 유격은 소형은 20 ~ 30mm, 대형은 38 ~ 50mm 정도이며, 진흙이나 모래, 습지 작업시는 장력을 느슨하게 하고 암반이나 굳은 지반 작업시는 장력을 팽팽하게 한다.

○ 트랙이 너무 느슨한 경우

- 긴도가 크면 트랙이 진행 중 상부 롤러를 강타하고 조향시 트랙이 벗겨지게 된다.
- 트랙 롤러 프레임에 있는 조정 커버를 열고 트랙 장력이 규정대로 될 때까지 피팅을 통해 그리스를 주입한다.
- 장비를 전후로 작동시켜 균등한 압력이 트랙에 가해지도록 한다.
- 트랙 장력 조정 상태를 점검한 후 커버를 닫는다.

○ 트랙이 팽팽한 경우

- 트랙의 긴도가 적으면 전부 유동륜과 상부 롤러의 축과 부시의 마모가 되며 주행 저항이 커지고 각부 연결 장치의 마모가 크다.
- 트랙 롤러 프레임에서 그리스 니플의 접근 커버를 탈착하고 그리스를 빼기 위해 그리스 니플을 1회 정도 푼다.
- 트랙의 장력 조정이 올바르게 되었을 때 그리스 니플을 잠그고 커버를 닫는다.
- 트랙에 균등한 압력이 가해지도록 장비를 전후로 작동시킨 후 장력을 재측정한다.

09 트랙 장력 측정 및 조정시 주의사항

- 건설기계를 평탄한 곳에 후진으로 주차시킨다.
- 건설기계를 정차할 때 브레이크가 있는 경우에는 브레이크를 사용해서는 안된다.
- 트랙 장력은 양쪽 모두 똑같게 조정한다.
- 2~3회 반복 조정한다.

10 도저의 유압식 트랙 긴도를 점검하는 방법과 조정법

○트랙 장력 측정법

- 1번 상부 롤러와 유동륜 사이에 60kgf의 하중으로 누르고, 곧은 자를 놓고 그 처짐량을 측정(30~50mm)
- 1번 상부 롤러와 트랙 사이에 레버를 끼워 트랙을 들고 트랙 링크와 롤러 사이의 간극을 측정(50~80mm)
- 트랙 한쪽을 잭업하여 처짐량을 측정(380~400mm)

○트랙 긴도(장력) 조정법

- 조정 너트법 : 전부 유동륜 뒤편의 조정 너트를 이용하여 장력 조정
  (조이면 장력 증가, 풀면 장력 저하)
- 그리스주입법 : 전부 유동륜 뒤편의 장력조정 실린더에 그리스 주입 및 배출
  (주입시 장력 증가, 배출시 장력 저하)

11 불도저의 트랙으로 인하여 트랙터의 동력이 손실되는 고장원인

- 트랙 장력이 너무 팽팽할 때.
- 염분 및 다른 부식성 물질에서 작업으로 트랙이 굳어있을 때

12 트랙 장력을 두는 이유 5가지

- 견인력을 적절히 유지하기 위하여
- 아이들러, 상부 롤러, 스프로킷의 이상 마멸을 방지하기 위하여
- 장비 구동부에 과부하가 걸리지 않게 하기 위하여
- 주행 중 장비에 오는 충격을 감소시키기 위하여
- 장비의 선회를 원활하게 하기 위하여

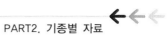

13 불도저의 트랙 아이들러가 회전하지 않는 고장원인

- 아이들러에 진흙이 굳어있을 때
- 축과 부싱의 마찰열로 고착되었을 때
- 아이들러 축이 부적절하게 설치되었을 때

14 도저의 레버를 움직여도 스티어링(환향)이 안되는 원인

- 디스크 페이싱이 마모되었을 때
- 클러치 간격이 클 때
- 오일 부스터에 오일이 부족할 때
- 레버의 유격이 틀릴 때
- 압력 스프링의 피로
- 디스크와 압력판이 미끄러질 때

15 조향 브레이크의 조정

- 조향 클러치 점검 커버를 벗긴다.
- 조정 너트를 풀고 밴드를 늦춘다.
- 고정 너트를 풀고 조정 볼트를 조여서 드럼과 라이닝을 밀착시킨다.
- 조정 볼트를 약간 풀고 드럼과 라이닝의 틈새를 1mm로 조정한 후 너트를 조인다.
- 브레이크 페달의 작동 거리를 150 ~ 180 mm로 조정한다.

16 도저 리퍼가 잘 오므려지지 않는 원인 3가지

- 유압 펌프 토출 유량 부족
- 릴리프밸브 설정 압력 부족
- 리퍼 실린더 내부 오일 누출
- 유압 작동유의 점도 불량
- 유압 오일이 부족시

17 도저에서 환향 클러치를 작동하여도 회전되지 않는 원인

- 오일 부스터에 오일량 부족
- 환향 클러치의 디스크 페이싱 마모
- 환향 클러치 압력 스프링의 피로
- 디스크 및 플레이트 슬립
- 환향 레버의 유격 조정 불량
- 오일펌프 토출량 부족
- 디스크 플레이트 변형 및 고착

18 도저의 기어가 잘 들어가지 않는 원인 3가지

- 변속 레버 및 시프트 레버의 작동 부위 과다 마멸
- 주축 또는 부축 베어링의 과대 마멸
- 클러치 차단 불량
- 클러치 디스크 고착
- 클러치 간극 부적당

19 블레이드가 상승 후 잠시 후에 블레이드가 저절로 내려와서 땅에 닿을 때의 원인을 3가지

- 블레이드 실린더 내벽, 피스톤 및 링, 실의 마모
- 유압 실린더의 내부 누출
- MCV 스풀 작동 불량
- 유압호스, 파이프 피팅부로 공기혼입 및 오일 누출
- 파일럿 체크밸브의 불량
- 카운트 밸런스 밸브의 성능저하
- 유압호스, 배관, 이음쇠 부의 누출

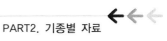

20 무한궤도식의 장점

- 등판능력이 좋다.
- 접지압이 적어 습지, 사지 작업이 가능하다.
- 견인력이 크다.
- 수중 작업이 가능하다

21 트랙의 언더캐리지 구성요소 5가지 설명

- **트랙 프레임** : 앞쪽에는 트랙 아이들러가 설치되고 뒤쪽에는 스프로킷이 붙어있는 구동륜이 설치
- **상부 롤러(캐리어롤러)** : 트랙이 밑으로 처짐을 방지하고 트랙의 회전을 바르게 유지
- **하부 롤러(트랙롤러)** : 전체중량을 지지하고 전체 중량을 트랙에 균등하게 분배 및 트랙의 회전 위치를 바르게 유지
- **전부 유동륜(프런트 아이들러)** : 트랙의 장력을 조정하면서 트랙의 진행방향을 유도
- **구동륜(스프로킷)** : 최종 구동기어로부터 동력을 받아 트랙을 회전하며 일체식, 분할식, 분해식이 있다.
- **트랙** : 링크, 핀, 부싱, 슈로 구성되어 있으며, 전부 유동륜, 스프로킷, 상부 하부 롤러에 감겨져 스프로킷에 동력을 받아 구동된다.

22 아이들러의 역할

- 트랙의 진행 방향 안내(유도)
- 트랙 장력을 조정
- 주행중 지면으로부터 받은 충격 완화

23 트랙 중심선 일치에 대하여 설명

- 무한궤도식 건설기계에서 장비가 원활한 주행을 할 수 있도록 언더캐리지의 부품(아이들러, 상부 롤러, 스프로킷)을 진행 방향으로 정렬하는 것을 말한다.
- 트랙 중심선이 일치하지 않으면 트랙의 정렬이 불량하여, 언더캐리지의 부품의 마모가 심하게 되고, 주행 중에 트랙이 벗겨질 수 있다.

24 리코일 스프링

주행시 트랙 전면에서 오는 충격을 완화하여, 하부 주행체의 파손을 방지하고 트랙이 원활하게 회전하게 도와준다. 서징 현상을 방지하기 위해 2중 스프링으로 되어 있으며, 스프링이 절손되었거나 샤프트가 절손된 경우는 분해하여 교환한다.

※ **서징 현상 방지책** - 2중 스프링 사용, 부등 피치 스프링 사용, 원뿔형 스프링 사용

25 도저 작업시 하체에서 생길 수 있는 고장상태(단, 누유와 트랙의 절단은 없다)

- 전부 유동륜, 스프로킷, 상부 롤러, 하부 롤러의 마모
- 트랙 장력 조절 실린더 고장
- 리코일 스프링 절손 및 변형
- 트랙 링크, 부싱의 마모
- 최종감속기어 고장
- 환향 클러치 고장
- 브레이크 라이닝 마모 및 슬립
- 베벨기어 백래시 과다

26 도저가 블레이드를 들어 올리지 못하거나 느린 원인 5가지

- 유압 펌프의 토출량 저하
- 유압 오일이 부족할 때
- 제어밸브 작동 불량
- 릴리프밸브 설정 압력 부족
- 유압실린더 내부 누설 발생시
- 흡입 필터의 막힘 또는 유량 부족

27 불도저 작업장치 유압회로에 과열이 발생하는 고장원인 5가지

- 장비의 운전을 부적절하게 사용할 때
- 불량 오일을 사용하였을 때
- 유압장치 내 공기 혼입시
- 릴리프밸브에 이상이 있을 때
- 오일냉각기가 막혔을 때
- 냉각팬에 이상이 있을 때

28 불도저의 변속기에서 기어 중립시 장비가 움직이는 원인

- 중립 스풀이 보어로부터 지나치게 바깥쪽으로 나온 상태에서 고착되었다.
- 파일럿 컨트롤 밸브로부터 중립 스풀까지의 오일 압력이 없다.
- 후진 스풀이 보어의 안쪽 부분에 고착되어있어 트랙이 후진한다.

29 불도저의 변속기가 치합은 되나 장비가 움직이지 않을 때 원인(단, 엔진은 정상)

- 변속기의 오일량 부족
- 디스크 및 플레이트의 마모로 미끄러짐
- 환향 클러치의 파손
- 파이널 드라이브(최종 구동장치) 기어의 파손
- 변속기 내부 변속 클러치의 접촉 불량
- 변속기 기어의 고착

30 토크컨버터가 부착된 크롤러형 도저가 시동은 걸리나 주행이 불가능한 이유 5가지

- 토크컨버터 오일 부족
- 오일펌프 고장
- 토크컨버터 기계적 결함
- 오일 압력이 낮다
- 오일펌프의 흡입라인에 공기 혼입

31 도저 섀시 그리스 주입부

- 브레이스 스크류(틸트도저 1개소, 앵글도저 2개소)
- 리프트실린더 볼 조인트(틸트도저, 앵글도저 각 2개소)
- 리프트실린더 지지대 축(틸트도저, 앵글도저 각 2개소)
- 리프트실린더 지지대 요크(틸트도저, 앵글도저 각 4개소)
- 틸트실린더 볼 조인트(틸트도저 1개소)
- 브레이스 볼 조인트(틸트도저 1개소),
- 암볼 조인트(틸트도저 3개소)
- 경사진 암볼 조인트(틸트도저 2개소)

32 도저의 동력전달장치 순서

○ **기계식 클러치방식**

엔진 → 메인클러치 → 변속기 → 베벨기어 → 환향클러치 → 환향 브레이크 → 최종구동기어 → 스프로킷 → 트랙

○ **토크 컨버터식**

엔진 → 토크컨버터 → 자재이음 → 변속기 → 베벨기어 → 환향클러치 → 환향브레이크 → 최종구동기어 - 스프로킷 - 트랙

○ **유압식**

엔진 → 메인 유압펌프 → 컨트롤밸브 → 주행모터 → 최종구동기어 → 스프로킷 → 트랙

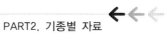

33 도저의 종류를 나열하고 각각의 특징

- **불도저** : 트랙터 앞에 블레이드를 90°로 부착한 것이며, 블레이드를 앞, 뒤로 10° 정도 경사 시킬 수 있으며 직선 송토작업, 굴토작업, 거친배수로 매몰작업 등에 사용된다.
- **앵글도저** : 블레이드를 좌. 우로 20~30° 각을 지을 수 있어 토사를 한쪽 방향으로 밀어낼 수 있다. 매몰작업, 측능 절단작업, 지균작업 등에 사용된다.
- **틸트도저** : 블레이드를 좌, 우로 15cm(최대 30cm) 정도 기울일 수 있어 블레이드 한쪽 끝에 힘을 집중시킬 수 있다. V형 배수로 굴삭, 언땅 및 굳은 땅 파기, 나무뿌리 뽑기, 바위 굴리기 등의 작업에 사용된다.
- **U형 도저**
- **습지 도저**
- **레이크 도저**

34 불도저 작업시 흙을 밀 때는 (   )운행하고, 후진시에는 빠르게 이동하며, 굳은 땅을 작업시에는 (   )를 지면에 2~3cm를 깊이로 작업한다.

불도저 작업시 흙을 밀 때는 (저속)운행하고, 후진시에는 빠르게 이동하며, 굳은 땅을 작업시에는 (블레이드)를 지면에 2~3cm를 깊이로 작업한다.

35 도저의 삽날 갈아 끼우기 방법 3가지를 그림을 그리고 설명

- **원삽** : 마모시 보강 용접 또는 교환
- **장삽** : 마모시 뒤집어서 사용
- **귀삽** : 마모된 귀삽만 교환

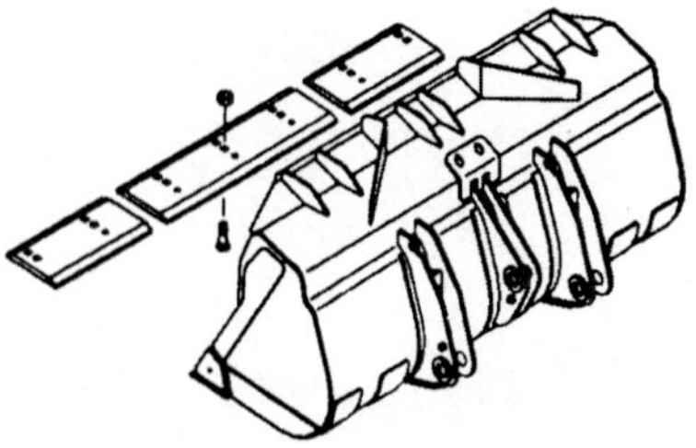

36 불도저와 굴착기의 동력전달 방식의 차이점

- **불도저** : 엔진의 동력을 클러치/토크컨버터를 통하여 변속기로 전달되어 구동륜으로 전달하는 방식
- **굴착기** : 엔진의 동력으로 유압 펌프를 구동하여, 유압 펌프에서 발생된 유압으로 주행 모터를 구동하는 방식

37 트랙 롤러의 플로우팅 실의 사용 목적

- 윤활제의 누설을 방지
- 외부로부터의 흙, 물, 먼지 등 이물질 침입을 방지

38 도저의 건식 스티어링 클러치가 미끄러지는 원인 3가지

- 클러치 페이싱에 기름 부착
- 클러치 스프링의 쇠약 및 절손
- 클러치 페달에 자유 간극이 없을 때
- 클러치 페이싱의 과대 마멸
- 압력판 손상 및 압력 스프링의 피로

39 도저의 PCU(파워컨트롤 유닛) 레버를 당겨도 배토판(삽)이 올라가지 않는 원인

- 유압 펌프 불량
- 컨트롤 밸브의 스풀 고착
- 릴리프밸브의 압력 조정 불량
- 유압실린더의 내부 누설
- 흡입 필터의 막힘 또는 유량 부족

40 스프로킷 마모 원인 결과와 대책

가. 이끝 마모
- 트랙의 장력이 느슨한 경우로 트랙이 벗겨지기 쉽다.
- 트랙 장력을 규정대로 조정, 심한 마모시 스프로킷을 재생

나. 중간 마모
- 트랙의 장력이 너무 큰 경우에 발생하며, 견인력이 작아지고, 아이들러, 상부롤러, 트랙, 링크, 부싱, 스프로킷의 심한 마모가 발생한다.
- 트랙 장력을 규정대로 조정, 심한 마모시 스프로킷을 재생

다. 후면 마모
- 트랙 정렬이 맞지 않을 때 발생하며, 주행시 한쪽 방향으로 틀어진다.
- 아이들러와 스프로킷(트랙)의 정렬 작업을 실시

41 트랙의 장력을 크게 하거나 작게 할 경우의 현상

- **규정 값보다 클 때** : 트랙이 벗겨지기 쉽다. 롤러 및 트랙 링크의 마멸
- **규정 값보다 작을 때** : 암석지 작업시 트랙이 절단되기 쉽다.
  롤러, 트랙 구성품의 마멸 촉진
- **크게 해야 할 경우** : 굳은 지반 또는 암반 통과시
- **작게 해야 할 경우** : 습지를 통과할 때, 사지(모래땅) 통과할 때,
  굴곡이 심한 노면 통과시

42 크롤러형의 장점과 단점

- **장점** : 접지압이 낮다. 견인력이 강하다. 암석지에서 작업이 가능하다.
- **단점** : 주행저항이 크고 승차감이 나쁘다. 기동성 및 이동성이 나쁘다.

43 트랙의 장력을 조정하여야 하는 이유

- 트랙의 이탈 방지
- 구성부품의 수명 연장
- 스프로킷의 마모 방지
- 슈의 마모 방지
- 적절한 견인력 유지
- 아이들러, 상부 롤러, 스프로킷의 이상 마멸 방지
- 장비 구동부에 과부하가 걸리지 않게 하기 위해
- 주행중 장비에 오는 충격을 감소하기 위해
- 장비의 선회를 원활하게 하기 위해

44 휠형의 장점과 단점

- **장점** : 기동성이 좋다. 승차감이 좋다. 이동성이 좋다.
- **단점** : 평탄하지 않는 작업장소나 진흙땅에서 작업이 어렵다.
  암석, 암반 작업시 타이어가 손상된다. 견인력이 약하다.

45 트랙의 언더캐리지 구성요소 5가지 설명

- **트랙 프레임** : 앞쪽에는 트랙 아이들러가 설치되고 뒤쪽에는 스프로킷이 붙어 있는 구동륜이 설치
- **트랙 롤러(하부 롤러)** : 장비의 전체 중량을 지지
- **트랙 캐리어 롤러(상부 롤러)** : 전부 유동륜과 스프로킷 사이의 트랙이 늘어져 처지는 것을 방지(1~2개 설치)
- **트랙 아이들러(전부유동륜)** : 트랙의 진로를 조정하면서 트랙을 유도하고 주행을 유도
- **트랙 링크** : 스프로킷에 의해 구동되며 장비의 주행과 조향

46 언더캐리지의 주요 구성품 중 하부 추진체에서 맞붙임 용접을 해야 할 부분

- 슈
- 트랙 링크
- 아이들러
- 프레임
- 상, 하부 롤러
- 스프로킷

47 도저에서 작업장치 별로 구분하여 5가지

- **트리밍 블레이드** : 유압실린더로 삽날면 각을 변화시켜 광석이나 석탄 등을 긁어모을 때 사용하며, 도저가 후진할 때도 작업할 수 있어 다듬질 작업에 일부 사용된다.
- **푸시 블레이드** : 스크레이퍼 작업시 견인력을 주기 위해 스크레이퍼를 뒤에서 미는데 주로 사용
- **레이크 블레이드** : 삽날 대신 레이크를 설치하여 나무뿌리, 잡목 등을 제거하며, 굳은 땅 파헤치기, 암석제거 등에 사용, 40~50cm 이하의 비교적 작은 수목에 적당
- **트리 블레이드** : 나무 벌채에 주로 사용
- **토잉 윈치** : 엔진 동력을 이용해 드럼을 회전시켜 케이블을 감아 무거운 물체를 끌어당길 때 사용
- **백호** : 도저 후부에 부착하여 각종 굴착, 도랑파기 배수로 작업에 주로 사용

48 도저가 습식클러치를 사용하는 이유

- 사용조건이 가혹하여 내구성을 요하고 클러치의 과열을 방지하기 위해서

49 트랙 롤러에서 듀콘 실의 기능 및 점검요령

- **기능** : 롤러와 아이들러의 내부 구성품에 영구적인 주유를 할 수 있도록 구성하고 있는 금속제 실(Metal)
- **점검 요령** : 표준 직경과 마모량을 측정 비교하여 허용 값 이상으로 마모시 교환

50 선기어의 잇수 30, 링기어의 잇수 60의 유성기어장치에서 선기어를 고정하고 캐리어를 50회전 하였다면, 링기어는 몇 회전하는가?

단순 유성기어장치의 변속비와 회전방향(예)

구분	변속(예)	링기어	캐리어	선기어	변속비	결과
1	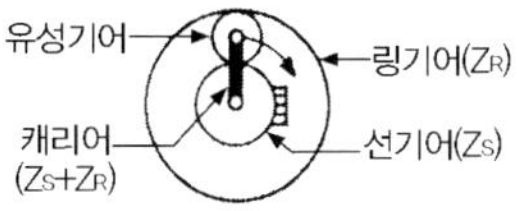	피동	구동	고정	$i=\frac{Z_R}{Z_S+Z_R}$ $\frac{80}{120}<1$	증속
2	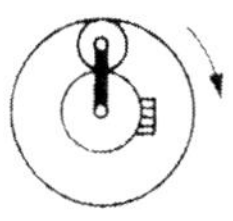	구동	피동	고정	$i=\frac{Z_S+Z_R}{Z_R}$ $\frac{80}{120}>1$	감속
3	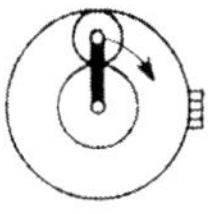	고정	구동	피동	$i=\frac{Z_S}{Z_S+Z_R}$ $\frac{40}{120}<1$	증속
4		고정	피동	구동	$i=\frac{Z_S+Z_R}{Z_S}$ $\frac{120}{40}>1$	감속
5	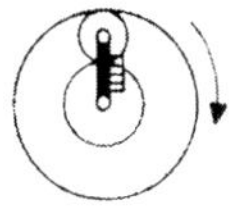	구동	고정	피동	$i=\frac{Z_S}{Z_R}$ $-\frac{40}{80}<1$	역전 증속
6	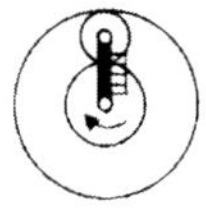	피동	고정	구동	$i=\frac{Z_R}{Z_S}$ $-\frac{80}{40}>1$	역전 증속
7	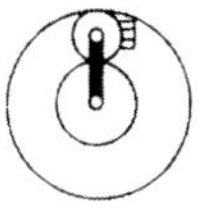	3요소 중 2요소 고정(결과는 유성기어의 고정으로 나타난다.)			1 : 1	직결
8	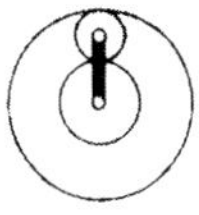	3요소가 모두 자유(free)				중립

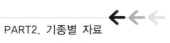

[주] 변속비는 부호(−)는 역전을 의미한다. Z_s : 선기어 이수, Z_S+Z_R: 캐리어상당 이수, Z_R :링기어 이수

변속비 = B / (A+B)= 60 / (30 + 60) = 0.6666

캐리어가 50회전 하였으므로 50 ÷ 0.6666 = 75 회전

$N = (A+B)/D \times n$

$= (30+60)/60 \times 50 = 75$회전

51 벨로우즈 실

최종감속 장치의 케이스 내의 오일이 외부로 누출되는 것을 방지하고, 외부의 먼지나 물이 침입하지 못하도록 하는 것

52 제동출력이 60kW일 때, 회전수가 1,600rpm이라면 이 기관의 회전력은 몇 N·m 인가?

$H\text{kW} = \frac{TN}{974}$ 에서 $T = \frac{974 \times H\text{kW}}{N}$

$\therefore T = \frac{974 \times 60}{1,600} = 36.325\,\text{kW}$

1kW = 9.8 N·m이므로 T = 36.325 × 9.8 = 358 N·m

53 불도저의 견인력이 7,500kg이고, 이때의 작업속도가 3.6km/h라면 견인출력(kW)은?

견인마력 $H = \frac{F \times \nu}{75}(ps)$

$= \frac{7,500 \times 3.6 \times 1,000}{75 \times 60 \times 60}(ps) = 100(ps)$

1kW = 1.36ps 이므로 100 / 1.36 = 73.5kW

54 유압식 도저의 유압모터 브레이크 밸브 기능 3가지

- 유압모터 정지시 본체의 관성에 의해 회전하려고 하는 관성력을 제어하여 부드럽게 브레이크를 걸어 정지시킨다.
- 유압모터의 캐비테이션(Cavition) 방지용 체크 밸브(Check Valve) 기능을 한다.
- 유압모터의 브레이크 압력을 제어하는 서지 컷 밸브(Surge cut valve) 기능과, 캐비테이션(Cavition) 방지용 Anti-Cavition Valve 기능

02 굴착기

굴착기는 토사 굴토, 굴착 작업, 도랑파기 작업, 토사 상차작업 등이며, 근래에는 암석, 콘크리트, 아스팔트 등의 파괴를 위한 브레이커(breaker)를 장착하기도 한다.

굴착기의 건설기계 범위는 무한궤도 또는 타이어 형식으로, 굴착장치를 가진 1톤 이상의 것이며, 크기는 작업 가능 상태의 중량(ton)으로 나타낸다.

01 굴착기의 종류 및 특징

가. 주행 형식별 분류

1) 크롤러형(무한궤도형)

무한궤도인 트랙을 말하며, 장점으로는 접지압이 낮고 견인력이 크며, 습지나 사지에서 작업이 가능하고, 또 암석지에서도 작업이 가능하다. 단점으로는 주행 저항이 크고, 포장도로를 주행할 때 도로 파손의 우려가 있어 기동성이 나쁘며, 장거리 이동이 곤란하여, 트레일러를 이용해야 한다.

2) 타이어형

주행 장치가 타이어로 된 형식이며, 장점으로는 기동성이 좋고, 주행 저항이 적다. 또 자력으로 이동 가능하여 도심지 등 근거리 작업에 효과적이다. 단점으로는 평탄하지 않은 작업장소나 진흙땅 작업이 어렵고, 암석·암반 지대에서 작업할 때 타이어가 손상되며, 견인력이 약하다. 작업간 안정성 도모를 위해 아우트리거(out trigger)를 사용한다.

3) 트럭 탑재형

트럭 탑재형은 화물 자동차의 적재함 부분에 작업 장치가 부착되어 굴삭 작업을 하는 형식으로, 작업 장치를 조정하기 위한 별도의 조종석이 있으며, 소형으로만 사용된다.

4) 반정치형

이 형식은 타이어와 이동용 다리가 함께 있어서 크롤러형과 타이어형 굴착기가 할 수 없는 부정지, 측면지 고르지 못한 경사지 작업에 효과적이나, 자체 이동이 불가능하며, 트레일러나 대형트럭을 이용하여야 한다.

나. 기구 작동 형식별 분류

1) 기계(로프)식

작동 부분을 움직이는 윈치 기구를 와이어 로프에 의해 작동하는 방식으로 현재는 사용하지 않는다.

2) 유압식

각 작동 부분들이 유압 펌프에서 발생 되는 유압력을 이용하여 유압 실린더와 유압모터에 의해 작동되는 형식이다.

다. 작업 장치의 분류

1) 백호(도랑파기) 버킷

가장 일반적으로 많이 사용하는 버킷으로, 장비가 위치한 지면보다 낮은 곳의 땅을 굴착하는데 적합하며, 수중 굴착도 가능하다. 도랑파기, 지하철 공사, 토사 적재 작업 등

2) 셔블 버킷

장비의 위치보다 높은 곳을 굴착하는데 적합하며, 산지에서의 토사, 암반, 점토질까지 트럭에 싣기가 편리하다. 일반적으로 백호 버킷을 뒤집어 사용하기도 한다.

3) 슬로프 피니시드 버킷

경사지 조성, 도로, 하천공사와 정지 작업에 효과적이다.

4) 이젝터 버킷

버킷 안에 토사를 밀어내는 이젝터가 있어, 점토질의 땅을 굴착할 때 버킷 안에 흙이 늘어 붙을 염려가 없다.

5) 크램셀

수직 굴토 작업, 배수구 굴착 및 청소 작업 등에 적합하며, 버킷의 개폐도 유압 실린더로 한다.

6) 둥근 구멍파기 버킷

크램셀 버킷과 비슷하게 되어 있으나, 둥글게 되어 있는 점만 다르다.

7) 우드 클램프

전신주, 파일, 기중 작업 등에 이용되며, 목재 운반과 적재 하역에 효과적이다.

8) 플립 클램프

자갈이나 골재의 선별 적재, 오물 처리 등의 작업에 사용된다.

9) V형 버킷

V형 배수로, 농수로 작업에 효과적이다.

10) 스트랜저 버킷

가옥 해체, 폐기물 처리, 임업 공사에 효과적이다.

11) 오프셋 암 프런트

암이 붐과 좌우로 오프셋 할 수 있으며, 좁은 장소, 도랑파기, 도로 측면 작업 등 제한된 작업장소에 적합하다.

12) 브레이커

버킷 대신 유압 브레이커를 설치하여 암석, 콘크리트, 아스팔트 파괴 등에 사용한다. 유압식과 압축 공기식이 있다.

※ 브레이커의 타격력은 크게 유압의 힘과 가스(질소)의 힘, 2가지로 구분된다. 유압의 힘은 피스톤을 상승시키는 역할을 하고, 상사점까지 상승하였을 경우 밸브에 의해 유압의 방향이 바뀌면서 하강하게 된다. 그러나 유압의 힘만으로는 타격력이 약하기 때문에 백헤드에 질소가스를 충전시킨다. (질소가스를 사용하는 이유는 온도변화에 따른 압력 변화가 적기 때문)
브레이커의 결함은 펌프 등 유압 부분이 정상이라고 가정하면, 질소가스의 누출이 가장 많은 편이다.

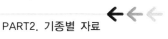

※ 질소가스 누출시 발생되는 현상

- 우측 호스(유압탱크 방향) 부분이 심하게 떨린다.
- 타격 횟수가 빨라진다.
- 우측호스를 풀면 기포가 발생하는 경우가 있다.
- 차징 밸브에 작동유를 뿌리면 기포가 발생하는 경우가 있다.

13) 리퍼

버킷 대신 1포인트, 또는 3포인트 리퍼를 설치하여 암석, 콘크리트, 나무뿌리 뽑기, 파괴 등에 사용된다.

14) 크러셔

굴착기 암에 버킷 대신 크러셔를 부착하여 파쇄작업을 하는 장치로, 구조물 등의 해체 및 파쇄작업에 이용한다. 유압펌프에서 공급되는 유압을 이용한다.

15) 수퍼 마크넷

전자석을 이용하여 철물을 운반 또는 기중 작업에 사용하는 것으로, 보통 DC 250V의 전압이 필요하다.

16) 도저용 블레이드

케이블, 파이프 매설 등에 적절한 것으로 앞부분에 삽을 설치하였다.

라. 붐과 암에 의한 분류

1) 백호 스틱 붐

암의 길이가 길어 굴착 깊이를 깊게 할 수 있고, 트랜치 작업(trench work)에 적당하다.

2) 로터리 붐

붐과 암 부분에 회전할 수 있는 로터리를 설치하여 굴착기의 이동없이 360° 회전이 가능하다.

3) 원피스 붐

보통 작업에 가장 많이 사용하며, 174° ~ 177°의 작업이 가능하다.

4) 투피스 붐

굴착 깊이를 깊게 할 수 있어 지하철 공사 등의 다용도로 쓰인다.

02 굴착기의 주요 구조

굴착기의 주요부는 작업 장치, 상부 회전체, 하부 주행체로 구성되어 있다.

가. 작업 장치(front attachment)

굴착기의 작업 장치는 붐(boom), 암(arm), 버킷(bucket) 등으로 구성되며, 3~4개의 유압 실린더에 의해서 작동된다. 또한 셔블계 굴착기의 앞에 설치하여 작업할 수 있는 셔블(shovel), 백호(back hoe), 브레이커(breaker) 등이 있다.

1) 붐(원 붐, 메인 붐 ; boom, one boom, main boom)

붐은 고장력 강판을 용접한 상자(box)형으로 상부 회전체의 프레임에 푸트 핀(foot pin)을 통하여 설치되어 있으며, 상부 회전체 프레임에 1~2개의 유압 실린더와 함께 설치된다. 또 붐 실린더에는 슬로 리턴 밸브(slow return valve)가 있어 오일의 흐름을 제한하여 붐의 하강 속도를 조절하고 있다.

2) 암(투 붐, 디퍼스틱 ; arm, two boom, dipper stick)

암은 붐과 버킷 사이에 설치되며, 버킷이 굴착작업을 하게 하는 부분이다. 일반적으로 1~2개의 유압 실린더에 의해 작동된다. 붐과 암의 각도가 90°~110°일 때 굴착력이 가장 크며, 암의 각도는 전방 50°, 후방 15°까지 65° 사이일 때 가장 효율적인 굴착력을 발휘할 수 있다.

3) 버킷(디퍼 ; bucket or dipper)

버킷은 직접 굴토 작업을 하는 부분으로 고장력의 강철판으로 제작되어 있다. 버킷의 용량은 1회 담을 수 있는 용량(m^3)으로 표시하며, 버킷의 굴착력을 높이기 위해 투스(tooth ; 포인트 또는 팁이라고도 함)를 부착한다. 버킷의 투스에는 다음과 같은 것이 사용되고 있다.

가) 샤프형(sharp type)

샤프 형식은 점토나 광층 및 석탄 등의 굴착 등에 사용되며, 절입성이 좋다.

나) 로크형(lock type)

로크 형식은 암석이나 자갈 등의 굴착 및 적재 작업에 사용된다.

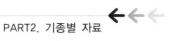

나. 상부 회전체(tuning frame)

굴착기의 차대 위에 기관, 유압펌프, 조종석, 스윙장치, 유압유 탱크, 제어 밸브 등이 설치되어 있으며, 앞쪽에는 붐이 설치되어 있다.

1) 스윙(선회) 장치

가) 스윙 장치는 스윙 모터, 스윙 피니언, 스윙 링기어, 스윙 볼 레이스 등으로 구성되며, 스윙 모터는 레이디얼 플런저형을 사용한다. 스윙 링기어는 하부 추진체 프레임에 볼트로 고정되며, 스윙 볼 레이스는 상부 회전체 프레임에 볼트로 고정되어 있다. 링기어와 스윙 볼 레이스 사이에는 볼 베어링이나 롤러 베어링이 들어 있어, 상부 회전체와 하부 추진체가 360° 자유롭게 회전할 수 있다. 이 베어링에는 그리스를 250시간마다 주유하여야 한다.

또 이 베어링이 마모되면 상부 회전체와 하부 추진체 사이에서 상하 요동이 발생하고, 이 요동으로 인하여 스윙 피니언과 링기어의 물림이 불량하게 되어 기어가 파손되는 경우도 있다. 또한 스윙 링기어는 스윙 감속 피니언과 물리고 스윙 감속 피니언과 링기어의 회전에 의해 상부 회전체가 회전할 수 있다. 이 두 개의 기어가 마멸되면, 상부 회전체가 회전하다가 정지할 때와 회전을 시작할 때 충격이 발생하며, 기어를 때리는 소리가 나면서 피니언 및 링기어가 파손되는 경우가 발생한다. 또 회전하다가 정지할 때 상부 회전체가 즉시 정지하지 못하고 좌우 요동이 발생하며, 심하면 버킷을 정위치에 정지시키기 곤란해진다.

피니언과 링기어의 물림 형식에는 피니언이 링기어의 바깥쪽에 물리는 형식이 있으며, 링기어의 안쪽에서 물리는 형식이 먼지나 이물질의 침입이 적어서 기어의 수명이 길어지는 장점이 있으나, 정비작업이 어려운 단점이 있다. 그리고 스윙 볼 레이스란 상부 회전체와 하부 주행체를 연결하는 부분이다.

나) 스윙 고정장치

스윙 고정장치는 굴착기가 주행하거나 트레일러로 운반할 때, 상부 회전체와 하부 주행체를 고정해주는 장치이다.

다) 카운터 웨이트(평형추 ; counter weight)

카운터 웨이트는 굴착 작업을 할 때 뒷부분에 하중을 주어 굴착기의 롤링을 방지하고, 임께 하중을 크게 하기 위하여 부착하는 것이다.

2) 유압장치

굴착기의 유압장치는 작업 장치 및 무한궤도 형식에서 주행 장치를 작동시키기 위해 설치된 것이며, 유압유 탱크, 유압 펌프, 제어밸브(MCV), 스윙 모터와 주행 모터, 유압 실린더 등으로 구성되어 있다.

가) 유압유 탱크

유압유 탱크의 주조는 상자형이며, 위쪽에는 주입구, 아래쪽에는 배출구(드레인 플러그)를 설치하고, 유압유의 보유량을 밖에서 점검할 수 있도록 유량계를 두고 있다. 또 내부에는 격리판(버플)이 설치되어 있다.

이 격리판은 유압유가 출렁거리는 것을 방지하고, 유압장치에서 탱크로 귀환하는 유압유와 유압 펌프로 공급되는 유압유를 분리시키는 일을 한다. 또한 유압유의 배출구/주입구 및 유압유의 흡입구에는 스트레이너가 마련되어 있어, 비교적 큰 불순물을 여과해 주며, 유압유를 교환할 경우에는 반드시 탱크를 솔벤트로 깨끗이 세척한 다음, 압축공기로 건조시켜야 한다.

나) 유압펌프

유압펌프는 기관의 플라이휠에 의해 구동되므로 회전속도와 회전 방향은 기관과 동일하고, 유압유 탱크 내의 오일을 흡입하고 가압하여 제어밸브를 통해 액추에이터로 압송한다.

다) 메인 컨트롤 밸브(MCV ; main control valve)

MCV는 유압유의 통로를 개폐하여 유압유의 흐름의 방향을 바꾸어주는 일을 하며, 작업 레버 및 주행 레버에 연결되어 작동하는 스풀형(spool type)이다. 또 제어밸브에는 릴리프밸브(relief valve)를 부착하여 유압회로 내에 규정 이상의 압력이 발생하면 과잉압력의 유압유를 탱크로 복귀시키는 안전밸브를 두고 있다. MCV는 작동 방식에 따라 다음과 같이 분류한다.

① 수동식

수동식은 구형 굴착기에서 사용하던 방식이며, 레버와 컨트롤 밸브 사이를 로드(rod)로 연결하여 기계적인 힘에 의해 작동하는 방식이며, 고장은 비교적 적으나 조작력이 큰 결점이 있다.

② 전자식

전자식은 수중작업용이나 원격 조정용 등의 특수 목적으로 사용되고 있다.

③ 공압식

공압식은 공기압력에 의하여 제 밸브를 작동시키는 방법이다. 공압식은 레버를 작동하면 공기 제어 밸브가 열려 압축공기가 호스를 통하여 흐르면서 공기 실린더를 작동시키고, 공기 실린더가 제어밸브를 작동시키게 되어 있다. 공압식은 조작력은 매우 적으나 구조가 복잡하다.

④ 유압식

유압식은 작업 레버와 연결된 어저스트 밸브(adjust valve)가 작동하여 제어 밸브를 작동시키는 것이며, 조작력이 매우 적다. 유압식은 보조 유압 펌프가 기관과 직결되어 있어서, 기관이 가동하면 유압유 탱크의 유압유를 흡입하고 가압하여 어저스트 밸브로 공급되며, 작업 레버에 의해 어저스트 밸브가 작동하여 제어 밸브 스풀을 왕복 운동시켜 유압유의 통로를 개폐시킨다.

라. 스윙 감속기어(swing reduction gear)

감속기어는 스윙 모터의 회전속도를 감속시켜서 상부 회전체의 회전력을 크게 하고, 상부 회전체의 고속 작동으로 인한 스윙 모터, 감속기어 어셈블리, 링기어 등의 마모 및 파손을 방지하는 기능을 한다. 스윙 감속기어는 주로 유성기어 형식을 사용하고 있다.

① 선 기어(sun gear)

선 기어는 스윙 모터 아래쪽에 스플라인과 볼트로 고정되어 있으며, 3개의 유성 기어를 회전시킨다.

② 유성기어(planetary gear)

유성기어는 보통 3개의 작은 피니언기어가 유성기어 캐리어에 의해 지지되며, 선 기어로부터 동력을 받아 스윙 감속 링기어로 전달한다. 그러나 이 링기어는 상부 회전체에 고정되어 있기 때문에 회전을 할 수가 없고, 3개의 유성기어가 링기어를 통해 회전하면서 유성기어 캐리어를 회전시키며, 캐리어가 피니언기어를 회전시킨다.

③ 링기어(ling gear)

스윙 감속 장치의 링 기어는 상부 회전체에 볼트로 고정되어 있기 때문에,

유성기어가 감속 장치의 링 기어를 회전시키려고 하지만 링 기어가 회전을 하지 못하므로, 유성기어 자체가 회전하면서 유성기어 캐리어를 회전시킨다. 감속은 선 기어와 유성기어 사이에서 이루어지며, 선 기어 회전수가 유성기어 회전수보다 적어지면 감속이 된다.

다. 하부 주행체(under carriage)

굴착기 하부 주행체는 무한궤도식과 타이어식이 있다. 무한궤도 형식은 도저와 비슷하지만, 센터조인트와 주행 모터를 사용하는 방법이 다르다.

1) 센터조인트(venter joint)

센터조인트는 상부 회전체의 중심부에 설치되어 있으며, 상부 회전체의 오일을 하부 주행체(주행 모터)로 공급해 주는 장치이다. 또 이 센터조인트는 상부 회전체가 회전하더라도 호스, 파이프 등이 꼬이지 않고 원활하게 오일이 흐르도록 해준다.

구조는 바디(body), 배럴(barrel), 스핀들(spindle), O-링(O-ring), 백업링(back-up ring) 등으로 되어 있으며, 배럴은 상부 회전체에 고정이 되고, 스핀들은 하부 주행체에 고정되어 있다. 센터 조인트의 O-링이 파손되거나 변형이 되면 직진 주행이 안되거나 주행 불능 상태가 된다.

2) 주행 모터(track motor, travel motor)

주행 모터는 센터조인트로부터 유압을 공급받아 회전하면서 감속기어 / 스프로킷 및 트랙을 회전시켜 굴착기가 주행하도록 해준다. 주행 모터는 양쪽 트랙을 회전시키기 위해 한쪽에 1개씩 설치하여 주행(travel)과 조향(steering)이 이루어지며, 주로 플런저형(피스톤형) 유압모터를 사용한다.

3) 주행 감속기어(travel reduction gear)

주행 모터의 회전속도를 감속하여 견인력을 증대시켜 모터의 동력을 스프로킷으로 전달하는 기어이다. 주행 감속기어의 구조는 주행 모터 피니언, 공전 기어, 링 기어 등으로 되어 있다. 주행 모터 피니언과 공전 기어 사이에서 감속이 되고, 또 공전 기어와 링 기어 사이에서 다시 감속이 되므로, 공전 기어를 2중 감속기어라고도 한다. 감속비는 약 4~5 : 1 정도이며 감속 방법에는 평기어 형식과 유성기어 형식이 있다.

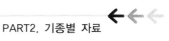

감속기어 장치에는 기어오일(GO) #90이 주유되며, 매주마다 점검하여 부족하면 레벨 플러그 위치까지 보충하여야 한다. 오일을 교환할 경우에는, 작업이 끝난 후 오일이 냉각되기 전에 드레인 플러그를 열어 기어오일을 완전히 배출시키고, 다시 드레인 플러그를 잠근 다음에 오일 보충 구멍으로 레벨 플러그 위치까지 보충하도록 한다. 오일의 교환 시기는 1,000~1,500시간이다.

굴착기 예상문제

01 굴착기의 디퍼 아암이나 버킷 실린더의 상승이 늦은 원인

- 유압펌프의 토출량 부족
- 릴리프밸브의 조정 불량
- 유압실린더의 내부 누설
- 제어밸브의 스풀 고착
- 흡입 필터의 막힘이나 유면이 낮음

02 굴착기 버킷 분해 순서

- 버킷 밑면을 지면에 수평하게 내리고 엔진을 정지한다.
- 커넥팅 로드와 버킷을 연결하는 링케이지 핀의 고정볼트를 제거하고 링케이지를 빼낸다.
- 시동을 걸고 버킷 실린더의 로드를 수축시킨다.
- 버킷이 안정된 상태가 되도록 위치를 맞춘다.
- 작업 장치를 작동시켜 디퍼스틱과 버킷 사이의 링케이지 핀에 하중이 걸리지 않도록 한다.
- 엔진을 정지시킨다.
- 링케이지 핀 고정나사를 풀고 링케이지 핀을 빼낸다.
- 시동을 걸고 작업 장치를 작동시켜 버킷으로부터 디퍼스틱을 분리한다.

03 버킷 이빨 교환

- 해머와 펀치를 이용하여 고무핀 로크가 파손되지 않도록 로킹 핀을 뺀다.
- 로킹 핀과 고무핀 로크를 검사하여 파손되어 있으면 새것으로 교환한다.
- 노즈를 깨끗이 한 다음 노즈 구멍에 고무핀 로크를 넣는다.
- 이빨을 노즈에 강하게 압착시켜 이빨의 핀 구멍과 노즈의 핀 구멍을 동일선상에 일치 시킨다.
- 로킹핀을 이빨 표면과 같은 높이로 끼운다.

04 굴착기 트랙 모터 타이밍 조정 순서

- 붐이나 디퍼스틱을 움직여 타이밍을 맞추려는 모터 측의 트랙을 조금 들어 올린다.
- 타이밍 러그와 너트를 풀고 주행 조종 레버를 움직여 모터를 회전시키고, 스패너를 사용하여 소음이 가장 작게 들릴 때까지 조정 나사를 움직여서 모터 타이밍을 맞춘다.
- 조종 레버를 반대로 움직일 때 발생되는 소음의 정도가 같아야 한다.
- 타이밍 러그와 너트를 꽉 조인다.
- 지면에 트랙을 내려놓는다.

05 굴착기 회전 모터 타이밍 조정순서

- 피니언을 제거한다.
- 타이밍 러그와 너트를 풀고 회전 조종 레버를 움직여 모터를 회전시키고 스패너를 사용하여 소음이 가장 적게 들릴 때까지 조정나사를 움직여서 모터 타이밍을 맞춘다.
- 회전 조종 레버를 반대로 움직일 때 발생되는 소음의 정도가 같아야 한다.
- 타이밍 러그와 너트를 꽉 조인다.
- 회전 모터 덮개를 설치하고 피니언을 설치한다.

06 굴착기 디퍼 분해 순서

- 유압장치의 압력을 제거한 후 버킷과 버킷 실린더를 제거하고 버킷실린더의 유압 파이프를 캡너트로 막거나, 유압호스를 서로 연결시킨다.
- 디퍼를 지면에 수평하게 내리고 밑면을 고임목으로 받친 후 엔진을 정지한다.
- 디퍼 실린더 밑을 고임목으로 고이고 디퍼와 디퍼 실린더를 연결하는 링케이지 핀의 고정볼트를 풀고 핀을 빼낸다.
- 엔진을 시동하고 디퍼 실린더의 커넥팅 로드를 수축시킨다.
- 디퍼와 붐을 연결하는 링케이지 핀에 하중이 걸리지 않도록 한 후 링케이지 핀의 고정볼트를 풀고 핀을 빼낸다.
- 붐 작동레버를 움직여 디퍼에서 붐을 분리한다.

07 굴착기 디퍼 암의 분해순서

- 버킷 탈착
- 붐에 스탠드 설치
- 디퍼(암)에 체인 블럭을 설치
- 유압호스 제거(버킷 실린더용)
- 스틱 실린더(디퍼 쪽) 고정핀 탈거
- 붐 본체와 디퍼 연결고정 핀 탈거

08 굴착기의 트랙을 분해하는 순서

- 지면이 평탄한 곳에서 트랙 부위의 흙 등을 깨끗이 제거한다.
- 장력 조정 실린더의 그리스 니플을 풀고 작업 장치로 잭업을 하고, 트랙을 들어 올린 후 구동하여 그리스를 배출하여 트랙 유격을 느슨하게 한다.
- 트랙을 지면에 내리고 마스터 핀을 아이들러 중심부의 아래에 위치하도록 한 다음, 마스터 핀을 분리한다. 이때 핀이 잘 빠지지 않으면 산소로 가열하여 빼낸다.
- 작업장치를 90° 스윙하여 천천히 주행하면서 트랙을 분리한다.

09 굴착기의 트랙을 조립하는 순서

- 트랙의 끝부분을 지렛대로 밀어 스프로킷에 걸치고 천천히 주행한다.
- 지렛대로 트랙을 들어 올려 상부 롤러 위로 올려주면서 전진한다. 이때 트랙의 링크가 스프로킷에서 이탈되지 않도록 주의한다.
- 반대편 트랙 끝부분의 링크 구멍과 일치시키면서 마스터 핀을 설치한다.
- 장력 조정 실린더의 그리스 니플에 그리스를 주입하여 트랙의 장력을 조정한다.

10 휠 굴착기가 제동시 한쪽으로 쏠리는 원인 (단 브레이크 회로는 정상)

- 브레이크 피스톤 실 손상으로 오일 누유
- 브레이크 디스크의 페이싱 마모로 슬립
- 브레이크 오일에 공기 혼입
- 한쪽 쇽업 쇼버의 불량
- 좌우 타이어의 공기압 불량

11 휠 굴착기가 주행 중 제동시 핸들이 한쪽으로 쏠리는 원인

- 브레이크 오일 라인 한쪽이 막힘
- 브레이크 라인(호스, 파이프, 피팅) 한쪽이 눌려지거나 찌그러짐
- 타이어 공기압의 조정 불량
- 한쪽 디스크나 플레이트의 이상 마모 또는 변형
- 한쪽 브레이크 피스톤 실 내부 누유
- 한쪽 허브 기어 오일이 없거나 부족시
- 허브너트의 이완 또는 베어링 손상에 의해 허브 유격 과다
- 브레이크 피스톤 고착

12 브레이커 축압기(어큐뮬레이터) 분해 순서 공정

- 건설기계를 평지에 주차시킨다.
- 작업 장치를 지면에 내린다.
- 유압회로 내의 잔압을 제거한다.
- 어큐뮬레이터 선단의 매니홀드에 마련된 플러그를 1/2회전 풀어 내압을 제거한다.
- 어큐뮬레이터를 왼쪽으로 풀러 분리한다.

13 굴착기에서 변속기는 연결되지만, 장비가 움직이지 않는 원인 3가지

- 주차 브레이크 고장
- 주행 모터 고장
- 유압펌프 토출량 및 주행압력 부족

14 굴착기 버킷 실린더나 리프트 실린더 한쪽의 출력이 다르고 부족한 원인

- 한쪽 실린더의 과부하 릴리프(포트 릴리프)의 설정 압력 저하
- 메인 컨트롤 밸브의 스풀의 작동 불량
- 실린더 내부 오일 실 손상으로 내부 누출
- 실린더 튜브 및 로드의 변형
- 한쪽 실린더의 유압 라인의 막힘 또는 누유
- 제어밸브의 체크밸브 고장
- 유압호스 파이프 피팅부로 공기 혼입

15 굴착기 회전체가 상하로 진동하는 원인 5가지

- 선회 링기어 손상
- 선회 링기어 베어링 손상
- 선회모터 피니언기어 손상
- 피니언 축의 헐거움
- 선회 링기어 상부/하부 고정볼트 이완 또는 파손
- 스윙 베어링의 간격 과다

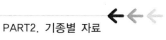

16 브레이커의 손상 원인

- 어큐뮬레이터 미설치에 의한 맥동 압력 상승
- 브레이커 릴리프밸브 조정 불량
- 브레이커 질소가스 압력 과다
- 브레이커 용량이 지나치게 크다
- 브레이커 작업 미숙

17 브레이커 타격력이 저하되는 원인

- 질소가스(백헤드) 충전 압력이 너무 높거나 낮다
- 유압 펌프 토출 유량 부족
- 릴리프밸브 설정 압력이 부적절함
- 브레이커 내 피스톤 과대 마모
- 유압 라인의 작동유 누설 또는 공기 혼입
- 유압 탱크 내 오일 수준이 부족할 때

18 브레이커 질소가스 압력점검 방법(백헤드)

- 어댑터 캡을 제거한다.
- 압력계의 핸들을 시계 반대 방향으로 풀어놓는다.
- 압력계를 헤드 캡의 어댑터에 돌려서 조립한다.
- 압력계의 출구 캡을 잠근다.
- 압력계의 핸들을 시계방향으로 조이면 어댑터 밸브가 눌려지면서 게이지 가스 압력이 나타난다(압력 측정).
- 압력이 나타나면 압력계 핸들은 시계 반대 방향으로 완전히 푼다.
- 압력계 출구 캡을 풀어서 압력을 제거한다.
- 어댑터로부터 압력계를 제거한 후, 어댑터 캡을 설치한다.

19 브레이커에서 질소가스 누출시 발생되는 현상

- 우측 호스(유압 탱크 방향)부분이 심하게 떨린다.
- 타격 횟수가 빨라진다.
- 우측 호스를 풀면 기포가 발생하는 경우가 있다.
- 차징 밸브에 작동유를 뿌리면 기포가 발생하는 경우가 있다.

20 브레이커 작동시 메인 펌프가 손상되는 원인 5가지

- 브레이커 작동시 국부적으로 온도 상승된 유체가, 오일냉각기를 거치지 않고 탱크로 귀환 됨에 따라 유압 작동유의 온도가 상승되고, 윤활부의 유막이 파괴되어 메인 펌프 중요 기능품이 손상되거나 파손될 수 있다.
- 브레이커 진동으로 인한 메인 펌프 샤프트 축 오일 실 손상으로 오일 누유
- 브레이커 작동시 발생되는 진동으로 메인 펌프 흡입 관로 손상 및 공기혼입으로 캐비테이션이 발생되어 펌프 손상
- 브레이커 작동시 고압 라인에 작용되는 맥동 압력으로 메인 펌프 손상 및 파손
- 브레이커 작동시 진동으로 인한 유압기기 및 배관 내에 붙어 있던 스케일(퇴적물)을 탈락시켜, 펌프에 유입되어 밸브 플레이트 및 실린더, 피스톤 등의 섭동부에 마모를 촉진하여 토출량을 저하시킨다.

① 작동 유량의 과부족시
② 펌프 베어링의 마모시
③ 과부하 고속회전에서 펌프의 지속적인 사용시
④ 펌프 구동 커플링의 휨
⑤ 작동유의 점도가 너무 높을시
⑥ 메인 펌프 내부에 공기 유입

21 크롤러 굴착기의 유압을 측정하고자 한다. 다음 장치는 어떤 상태를 유지하여야 하는지 쓰시오.

- **작업장치** : 측정하고자 하는 실린더를 최대로 수축이나 이완 상태 유지
- **선회장치** : 측정하고자 하는 방향으로 레버를 최대로 조작한 상태 유지
  (단, 회전하지 못하게 조치 후)
- **주행장치** : 측정하고자 하는 방향으로 레버를 최대로 조작한 상태 유지
  (단, 주행하지 못하게 조치 후)

22 크롤러 굴착기에서 유압은 정상이나 장비 주행이 불가능한 원인 5가지

- 주차 브레이크 해제가 안됨
- MCV 스풀 밸브 고착 및 작동 불량
- 주행 모터 또는 주 행감속 기어의 고장
- 최종감속기어 불량
- 센터조인트 고장
- 언더 캐리지 마모로 트랙의 이탈 또는 회전 불능

23 크롤러 굴착기에서 직진 주행이 안되는 원인(주행이 틀어지는 원인)

- 센터조인트 고장
- 제어밸브 고장
- 주행 모터 고장
- 메인 릴리프밸브 고장
- 트랙 유격이 다를 때
- 주행 감속기어 고장
- 주행 레버 유격이 서로 다를 때

24 무한궤도식(크롤러형) 굴착기를 주행과 작업을 동시에 할 때, 장비가 직진 주행을 하지 않는 원인(밸브 장치 관련 작성) 3가지

- 좌우 주행 컨트롤 밸브의 마모 및 이물질 유입
- 좌우 주행 모터의 릴리프밸브 설정 압력 불량
- 릴리프밸브 시트 불량
- 주행 레버의 간극 부적당

25 굴착기가 실린더 행정 끝에서 최고 부하 상태를 유지하지 못하는 원인 5가지

- 릴리프밸브 설정 압력 부적당(압력이 낮다)
- 메인 펌프 레귤레이터(마력 제어)조정 불량
- 유압실린더 내부 오일 실 손상으로 내부 누유 발생
- 메인 컨트롤 밸브 작동 불량
- 카운터 밸런스 밸브 불량

26 크롤러형 굴착기 유압 측정시 각 기능별 갖추어야 할 조건

- **작업장치** : 작업장치(버킷, 디퍼스틱, 붐) 유압실린더 유압 측정시 각 실린더를 완전히 수축 / 신장 상태에서 실시
- **선회장치** : 버킷을 지면에 내려놓고 선회 고정장치(스윙축) 체결 후, 좌우 선회 상태에서 실시
- **주행장치** : 버킷을 지면에 내려놓고 트랙 고정을 위해 트랙링크와 스프로킷 사이에 라운드 바를 끼우고 주행 레버를 전 행정 상태에서 압력 측정

27 크롤러 굴착기가 주행시 동력전달 순서

엔진 → 메인 유압펌프 → 컨트롤 밸브 → 센터조인트 → 주행모터 → 감속기어(유성기어장치) → 스프로킷 → 트랙

28 휠 굴착기 주행장치 동력전달순서

엔진 → 메인 유압펌프 → 컨트롤 밸브 → 센터조인트 → 주행모터 → 구동축 → 차축 → 휠(바퀴)

29 굴착기 선회(스윙)장치 동력전달순서

엔진 → 메인 유압펌프 → 컨트롤 밸브 → 스윙 브레이크밸브 → 스윙 모터 → 스윙 감속기어 → 스윙 피니언기어 → 링기어 → 상부 회전체 회전

30 토공용 건설기계인 굴착기의 상부 프레임 지지 방식 종류 3가지

- 롤러식
- 볼 베어링식
- 포스트 식

31 굴착기 리프트 암 또는 버킷 중 어느 한 부분의 실린더 출력이 약하다. 원인 3가지.

(원인)	(대책)
- 포트 릴리프밸브 압력 저하	- 설정압으로 조정
- 해당 펌프의 토출량 부족	- 펌프 수리 및 교환
- 실린더 피스톤 실 손상	- 피스톤 실 교환
- 실린더 튜브 및 피스톤 손상	- 실린더 교환

32 굴착기의 스윙 모터가 구동은 되나 토크가 불량한 원인

- 모터 섭동부의 마모 또는 열화
- 회로 내의 릴리프밸브의 설정 압력 불량
- 오일 내에 다량의 공기가 유입

33 굴착기의 작동시 선회가 부드럽지 않은 이유 5가지

- 선회 베어링의 손상
- 선회 베어링의 그리스 주입상태 불량
- 선회 모터 브레이크 밸브 작동 불량
- 선회 링기어 및 선회감속 피니언기어 마멸
- 선회 모터의 작동 불량
- 선회 볼의 파손

34 굴착기 작업장치 주행 중 선회 등의 힘이 약한 원인

- 릴리프밸브 설정압 저하
- 유압 작동유의 부족
- 유압펌프의 기능 저하
- 흡입 필터의 막힘
- 유압 회로내 공기혼입

35 굴착기의 스윙이 안되는 원인

- 피니언 및 링 기어 파손
- 스윙 솔레노이드 밸브 불량
- 컨트롤 밸브 고장
- 유압펌프 고장 또는 유압유 부족
- 스윙 모터 고장

36 굴착기 작업(주행/조향/제동) 작동은 되나, 힘이 부족하여 정상적인 작업이 이루어지지 않을 때 점검 개소

- 엔진 RPM은 정상인가
- 파일럿 압력은 정상인가
- 작업 장치(붐, 암, 버킷) 압력은 정상인가
- 네거티브 압력은 정상인가

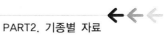

37 디멘드 밸브

- 조향 회로에서 일정한 작동유를 공급하는 밸브

38 무한궤도식 하부 구동체의 트랙 프레임의 종류

- 박스형
- 솔리드 스틸형
- 오픈 채널형

39 건설기계에서 터닝 조인트의 역할

- 굴착기에서 상부의 유압 펌프에서 발생된 오일을 하부 주행체(트랙 모터)로 공급해 주는 장치

40 Power shovel과 Back hoe의 구조와 특성

- **파워셔블** : 기계의 위치보다 높은 장소에서의 굴착에 유효하며, 굴착과 운반차의 조합시에 유리하다.
- **백호** : 기계의 위치보다 낮은 쪽을 굴착하여 기계의 위치보다 높은 곳에 있는 운반 장비에 적재가 가능하다.

41 굴착기 메인 펌프가 진동과 이상한 소리가 발생하는 원인 3가지

- 펌프 캐비테이션 현상 발생시
- 작동유 부족 및 공기 혼입
- 펌프 베어링 및 스플라인부 마모 또는 파손
- 흡입 필터 막힘
- 유압펌프 흡입효율 저하 시
- 펌프 레귤레이터 조정 불량

42 크롤라식 굴착기 주행 모터(감속기 유압 모터)의 브레이크 밸브 기능 3가지

- 유압모터 정지시 관성력을 제어하여 부드럽게 정지
- 브레이크 압력을 제어하는 서지 컷 밸브(Surge Cut Valve)기능
- 경사지에서 자중에 의한 흐름방지 및 속도제어 기능
- 유압모터의 캐비테이션 방지용 체크밸브 기능
- 유압모터 작동시는 주차 브레이크를 자동으로 풀어주고, 정지시에는 자동으로 잡아주는 기능

43 굴착기 운전 중 선회시에 상부 회전체가 상하로 흔들림이 발생할 때 원인 5가지

- 선회 링기어 이의 손상
- 선회 링기어 베어링 손상
- 선회모터 피니언기어 손상
- 선회 링기어 상부 고정볼트 이완 및 파손시
- 선회 링기어 하부 고정볼트 이완 및 파손시
- 피니언 축의 헐거움
- 스윙 베어링의 간격 과다

44 굴착기에서 작업 장치의 마모 부위 및 마모 원인

- **마모 부위** : 버킷 투스, 붐과 암, 실린더, 모터, 펌프
- **마모 원인** :
  - · 접촉부 마찰 - 모레, 마사토 작업시 연마제 역할로 마모증가
  - · 타 물체와의 간섭 -작업 장치가 타 부분과의 간섭에 의한 마모증가
  - · 급유 부족 또는 윤활 부족 - 연결부의 핀, 부싱의 급유 불량으로 인한 고체마찰로 열변형 또는 마모가 증가
  - · 록 키 또는 볼 조임이 불량시 - 리브와 투스 사이에 헐거움이 형성되어 마모증가
  - · 부식 - 수분 및 대기중 노출, 염분 또는 화공약품 등에 노출에 의한 마모증가

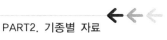

45 굴착기의 트랙이 벗어지는 이유 5가지

- 트랙의 장력이 규정보다 너무 클 때
- 전부 유동륜과 스프로킷의 중심이 틀릴 때
- 고속주행 시 급선회시
- 경사지 작업시
- 전부 유동륜과 스프로킷, 상부 롤러의 마모가 클 때

46 굴착기의 5대 작용

- **붐** : 상승 및 하강
- **암** : 오무림 및 펴기
- **버킷** : 오무림 및 펴기(크라우드 및 덤프)
- **스윙** : 좌우 회전
- **주행** : 전진 및 후진

47 굴착기의 굴삭 작업시 고려사항

- 매설물 등의 유무 또는 상태
- 지반의 지하수위 상태
- 형상, 지질 및 지층의 상태
- 균열, 용수 및 동력의 유무 또는 상태

48 굴착기 붐의 각도에 대하여 쓰시오.

- 붐과 암이 교차각이 90~110° 일 때 굴착력이 제일 크다.
- 유압식 셔블 장치의 붐의 경사 각도는 35~65°이다.
- 정지작업 시 붐의 각도는 35~40°이다.

49 굴착기에서 운전석의 레버를 움직여도 작업장치가 작동하지 않는 원인

- 안전 레버 리미트 스위치 접촉 불량
- 파일럿 펌프 불량 또는 압력 부족
- 작업/주행/주차 스위치 불량
- 탱크 내의 유압유 부족
- 메인 유압펌프 작동 불량

50 굴착기의 언더 캐리지 주요 구성품 및 내용

- **트랙 프레임** : 앞쪽에는 트랙 아이들러가 설치되고 뒤쪽에는 스프로킷이 붙어 있는 구동륜이 설치
- **상부롤러(캐리어롤러)** : 트랙이 밑으로 처짐을 방지하고 트랙의 회전을 바르게 유지 (1~2개 설치)
- **하부 롤러(트랙 롤러)** : 전체중량을 지지하고 전체 중량을 트랙에 균등하게 분배 및 트랙의 회전 위치를 바르게 유지
- **전부 유동륜(아이들러)** : 트랙의 장력을 조정하면서 트랙의 진행 방향을 유도
- **리코일 스프링** : 주행중 아이들러가 받는 충격을 완화시켜 트랙의 파손을 방지. 2중 스프링을 사용
- **구동륜(스프로킷)** : 주행 모터에 의해 회전하며 트랙의 주행과 조향이 이루어지도록 함.

51 자동변속기를 가진 굴착기에서 토크컨버터가 과열되는 원인

- 냉각계통의 결함
- 토크컨버터의 기계적 결함
- 토크컨버터에 오일 공급 불량 및 누출
- 부적당한 장비 운행 및 계속적으로 과부하를 걸 때
- 오일 수준 부족 또는 과다
- 오일 중에 공기의 혼입
- 유압회로 및 리턴 파이프의 막힘

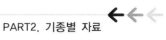

53 굴삭기 주행모터에서 멀티 스트로크형 피스톤 모터의 작동원리

- 레이디얼 플런저형 모터로 모터 용량이 더욱 커질 때 1회전 중에 피스톤을 2회이상 움직이는 것이 간편하다. 멀티 스트로크형 모터는 축회전 방식과 케이싱 회전 방식이 있다.
- 축회전 방식의 작동원리는 커버에 고정된 분배 밸브의 유입 포트로부터 공급된 고압유에 의해, 하강 행정에 있는 피스톤을 밀어내면서 피스톤 헤드 부분의 니들 베어링을 거쳐서, 케이싱의 캠면에 작용하면 그 반작용에 의해서 실린더 블록과 출력축이 회전한다.
- 한편 상승 행정에 있는 피스톤으로부터의 저압유는 분배 밸브의 유출 포트를 경유하여 모터로부터 배출된다. 케이싱의 캠은 1회전 중에 4~8개의 캠이 있으며, 피스톤은 4~8 스트로크를 회전하는 결과가 된다. 분배 밸브는 출력축과 연동하여 회전함으로써 유출입 포트로부터의 유압유는 순서대로 각 피스톤으로 분배되어 연속적으로 유연한 출력의 회전을 할 수 있다. 멀티 스트로크형 모터의 경우에는 피스톤이 짝수로 구성되어 있으며, 경부하의 경우에는 모터의 부하를 1/2로하여 모터의 회전속도를 2배로 올릴 수 있다.
- 저속 고토크로 사용하는 경우에는, 펌프로부터 보내진 고압유는 4개의 피스톤에 작용하며, 2배의 속도의 경우에 고압유는 2개의 피스톤에 작용하여 다른 피스톤은 저압 회로에 연결되게 된다. 고속 및 저속으로 변환하는 것은 작동 레버를 변환함으로써 쉽게 작동이 이루어진다.

※ 특징

- 롤러 베어링을 사용하고 있으므로 기동 토크가 크고 이론 토크에 가깝다. 따라서 기동시 피크압이 발생하지 않는다.
- 내부 구조가 유압적인 균형이 이루어져 있으므로, 베어링은 외력만 받게 되므로 비교적 큰 외력에 견딜 수 있다.
- 극히 저속에서도 원활한 회전을 할 수 있다. 0rpm부터 최대 부하로서 기동할 수 있다.
- 피스톤의 수가 짝수이므로 모터의 용량을 1/2로 변환할 수 있으며, 같은 용량의 펌프라도 경부하시 2배의 속도를 낼 수 있다.

52 굴착기를 트랙터에 상하차 방법 3가지

- 사다리를 이용하는 방법
- 굴착기를 잭업하여 상차하는 방법
- 높은 지반을 이용하는 방법

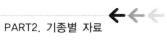

03 로 더

로더는 트랙터의 앞쪽에 버킷을 부착하고, 건설 공사에서 자갈이나 모래, 흙 등을 퍼서 덤프트럭 등에 적재를 주로 하는 건설기계이며, 무한궤도 형식과 타이어 형식이 있다.

로더의 건설기계 범위는 무한궤도 또는 타이어 형식으로, 적재 장치를 가진 2톤 이상의 것이며, 크기는 버킷의 용량(m^3)으로 한다.

01 로더의 종류

가. 주행 장치별 분류

1) 크롤러 로더(무한궤도형)

크롤러형 로더는 크롤러 트랙터 앞에 버킷을 설치하여, 험악한 늪지나 모래땅 등에서 작업을 수행할 수 있는 로더로, 저속 견인력이 클 뿐만 아니라 트랙 높이 정도의 수중작업도 가능하다.

2) 휠 로더(타이어형)

고무된 타이어 트랙터 앞에 버킷을 설치한 로더로써, 평탄한 작업장에서는 기동이 신속할 뿐만 아니라 작업 수행에도 능률이 좋은 장점이 있으나, 무른 지반이나 험악한 늪지에서의 작업은 곤란한 단점이 있다.

3) 쿠션형 로더

휠 로더와 크롤러형 로더의 단점을 보완한 것으로, 타이어에 트랙을 감아 기동성을 향상 시킨 형태이다.

나. 적재 방식에 의한 분류

1) 프런트 엔드형(front end type)

프런트 엔드 형식은 현재 주로 사용되고 있는 로더이며, 트랙터 앞쪽에 버킷이 부착되어 있어, 앞에서 굴착하여 앞으로 적재 작업을 한다.

2) 사이드 덤프형(side dupm type)

사이드 덤프 방식은 버킷이 좌우 어느 쪽으로든지 기울일 수 있는 형식으로, 좁은 장소에서 로더의 방향을 회전하지 않고 덤프트럭에 적재할 수 있다.

3) 스윙 로더(swing loder)

운전석은 고정되고 로더의 앞에 위치한 버킷과 붐만이 좌우로 선회할 수 있는 로더로 붐과 버킷을 백호, 크레인, 클램셀 등의 작업 장치와 교환하여 작업이 가능한 형식이다.

4) 오버 헤드형(over head type)

오버 헤드 형식은 앞쪽에서 굴착하여 로더 차체 위를 넘어서 뒤쪽에 적재를 할 수 있다. 터널 및 탄광 내부 등의 협소한 장소에 적합하다.

5) 백호 셔블형(back hoe shovel type)

백호 셔블 형식은 트랙터의 앞쪽에는 로더용 버킷을 부착하고, 뒤쪽에는 백호를 부착하여, 깊은 곳의 굴착과 적재를 함께 할 수 있다.

02 로더의 구조

가. 동력 전달 장치

무한궤도 형식은 도저와 같으며, 타이어 형식은 토크 컨버터와 파워 시프트(power shift) 형식의 변속기를 사용하며, 종감속기어 장치는 각 바퀴에 부착된 유성기어를 사용한다.

유성기어 형식 종감속 장치는 차동장치의 동력이 액슬 축을 통하여 유성기어로 전달되며, 유성기어는 동력을 감속하여 타이어로 전달한다. 구조는 선기어, 유성기어(캐리어), 링기어로 되어 있으며, 선기어는 액슬 축 끝에 설치되어 유성기어를 회전시키고, 링기어는 차축에 고정되어 있어 유성기어는 차륜의 드럼을 회전시켜 타이어가 회전하게 된다. 따라서 유성기어 형식 종감속 기어의 동력전달은 선기어 → 유성기어 → 유성기어 캐리어 → 바퀴로 전달된다.

나. 조향(환향) 장치

조향은 핸들에 의하거나 페달로 이루어지며, 크롤러식은 페달로 조향되는 환향 클러치식 조향장치이고, 휠 형은 핸들에 의한 동력조향 방식으로 후륜 조향식과 허리꺾기 조향 방식이 있다.

1) 후륜 조향식

지게차와 같은 후륜 조향 방식으로, 핸들의 조작에 따라 드래그 링크와 벨 크랭크, 타이로드에 의해서 뒷바퀴가 조향되는 방식이다. 특징으로는 안정성이 좋으나 회전 반경이 커서 좁은 장소의 작업이 불리하고, 작업능률이 저하한다. 최근에는 거의 사용하지 않는다.

2) 허리꺾기 조향식(articulated steering)

차체의 앞부분과 뒷부분을 2등분으로 나누고, 앞·뒤 차체 사이를 핀과 조인트로 결합시켜 자유롭게 조향할 수 있다. 또 앞·뒤 차체 사이에 유압 실린더를 좌우에 1개씩 설치하여, 조향 핸들을 작동하면 유압실린더가 신축작용을 하여 앞뒤 차체 사이가 굴절하여 조향하는 형식이다.

특징은 다음과 같다.

- 회전반경이 적어 좁은 장소에서 작업이 용이하다.
- 작업시간을 단축하여 작업능률을 향상시킬 수 있다.
- 작업할 때 안전성이 결여되어 핀과 조인트 부분의 고장 발생이 빈번하다.

3) 조향 클러치식

조향 클러치식은 크롤러 로더에 사용되며, 조향 클러치와 브레이크가 설치되어 조향된다. 굴착기와 도저는 레버 및 페달로 조작되지만, 조향 클러치식 로더는 페달로 조향된다.

다. 로더의 주요 부품 및 기능

1) 프라이오리티 밸브

제 1유압 펌프로부터 공급되는 유압 오일은, 조향 휠을 조작하지 않을 때는 프라이오리티 밸브에서 작업 장치용 라인으로 공급되어 작업 장치 작동용으로 사용되지만, 조향 휠을 조작하게 되면 오일을 우선적으로 조향 밸브를 거쳐 조향 실린더까지 공급되도록 하는 밸브이다. 한편, 펌프로부터 공급되는 오일의 압력이 설정치 이상이 되면, 이 프라이오리티 밸브에서 감압을 시킴으로써 조향장치를 보호하는 기능을 하게 된다.

2) 조향 밸브(오비트롤 밸브)

조향 핸들의 조작에 따라 프라이오리티 밸브로부터의 오일을 조향 실린더로 공급하여, 조향 작동이 이루어지도록 하는 모터 기능을 갖는 밸브로써, 일반 승용차와는 달리 운전자가 조향 핸들을 놓으면 액슬의 위치가 그대로 고정되어, 조향 핸들도 그 상태로 유지되는 논 로드 리액션(Non Load Reaction) 형식의 밸브이다. 또한 조향장치에 압력 변동이 일어나더라도 조향장치를 부드럽게 하는 로드 센싱 기능을 가지고 있으며, 핸들 조작의 속도에 대응하여 조향 실린더로 토출되는 오일량을 가감하여, 조향 속도를 달라지게 하는 조향장치 중에서 가장 중요한 밸브이다.

3) 오버 로드 릴리프 밸브

조향 핸들 조작 시 조향 바퀴(앞바퀴)에 외부로부터의 갑작스런 충격이 가해지거나, 노면의 상태가 험하여 조향 조작이 되지 않을 경우에는, 조향 밸브로부터의 오일을 탱크로 되돌려서 시스템을 보호하며, 최대로 조향하여 장비가 구조적으로 더 이상 조향이 되지 않을 때는 오일을 탱크로 되돌리는 기능을 한다.

4) 완충 밸브

완충 밸브는 우측 조향 실린더에 붙어 있으며, 조향 밸브가 닫히게 될 때 충격을 흡수하는 작용을 한다. 조향하는 동안 타이어들은 고무의 스프링 효과에 따라 다소의 에너지를 축적하려 한다. 밸브가 갑자기 닫히게 될 때 이 에너지를 조향 시스템은 흡수시킬 수 있어야 한다. 완충 밸브는 이 에너지를 흡수하는 곳에 위치하고 있으며, 조향이 원활하게 이루어지도록 한다.

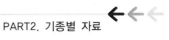

03 로더의 작업 장치

가. 붐의 상승 및 하강

붐은 리프트 레버(lift lever)로 조작하며, 붐 실린더에는 상승, 유지, 하강, 부동의 위치가 있다. 또한 붐 실린더에는 붐이 원하는 위치까지 상승이 되면, 자동적으로 상승의 위치에서 유지 위치로 돌아가도록 하는 퀵 아웃(quick out) 장치가 있다.

최근에는 대부분 조이스틱 레버를 사용하며, 레버를 전후로 움직여서 조작한다.

나. 버킷의 전경 및 후경

버킷은 틸트(tilt lever) 레버로 조작하며, 전경(dump ; 버킷이 앞으로 기울어짐), 후경(crawud ; 버킷을 뒤로 기울림), 유지의 위치가 있다. 틸트 레버에는 버킷을 지면에 내려놓았을 때, 굴착 각도가 적당하게 미리 설정해 주는 포지션(postion) 장치가 있다. 최근에는 조이스틱 레버를 사용하며, 레버를 좌우로 움직여서 조작하며, 붐 실린더와 같이 퀵 아웃(quick out) 장치가 설치되어 있다.

다. 킥 아웃(quick out) 장치

1) 붐 킥 아웃

붐 스풀은 마스터 실린더와 슬레이브 실린더에 의해 중립으로 킥 아웃된다. 붐에 장착된 캠과 피봇 레버는 마스터 실린더의 피스톤을 밀어주고 브레이크 용액은 슬레이브 실린더를 작동시켜 덤프 높이에서 레버를 킥 아웃시킨다. 킥 아웃되는 붐 높이를 조정하고자 할 때는 캠을 회전시켜 위치를 맞추면 된다.

2) 버킷 킥 아웃

삽 링 케이지도 역시 삽이 덤프 된 후 삽의 위치가 적절한 컷팅 각도에서 자동으로 킥 아웃 할 수 있다. 구성부품은 로드, 마스터 실린더, 슬레이브 실린더 등이며 킥 아웃의 조정은 로그 끝의 나사부에서 한다.

3) 슬레이브 실린더 설치

슬레이브 실린더를 그 장착 볼트 위에 끼우고서 와셔와 스프링을 설치한다. 그 후에 또 다른 평와셔를 스프링 위에 얹고서 너트로 조이는데, 이때 너트는 스프링이 제원상의 높이에 도달할 때까지 조인다. 유압 라인 연결 후 공기를 뺀다.

4) 슬레이브 실린더 조정

만약 슬레이브 실린더가 작업장치의 조종 레버를 밀지 않을 때는 슬레이브 실린더 끝의 캡 나사로서 조정한다. 이런 일은 자주 발생 되지 않지만, 만약 필요시는 나사로써 멈춤쇠의 킥아웃을 조정한다. 이 나사 조정시는 엔진을 저속으로 (Low idle) 하고, 붐을 상승시켜 킥아웃 포인트를 표시해 둔다.

슬레이브 실린더가 레버를 움직이게 하도록 나사로 조정하고 엔진을 고속(High idle)으로 작동시켜 조정을 반복한다. 그 후 또 저속에서 조정을 반복한다.

라. 클러치 컷오프 밸브(clutch cut-off valve)

1) 정의

브레이크 페달을 밟았을 때, 변속 클러치가 떨어져 기관의 동력이 액슬 축까지 전달되지 않도록 하는 장치이다. 경사지에서 작업을 할 때는 이 밸브를 상향(up)으로 선택하여, 로더가 굴러 내려가는 것을 방지하여야 한다.

2) 설치 목적

평지에서 로딩(loading ; 적재)이나 덤핑(dumping ; 하역) 작업을 할 때, 브레이크 페달을 밟아 로더를 정지시켰을 때, 기관에서 나오는 동력 모두를 적재나 하역에 사용하기 위함이다.

3) 기능

- 변속기가 변속 범위에 있을 경우 브레이크를 작동할 때, 순간적으로 변속 클러치가 풀리게 한다.
- 평지작업에서는 레버를 하향(down)시켜 변속 클러치를 풀리도록 하여 제동을 용이하게 한다.
- 경사지에서 작업을 할 때 레버를 상향(up)시켜서 변속 클러치를 계속 물리게 하여 로더의 미끄러짐을 방지한다.
- 밸브 위치를 변환할 때는 브레이크를 풀고 조작한다.

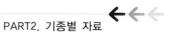

로더 예상문제

01 로더 엔진의 윤활장치 중 윤활 부품 5가지

- 오일팬
- 오일펌프
- 오일여과기
- 오일 스트레이너
- 유압조절밸브
- 오일냉각기

02 로더의 어큐뮬레이터 분해순서 및 고장원인

○ 분해순서

- 유압 회로 내의 압력을 완전히 제거한다.
- 배관을 분리하고 어큐뮬레이터를 탈거한다.
- 가스 밸브를 느슨하게 한 후 질소가스의 압력을 제거한다.
- 가스 봉입 및 어큐뮬레이터 보수시 이물질이 들어가지 않도록 한다.

○ 고장원인

- 진공상태로 오랫동안 지속
- 라인에 이물질의 침입
- 과부하 상태에서 버킷의 급강하
- 포핏 밸브의 불량
- 재질의 불량

03 휠로더의 조향 핸들이 조작 방향에 대해 조향이 역으로 되는 원인

- 조향 밸브(오비트롤)의 타이밍 조립이 불량
- 배관과 포트의 조립 불량

04 토크컨버터 장치 휠 로더에서 구동이 안될 때 원인 및 대책 4가지

원인	대책
변속기 오일 부족	변속기 오일 보충
구동 커플링 체결 불량 또는 파손	구동 커플링 고정 또는 교환
조정 밸브 작동 불량	조정밸브 청소 및 교환
토크컨버터 압력 부족	토크컨버터 교환

05 로더 버킷 수준 조정 방법

- 버킷을 지면에 내려놓고 원하는 굴삭 각도를 조정한 후 버킷 조정 레버를 중립에 두고 엔진을 정지한다.
- 링케이지에 있는 2개의 볼트를 풀고, 접촉 스위치 장착 브라켓트의 뒤쪽 앵글텁이 접촉 스위치 중심선에 오도록 조정한 후, 브라켓트를 제위치에 놓고 볼트를 조인다.
- 앵글 접촉 스위치 사이의 간극을 10~15mm로 조정한 후 너트를 조인다.
- 조정이 끝나면 엔진을 시동하여 리프트 아암을 상승시키고, 버킷 조정레버를 덤프 위치로 하여 버킷을 틸트 시킨 후, 버킷 조정 레버를 중립 위치에 고정시킨 다음, 버킷이 원하는 각도로 조정되었는지 점검한다.

06 중형 로더에서 조향 핸들에 이상 진동 발생 원인 3가지

○ 동력 조향식

- 유압펌프 공기 혼입
- 작동 유량 부족
- 조향밸브 작동 불량
- 릴리프밸브 설정 압력 불량

○ 기계 조향식

- 스티어링 기어의 백래시 과다
- 조향 링키지 마모 및 손상
- 타이로드 엔드 볼 마모 및 유격 과다
- 앞바퀴 정렬 불량
- 쇽업소버 작동 불량

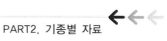

07 로더의 클러치 컷오프 밸브

○ 정의

– 브레이크 작동시 변속 클러치를 분리하여 엔진의 동력이 차축까지 전달되지 않게 하는 장치이며, 경사지에서 작업을 할 때 이 밸브를 상향(연결)을 선택하여 로더가 굴러 내려가는 것을 방지

○ 설치 목적

– 평지에서 로딩 및 덤핑작업을 할 때 브레이크 페달을 밟아 로더를 정지시켰을 때, 엔진에서 나오는 동력을 모두 로딩이나 덤핑에 사용하기 위함.

○ 기능

– 변속기가 변속 범위에 있고, 밸브가 하향 위치에 있을 때 브레이크 작동시 순간적으로 변속 클러치가 차단되도록 한다.

– 평지 작업시에는 밸브를 하향시켜 변속 클러치가 차단되어 제동을 용이하게 한다.

– 경사지에서 작업할 때 밸브를 상향시켜서 변속 클러치가 브레이크 사용 시에는 계속 연결되어 로더의 미끄러짐을 방지

– 밸브의 위치를 변환(상향 ↔ 하향)할 때에는 브레이크를 풀고 조작한다.

08 휠로더의 주행장치 동력전달순서

엔진 → 구동축 → 토크컨버터 → 변속기 → 트랜스퍼기어 → 추진축 → 차동기어장치 → 종감속기어 → 바퀴

09 무한궤도식 로더의 주행장치 동력전달순서

엔진 → 구동축 → 토크컨버터 → 변속기 → 베벨기어 → 환향클러치 및 브레이크 → 최종감속기어 → 스프로킷 → 트랙

10 로더 어큐뮬레이터의 고장원인과 분해순서

○ 고장원인

- 과도한 피크 압력에 의한 피로가 클 때
- 과도한 유온 상승이 있을 때
- 외부의 충격이 있을 때
- 가스 주입구 체크밸브로 가스가 누출될 때
- 블래더의 손상으로 가스 충진이 되지 않을 때
- 프로텍 밸브의 불량일 때
- 블래더에 공기가 들어가면 압축, 팽창시의 발열로 블래더가 파열

○ 분해순서

- 기관을 정지한다.
- 조작 레버를 작동하여 유압회로 내의 잔압을 제거한다.
- 어큐뮬레이터의 벤트 플러그를 1/2회전 풀어 잔류압을 제거한다.
- 가스 충진구 캡을 열고 체크밸브를 눌러 가스를 배출하고 어큐뮬레이터를 좌측으로 돌려 분리한다.
- 커넥터 밸브 너트를 풀고 분리한다.

11 적재 방식에 의한 로더의 종류

- 프론트 엔드형
- 사이드 덤프형
- 백호 셔블형
- 오버 헤드형

12 동력 조향장치의 작동이 불량한 원인

- 유압 펌프에 공기 혼입
- 작동 유량의 부족
- 조향밸브 작동 불량
- 릴리프밸브 설정 압력 불량

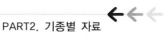

13 로더 조향이 무겁고 안되는 원인

- 조향 펌프의 토출 유량이 적다.
- 조향 릴리프밸브의 설정 압력이 낮다.
- 조향 밸브의 스풀 고착으로 막힘
- 조향 실린더의 내부 누설

14 기계식 조향장치의 작동이 불량한 원인

- 래크와 피니언 기어의 백래시 과다
- 타이로드 엔드볼 마모 및 유격 과다
- 링케이지 마모 및 손상

15 휠로더 핸들이 무겁고 조향이 잘되지 않는 원인을 유압 계통과 관련된 5가지 (단 유압 및 오일량은 정상, 유압 계통에 공기의 침입은 없다)

- 조향 밸브 작동 불량
- 프라이어티 밸브 또는 디맨드 밸브 불량
- 제어밸브 스풀 고착 또는 변형
- 스티어링 실린더 실 파손
- 릴리프밸브 압력저하
- 스티어링 브레이크 라이닝 과대 마모
- 릴리프밸브 시트 불량

16 로더의 블레이드가 상승하는 힘이 약한 원인 5가지

- 유압펌프의 토출압력 부족
- 릴리프밸브 설정 압력 부족
- 유압실린더 내부 누출 발생
- 유압 작동유의 점도 불량
- 유압 오일이 부족할 때

17 로더가 좌,우 어느 방향으로도 회전되지 않는 이유 4가지

- 조향 펌프 토출량 저하(불량)
- 조향 밸브 내부 누유 과다 및 불량
- 조향 실린더 피스톤 실 마모 및 파손
- 조향 너클 및 타이로드 엔드 볼 파손
- 조향 실린더 튜브, 피스톤 마모 또는 파손
- 작동유 부족

18 로더의 클러치 컷-업 밸브의 역할

- 브레이크 작동시 순간적으로 변속 클러치를 풀리도록 한다
- 평지 작업시 레버를 하향시켜 변속 클러치를 계속 풀리게 하여 제동을 용이하게 한다.
- 경사 작업시 레버를 상향시켜 변속 클러치를 계속 물리게 하여 미끄럼 방지
- 순간적으로 전진 또는 후진으로 장비가 움직일 때 자동적으로 클러치가 떨어지도록 한다.

19 로더의 버킷 포지셔너의 기능

- 버킷 포지셔너는 전기적으로 작동되고 자동으로 최적의 버킷 위치를 결정한다.
- 버킷이 덤프 위치에서 틸트 위치로 작동할 때, 조정된 각도에 이르면 덤프 레버는 자동으로 틸트 위치에서 중립으로 움직인다.

20 로더에서 붐 킥-아웃의 기능

- 붐 킥 아웃은 전기적으로 작동되고 붐을 정지하도록 한다.
- 붐의 최대 높이로 올라가기 전에 조정된 위치에 오면 붐 레버는 중립으로 작동된다.

21 건설기계인 페이로더가 작업할 수 있는 것 4가지

- 토사, 자갈 등의 이동작업
- 적재 작업
- 토사, 자갈 등의 고르는(분포) 작업
- 하차 작업

22 휠로더 차동장치에서 일정하게 소음이 발생하는 원인

- 기어의 접촉 불량
- 기어오일의 부족이나 열화 발생시
- 링기어의 런아웃이 클 때
- 구동피니언과 링기어의 백래시 불량
- 차동기어 케이스 내 베어링의 마멸이 심할 때

23 토크컨버터식 로더를 시동하여도 출발이 되지 않는 원인

- 토크컨버터의 오일 부족
- 펌프와 스테이터의 작동 불량
- 유압이 너무 낮을 때
- 오일의 점도가 지나치게 높을 때
- 전후진 솔레노이드 밸브 작동 불량

24 로더의 컨트롤 레버가 작동하지 않는 원인을 기술

- 밸브 스풀의 고착 및 배압 형성으로 레버의 작동에 제한

04 지게차

지게차는 주로 가벼운 화물의 단거리(100m 이내) 운반과 적재 및 적하를 하기 위한 건설기계이며, 앞바퀴 구동, 뒷바퀴 조향 형식으로 되어 있다. 창고나 부두, 또는 창고 내외에서 많이 사용된다.

지게차의 건설기계 범위는 타이어 형식으로 들어 올림 장치를 가진 것이며, 규격 표시는 들어 올림 용량(ton)으로 한다.

01 지게차의 분류

가. 동력원 형식에 따른 분류

1) 기관 형식 지게차

디젤기관 및 LPG 기관 등 내연기관을 동력원으로 하는 지게차이며, 기동성이 좋고 중량물 적재 작업에 많이 사용되고 있다.

2) 전동 형식 지게차

축전지(battery)를 동력원으로 하는 지게차이며, 소음이 없고 공해 물질 배출이 없다. 전동 형식 지게차는 카운터형과 리치형이 있다.

가) 카운터형(counter type)

기관 형식의 지게차와 비슷한 구조이며, 카운터 웨이트(평형추)가 부착된다.

나) 리치형(reach type)

후면에 카운터 웨이트가 없으며, 리치 태그(reach tag)가 마련되어 있어서 마스트가 앞뒤로 전후진 할 수 있다.

나. 작업 용도에 따른 분류

1) 하이 마스트(High Mast)

하이 마스트형은 마스트가 2단으로 되어 있어 비교적 높은 위치의 작업에 적당하며, 포크의 상승도 신속하고 작업 공간을 최대한 활용할 수 있는 표준형의 마스트이다.

2) 트리플 스테이지 마스터(Triple Stage Mast ; 3단 마스트)

마스터가 3단으로 늘어나게 된 것으로, 천장이 높은 장소, 출입구가 제한되는 장소에 짐을 적재하는데 적합하다.

3) 로드 스태빌라이저(Load Stabilizer)

위쪽에 설치된 압착판으로 화물을 위에서 포크 쪽을 향하여 눌러, 요철이 심한 노면이나 경사진 노면에서도 안전하게 화물을 운반하여 적재할 수 있다.

4) 사이드 시프트 클램프(Side Shift Clamp)

지게차의 방향을 바꾸지 않고도 백레스트와 포크를 좌·우로 움직여서, 지게차의 중심에서 벗어난 파레트의 화물을 용이하게 적재 및 하역한다.

5) 스키드 포크(Skid forks)

차량에 탑재한 화물이 운행이나 하역 중에 미끄러져 떨어지지 않도록 화물 상부를 지지할 수 있는 클램프가 되어 있고, 휴지 꾸러미, 목재 등을 취급하는 장소에서 알맞다.

6) 로테이팅 포크(Rotating fork)

일반적인 지게차로 하기 힘든 원추형의 화물을 좌·우로 조이거나 회전시켜 운반하거나 적재하는데 널리 사용되고 있으며, 고무판이 설치되어 화물이 미끄러지는 것을 방지하여 주며 화물의 손상을 막는다.

7) 힌지드 버킷(Hinged bucket)

포크 설치 위치에 버킷을 설치하여 석탄, 소금, 비료, 모래 등 흘러내리기 쉬운 화물 또는 흐트러진 화물의 운반용이다.

8) 힌지드 포크(Hinged fork)

둥근 목재, 파이프 등의 화물을 운반 및 적재하는데 적합하다.

9) 롤 클램프 암(Roll clamp with long arm)

긴 암의 끝이 롤 형태의 화물을 취급할 수 있도록 클램프 암이 설치된 것으로, 컨테이너의 안쪽 또는 지게차가 닫지 않는 작업 범위에 있는 둥근 형태의 화물을 취급한다.

다. 동력 전달 순서

1) 토크 컨버터식 지게차

엔진 → 토크 컨버터 → 변속기 → 종감속 기어 및 차동장치 → 앞구동축 → 최종 감속기 → 차륜

2) 전동 지게차

축전지 → 제어기구 → 구동 모터 → 변속기 → 종감속 기어 및 차동기어장치 → 앞바퀴

3) 클러치식 지게차

엔진 → 클러치 → 변속기 → 종감속 기어 및 차동기어장치 → 앞차축 → 앞바퀴

4) 유압 조작식 지게차

엔진 → 토크 컨버터 → 파워 시프트 → 변속기 → 종감속 기어 및 차동기어장치 → 앞차축 → 앞바퀴

라. 조향장치

지게차의 조향장치는 애커먼 장토식의 원리를 이용한 것으로, 뒷바퀴로 방향을 바꾸어 조향(후륜 조향)한다. 조향 핸들에서 바퀴까지의 조작력 전달순서는 조향핸들 →조향기어 → 피트먼 암 → 드래그 링크 → 타이로드 → 조향 암 → 바퀴이다.

02 구조 및 규격 표시 방법

지게차는 타이어식으로 들어 올림 장치를 가진 것으로, 다만, 전동식으로 솔리드타이어를 부착한 것을 제외한다. 주행 차대에 마스트 또는 붐을 설치하고 쇠스랑을 설치한 것이 이 기종의 표준형으로 선택 작업 장치에 의해 중량물을 적재할 수 있는 구조의 건설기계도 이에 속하며, 규격은 최대 들어 올림 용량(톤)으로 표시한다. 단, 전동식으로

솔리드타이어를 부착한 것은 제외한다.

03 지게차의 작업 장치

지게차의 작업 장치는 마스트를 비롯하여 핑거 보드(finger boad), 백 레스트(back rest), 포크(fork), 리프트 체인(lift chain), 틸트 실린더(tilt cylinder), 리프트 실린더(lift cylinder) 등으로 구성되어 있다.

가. 동력원 형식에 따른 분류

1) 마스트

- 포크를 올리고 내리는 마스트는 롤(roll)을 이용하여 미끄럼 운동을 한다.
- 마스트는 유압 피스톤에 의하여 앞뒤로 기울일 수 있도록 되어 있다.
- 바깥쪽 마스트는 안쪽 마스트의 레일 역할을 한다.
- 안쪽 마스트는 리프트 브래킷이 오르내리기 때문에 레일의 역할을 한다.
- 바깥쪽 마스트와 안쪽 마스트는 롤러 베어링에 의해서 움직이며, 이들의 오버랩은 500 ± 5mm이다.

2) 포크(fork)

- 포크는 L자형으로 2개이며, 포크 캐리지에 체결되어 적재 화물을 지지한다.
- 화물의 크기에 따라서 포크의 간극을 조정할 수 있다.
- 포크의 폭은 파레트 폭의 1/2～3/4 정도가 좋다.

3) 백 레스트(back rest)

- 백 레스트는 포크의 화물 뒤쪽을 받쳐주는 부분이다.
- 화물이 마스트 및 리프트 체인에 접촉되는 것을 방지한다.
- 포크에 적재한 화물이 부주의로 낙하할 때 운전자 등의 위험을 방지한다.

4) 포크 캐리지(fork carriage)

- 포크 캐리지(또는 핑거 보드 ; finger board)는 포크가 설치된다.
- 포크 캐리지는 백레스트에 지지되어 있다.
- 리프트 체인의 한쪽 끝이 부착되어 있다.

5) 리프트 실린더(lift cylinder)

- 리프트 실린더는 포크를 상승·하강시키는 역할을 한다.
- 리프트 레버를 앞으로 밀면 포크는 하강하고, 뒤로 당기면 포크는 상승한다.
- 리프트 실린더는 포크를 상승시킬 때만 유압이 가해지는 단동 실린더이다.
- 하강할 때는 포크 및 적재물의 자체 중량에 의한다.

6) 틸트 실린더(tilt cylinder)

- 틸트 실린더는 마스트를 앞 또는 뒤로 기울이는 작용을 한다.
- 틸트 실린더는 복동식 실린더를 사용한다.
- 마스트의 전경각과 후경각은 조종사가 적절하게 선정하여 작업한다.
- 틸트 레버를 앞으로 밀면 마스트는 앞으로 기울어지고, 운전자 쪽으로 당기면 마스트는 뒤로 기울어진다.

7) 리프트 체인(트랜스퍼 체인)

- 리프트 체인은 포크의 좌우 수평 높이를 조정한다.
- 리프트 실린더와 함께 포크의 상하 작용을 도와준다.
- 리프트 체인의 한쪽은 바깥쪽 마스터 스트랩에 고정된다.
- 다른 한쪽은 로드의 상단 가로축의 스프로킷을 지나서 포크 캐리지(핑거 보드)에 고정된다.
- 리프트 체인의 길이는 핑거 보드 롤러의 위치로 조정한다.

8) 평형추(counter weight ; 카운터 웨이트, 밸런스 웨이트)

평형추는 지게차의 맨 뒤쪽에 설치되어, 화물을 실었을 때 차체가 앞쪽으로 쏠리는 것을 방지해 준다.

04 지게차의 작업 방법

가. 화물을 적재하는 방법

- 적재할 장소에 도달했을 때 천천히 정지한다.
- 마스트가 수직이 되도록 한다.
- 적재할 위치보다 5~10cm 위로 화물을 올린다.

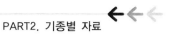

- 천천히 전진한다.
- 적재 지점에 일시적으로 천천히 내린다.
- 포크의 1/4~1/3의 지점까지 후진한다.
- 화물을 다시 5~10cm 되도록 올린다.
- 화물이 하역지점의 올바른 위치에 가도록 한다.
- 하역지점에 올바르게 화물을 내린다.
- 지게차를 천천히 후진하여 포크를 완전히 빼낸다.
- 포크를 내린 후 주행한다(지상 20~30cm 범위).

나. 화물을 하역하는 방법

- 화물 앞에서 정지한 후 마스트가 수직이 되도록 기울여야 한다.
- 포크를 삽입하고자 하는 곳과 평행하게 한다.
- 전진하여 포크의 2/3~3/4 정도 삽입 후 화물을 5~10cm 올린다.
- 천천히 15~20cm 후진시킨다.
- 천천히 화물을 내려놓는다.
- 천천히 전진하면서 포크를 완전히 끼운다.
- 화물을 5~10cm 올린다.
- 화물을 내려놓을 수 있는 곳으로 후진 이동한다.
- 화물을 지면에서 15~20cm 정도까지 내린다.
- 마스트를 완전히 뒤로 기울인다.
- 화물을 원하는 곳으로 운반하도록 한다.

다. 화물 취급 작업

- 화물 앞에서 일단 정지하여야 한다.
- 화물의 근처에 왔을 때 브레이크 페달을 살짝 밟는다.
- 지게차를 화물 쪽으로 반듯하게 향하고 포크가 파레트를 마찰하지 않도록 주의한다.
- 파레트에 실려 있는 물체의 안전한 적재 여부를 확인한다.
- 포크는 화물의 받침대 안에 정확히 들어가도록 조작한다.
- 운반물을 적재하여 경사지를 주행할 때는 짐이 언덕 위쪽으로 향하도록 한다.
- 포크를 지면에서 약 20~30cm 정도 올려서 주행한다.

- 운반 중 마스트를 뒤로 약 6° 정도 경사시킨다.

라. 화물을 운반하는 방법

- 운반 중 마스트를 뒤로 4° 정도 경사시킨다.
- 경사지에서 화물을 운반할 때 내리막에서는 후진으로, 오르막에서는 전진으로 운행한다.
- 운전 중 포크를 지면에서 20~30cm 정도 유지한다.
- 부피가 큰 화물을 적재하고 운반할 때는 후진으로 운행한다.

지게차 예상문제

01 지게차 전경각 및 후경각 조정법

○ 마스트 경사각 측정

- 지게차를 평탄한 지면 위에 주차하고 각도계를 준비한다.
- 각도계의 눈금을 “0” 에 일치시킨다.
- 각도계를 마스트에 수직으로 세우거나 리프트에 수평으로 부착시킨다.
  (각도계는 자석이 부착되어 있으므로 지게차의 어느 곳에도 부착 가능)
- 지게차의 시동을 건 다음, 리프트를 지면에서 30~50cm 정도 들어 올리고 틸트 레버를 앞으로 밀고 마스트를 앞쪽으로 완전히 기울인다(전경각).
- 각도계의 물방울(수포)을 수평으로 맞춘 다음 각도계의 눈금을 읽는다.
- 후경각의 측정은 전경각 측정과 동일하며, 마스트를 뒤쪽으로 완전히 기울인 다음 측정한다.

○ 마스트 경사각 조정(전경각 : 5~6도 / 후경각 : 10~12도)

- 좌·우 틸트 실린더의 피스톤 로드에 로드 아이 헤드를 고정시키는 볼트를 푼다.
- 렌치를 이용하여 피스톤 로드를 돌리면 로드 아이 헤드와의 길이가 조정되어 경사각을 조정할 수 있다.
- 좌·우의 틸트 실린더를 동시에 조정하여 마스트는 같은 경사각으로 조정해야 한다.

02 지게차 작업 장치의 구성품

- 마스트	- 백레스트	- 핑거보드
- 리프트체인	- 포크	- 틸트 실린더
- 리프트실린더		- 카운터 웨이터

03 지게차의 다운 제어밸브 설명

- 리프트 실린더는 단동 실린더로 하강은 포크와 화물의 자체 중량에 의해 하강하며 이때, 하강 속도는 다운 제어밸브에 의하여 조절된다. 더블 오리피스 방식과 압력 보상 방식이 있다.

04 지게차 리프트 상승속도 측정

- 엔진의 회전 속도를 2,200 RPM으로 유지시킨 상태에서 리프트 조종레버를 최대로 작동시켜 리프트가 최저 위치에서 최고 위치까지 도달하는 시간을 측정한다.
- 줄자를 사용하여 상승된 리프트의 바닥면과 지면과의 거리를 측정하여 상승시 소요된 시간으로 나눈다.
  (리프트 상승 높이; 3,000mm, 상승시간; 7.5초라면, 상승속도 = 400mm/sec)
- 상승시와 하강시, 부하상태와 무부하 상태에 따라 각 제작회사마다의 제원이 다르며, 평균 제원은 380mm ~ 420mm/sec 정도이다
- **조정** : 속도의 조정은 컨트롤 밸브에 설치된 릴리프밸브의 압력 조정나사를 시계방향으로 돌리면 속도가 증가하고 반시계 방향으로 돌리면 속도가 느려진다.

05 지게차 브레이크 라인 에어배출 요령 및 순서 (하이드로 백을 설치한 브레이크 회로 공기빼기 순서)

릴레이 밸브 - 하이드로릭 실린더 - 휠실린더 순서로 작업 실시

06 토크 컨버터식 지게차의 동력전달순서

기관 → 토크컨버터 → 변속기→ 추진축 및 자재이음 → 종감속기어 및 차동기어장치 → 앞구동축 → 최종감속장치 → 앞바퀴

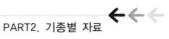

07 마찰 클러치식 지게차의 동력전달순서

기관 → 클러치 → 변속기 → 종감속기어 및 차동기어장치 → 앞차축 → 앞바퀴

08 전동식 지게차의 동력전달순서

축전지 → 컨트롤러 → 구동모터 → 변속기 → 종감속기어 및 차동장치 → 앞차축 → 앞바퀴

09 지게차 리프트 실린더의 상승력이 부족한 원인

- 오일 필터의 막힘
- 유압 펌프의 불량
- 리프트 실린더에서 작동유 누출
- 릴리프밸브의 설정 입력이 낮음

10 지게차에서는 현가 스프링을 사용하지 않는 이유

- 이동중 롤링이 생기면 적하물이 떨어지기 때문

11 지게차의 특징

- 최소회전반경을 약 1.8~2.7m이다
- 안쪽바퀴의 조향각이 65~75°이다
- 기관의 동력이 앞바퀴에 전달되는 전륜 구동방식이다
- 최소회전반경이 작은 후륜조향 방식이다
- 유압펌프는 기어펌프를 제일 많이 사용하고 유압을 70~130kg/㎠ 이다

05 스크레이퍼

01 개요

스크레이퍼는 채굴, 적재, 운반, 하역, 확장 등의 작업을 하는 건설기계이며, 500 ~ 1,000m 이내의 작업 거리에 효과적인 건설기계이다. 예전에는 트랙터로 구동되는 피견인식을 사영하였으나, 최근에는 엔진을 장착하고 자력 주행할 수 있는 자주식(모터 스크레이퍼)을 사용한다.

스크레이퍼의 건설기계의 범위는 흙, 모래의 굴삭 및 운반 장치를 가진 자주식이며, 크기는 보울(bowl)의 평적 용량(m^3)으로 표시된다.

02 주행할 때 동력전달 계통

기관 → 토크컨버터 → 자재이음 → 변속기 → 차동장치 → 액슬축 → 유성기어형 감속기 → 바퀴 순이며, 기관은 앞쪽에 있으며 변속기와 차동장치 사이에는 자재 이음(universal joint)로 연결되어 동력이 전달되며, 종감속기어는 유성기어 형식이다.

03 유압 계통

스크레이퍼의 유압 계통에는 작업 계통, 완충 계통, 조향 계통으로 구분되어 있다.

구조와 작용은 다른 건설기계와 크게 다를 바가 없으나, 공기에 의하여 제어밸브가 작동되는 점이 다르다. 즉 기관에 직결된 공기압축기에서 압축공기를 생산하여 공기탱크로 보내주며, 공기탱크 내의 공기 압력이 규정보다 높으면 공기 압력 제어밸브가 열려 규정값을 유지해 준다.

또 볼, 에이프런 및 이젝터 레버를 조작하면 레버에 의해 공기 제어밸브가 열리면서, 공기가 공기 실린더로 들어가 공기 실린더 내의 피스톤을 밀어준다. 이 공기 실린더 내의 피스톤이 연결 장치에 의해 제어밸브를 열어주어 각 유압실린더가 작동한다. 한편 공기 실린더 내에서 복귀되는 공기는 대기 중으로 방출된다. 그리고 레버를 중립 위치에 두면 공기가 실린더 내부로 들어가지 못하므로, 컨트롤 밸브가 중립으로 복귀한다.

04 조향 장치

모터 스크레이퍼의 조향 장치는 앞바퀴 조향 형식과 허리꺾기 형식이 있으며, 조향 반경이 적은 허리꺾기 형식을 많이 사용한다. 이들은 모두 유압으로 작동되며, 플로업 링크를 지니고 있는 유압식 동력 조향장치이다.

작동은 조향 핸들을 조작하면 플로업 링크를 매개체로 하여 조향 제어밸브가 작동하고, 디멘드 밸브(damand valve)로부터 이송되어 오는 유압이 조향 실린더로 공급된다. 조향 실린더의 작동으로 조작 방향을 지정하고, 동시에 플로업 링크에 의해 조향 제어밸브는 중립으로 복귀하는 방향으로 작동하여, 조향 제어밸브에서의 유압 공급이 중지되어 조향 핸들 조작 각도에 비례하는 각도만큼 조작 방향을 정할 수 있다.

디멘드 밸브란 조향 회로에 항상 일정한 유압유를 공급하는 밸브이다. 작동은 앞쪽의 디멘드 밸브 오리피스를 통과하는 유량으로, 그 앞뒤에서 발생하는 압력 차이에 의해 앞뒤의 양쪽 디멘드 밸브를 작동시켜 일정한 유량을 확보하여 조향 작동의 안전을 기하고 있다. 만약 앞뒤 한쪽의 유압 라인이 고장을 일으키더라도, 조향 회로의 유량을 확보할 수 있도록 하여 주행 안정성을 확보할 수 있다.

스크레이퍼는 허리꺾기 형식으로, 유압에 의해 조작되는 방식을 채택하여 90~100°의 조향각을 좌·우측 모두 가질 수 있어 급선회를 할 수 있으나, 고속주행을 하거나 하행 운전을 할 때의 급선회는 전복되기 쉬우므로 절대 주의하여야 한다.

조향력 전달순서는 조향 핸들 → 제어밸브 → 유압실린더 → 앞쪽 몸체 순이다.

05 현가장치

스크레이퍼의 현가장치는 앞뒤 자체의 피칭(pitching), 바운싱(bouncing)의 방지와, 요철이 심한 노면을 고속 주행하여도 충격이 적으며 안전하게 운전할 수 있도록 하기 위하여, 앞뒤 차축에 하이드로 뉴매틱 현가장치를 사용하고 있다.

현가용 실린더는 질소가스를 봉입한 어큐뮬레이터를 통하고 있어, 질소가스의 압축과 팽창에 의해 스프링 작용을 하고, 스로틀 밸브에 의해 쇽업쇼버의 작동도 겸하고 있다.

액슬 축은 트랙터 프레임에 대하여 좌우가 함께 상하 이동을 할 수도 있고, 좌우가 별개로 상하 이동을 할 수도 있다. 그리고 레벨링 밸브(leveling valve)에 의해 빈차 및 적차의 하중에 따라서 스프링 정수를 항상 적절하게 자동적으로 변화할 수 있도록 되어 있다. 또 굴착을 할 때 현가장치가 스프링 작용을 하며 비틀리는 경우가 발생하는데, 이때는 운전석의 조작 레버에 의해 현가장치를 조작할 수 있도록 되어 있다.

06 작업장치

가. 볼(bowl)

볼은 토사를 굴착하여 운반하는 적재함으로, 레버를 밀면 볼이 하강, 당기면 상승하므로 절삭 깊이를 조절할 수 있다. 그러나 볼을 급격하게 하강시키면 뒤쪽 타이어가 들리게 되고 볼이 흙 속에 깊게 침투하게 되면, 구동 바퀴와 토크컨버터의 미끄럼을 초래하게 된다.

볼을 상승시킬 경우에는 가속 페달을 밟아주어야 하며, 지반이 단단한 경우에는 작업 능률을 높이기 위해, 하향 절삭을 하거나 도저 등으로 밀어주는 푸싱(pushing) 작업을 해주어야 한다.

나. 이젝터(ejector)

이젝터는 토사를 담을 때 볼의 뒷벽을 구성해주고, 하역할 때는 앞으로 이동하여 토사를 밀어내어 주는 장치이다. 레버를 당기면 전진, 밀면 후진 작동이 되며, 흙을 부리는 경우 표층을 덮어야 할 두께를 선정하여 에이프런을 상승시키면서 이젝터를 전진시켜야 하며, 이때 가속 페달을 밟아준다.

다. 에이프런(apron)

에이프런은 볼의 앞벽을 형성해주고 토사의 배출구를 닫아주는 문이다. 레버를 밀면 하강, 당기면 상승하는데, 굴착시 또는 흙을 부릴 경우에는 적당한 높이로 에이프런을 올려야 하고, 운반시에는 내려서 닫아야 한다.

닫을 때는 에이프런과 볼 사이에 돌이나 흙덩어리 등이 끼어서 잘 닫히지 않을 경우에는, 강제로 닫으려 하지 말고 그대로 주행을 하면, 자체 중량과 진동에 의해 돌이나 흙덩어리 등이 빠져나가면서 자연스럽게 닫히도록 되어 있다.

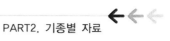

라. 커팅 엣지(cutting edge)

토사를 채굴, 적재할 때 스크레이퍼가 진행함에 따라 볼에 토사가 담기도록 한다.

07 스크레이퍼의 종류

가. 견인식 스크레이퍼

작업거리가 100~500m로 푸시 도저와 트랙터로 견인하며 작업한다.

나. 모터식(자주식) 스크레이퍼

작업거리가 500~1,500m로 구동축에 의한 작업으로 효율이 좋다.

08 작업방법

가. 성토작업

볼에 흙을 담아 원하는 장소로 이동하는 작업으로 이동시 30~50cm 지면에서 떼어 움직인다.

나. 절토작업

볼에 흙을 적재하기 위해 삽날을 원하는 길이로 내리고 전진시키는 작업

다. 덤프

흙 뿌리기 에이프런을 열고 이젝터를 전진시켜 흙을 뿌린다.

라. 절토, 성토, 토사운반, 적재

09 작업순서

땅깍기 → 운반 → 스프레딩 → 방향 전환

스크레이퍼 예상문제

01 건설기계 중 차체가 굴절식으로 된 기종 4종

- 롤러 - 로더 - 모터그레이더 - 스크레이퍼

02 스크레이퍼의 현가장치

- 하이드로 뉴매틱 현가장치를 사용하며, 현가용 실린더는 질소가스를 봉입한 어큐뮬레이터와 통하고 있어 질소가스의 압축과 팽창에 의해 스프링 작용을 하고, 스로틀 밸브에 의하여 쇽업 쇼버의 작동도 겸하고 있다.

03 스크레이퍼의 레벨링 밸브

- 빈차 및 적차상태의 하중에 따라서 스프링 정수를 항상 적절하게 자동적으로 변화할 수 있다

04 스크레이퍼의 현가 로크밸브

- 운전석에 조종하며, 굴착 작업시 차제의 비틀림을 방지하기 위해 현가 실린더의 작동을 제한하는 밸브

05 스크레이퍼의 작업범위는

- 채굴 - 적재 - 운반 - 하역 - 확장

06 스크레이퍼의 구조 및 기능

- **에이프런** : 볼의 앞 벽을 형성해주고, 토사의 배출구를 닫아주는 문
- **볼** : 토사를 운반하는 적재함으로서, 아랫면에는 커팅에지가 장착.
- **이젝터** : 볼의 뒷벽으로 토사를 앞쪽으로 밀어내는 역할
- **커팅에지** : 토사를 채굴 및 적재할 때 스크레이퍼의 진행에 따라 볼에 토사를 담는 역할
- **푸시 블록** : 스크레이퍼 뒤에 설치되어 불도저를 밀 때 접촉되는 부분.
- **요크** : 볼과 견인차를 결합하는 역할
- **타이어**

07 스크레이퍼의 동력전달순서

엔진 → 토크컨버터 → 자재 이음 → 변속기 → 차동기어(differential) → 액슬축 → 유성기어 감속기(최종 감속기) → 바퀴(타이어)

08 스크레이퍼의 작업 사이클

땅깍기(사토) → 운반 → 스프레딩(적하) → 방향 전환

덤프 / 믹서트럭

01 덤프트럭의 하대가 상승이 늦은 원인 4가지

- 유압펌프의 토출량 부족
- 릴리프밸브의 설정 압력이 낮다.
- 유압실린더에서의 내부 누설이 심하다.
- 제어밸브의 스풀 고착 (PTO 작동 불량)

02 덤프트럭 하대 상승 속도가 낮은 3가지 원인과 대책

원 인	대 책
유압펌프의 토출량 부족	펌프 교환
작동유 부족	작동유 보충
릴리프밸브 설정압 저하	압력점검 후 규정압력으로 조정

03 콘크리트 펌프카의 붐상승 불능시 원인 및 대책 3가지

원 인	대 책
릴리프 밸브 조정 불량	릴리프 밸브 규정압력 조정
붐 실린더의 내부누설이 크다	피스톤 실 교환 또는 실린더 교환
PTO 작동 불량	PTO의 수리 또는 교환
펌프의 토출량 부족	작동유의 보충 또는 펌프의 교환

04 콘크리트 펌프 카에서 작동유 과열시 원인 및 대책

원 인	대 책
작동유 탱크내의 작동유의 부족	작동유의 보충 또는 교환
작동유의 노화 또는 점도의 부적당	작동유의 보충 또는 교환
릴리프밸브의 설정압력이 너무 낮음	릴리프 밸브의 압력 조정
펌프의 효율이 불량할 때	펌프 교환
오일 냉각기의 냉각핀 등에 파손이 있을 때	오일 냉각기 교환

05 덤프트럭의 하대 성능시험 항목 3가지

- 덤프 상승 속도 및 압력을 측정
- 덤프 상승상태 유지 여부 검사
- 덤프 하강 속도 측정

06 콘크리트 펌프 붐 상승 불량원인

- 유압펌프 토출량 부족
- 작동유 부족
- 릴리프밸브 설정 압력 저하
- 유압실린더 패킹 및 실 파손으로 내부 누출
- 유압호스의 누유 및 풀림
- 붐 스풀 밸브 고착으로 작동 불량

07 콘크리트 펌프카 붐 실린더의 작동이 불가능한 원인과 대책

원 인	대 책
유압펌프 토출량 부족	유압펌프 수리 또는 교환
작동유 부족	작동유 보충
릴리프밸브 설정압 저하	릴리프밸브 설정압 조정
유압실린더 내부 누출	오일실 교환 및 수리
컨트롤 밸브 고착 및 손상	컨트럴 밸브 세척 및 수리, 교환

08 덤프트럭 점검내용 3가지

- 속도표시장치 작동상태가 양호할 것
- 속도제한장치 작동상태가 양호할 것
- 운행기록계(한국산업규격에 의하여 승인 받은 것)는 작동상태가 양호할 것

09 덤프트럭 조향륜의 트레드부 일부가 접시 모양으로 평형하게 이상 마모되고 있다. 원인 3가지

- 전차륜 정렬 불량(휠 얼라이먼트)
- 휠 밸런스 불량
- 휠 베어링 이완

10 덤프트럭 유압 성능 시험방법 3가지

- **호칭압력**(공칭압력으로 실제 사용 가능한 압력) : 실린더에 가해지는 압력
- **최고허용압력** : 실린더 내부에 발생하는 압력(서지압)을 허용할 수 있는 최고값
- **시험압력** : 호칭 압력으로 복귀시 성능의 저하를 초래하지 않고 견뎌내는 시험압력
- **최저작동압력** : 무부하 상태에서 수평으로 설치된 실린더가 작동하는 최저 압력

11 덤프트럭 유압 성능시험을 하여야 하는 시기

- 작동유 불량(온도, 점도, 산화, 이물질, 공기, 물)
- 압력 변동이 심할 때
- 각 부품의 성능 불량(마모, 파손 등)
- 누설이 심할 때(내부, 외부)
- 기구학적 동작 이상 유무(Valve 동작, 조정)
- 진동이 발생할 때
- 음향(소리, 냄새, 육안 식별)

12 콘크리트 믹서트럭의 드럼이 한쪽으로만 회전하는 이유 2가지

- 오른쪽 회전은 콘크리트의 믹서트럭 안에 넣고 운반시 응결을 늦추기 위해
- 왼쪽 회전은 타설시 사용하며 믹서트럭 안에 있는 콘크리트를 알맞게 혼합하여 배출할 때

13 덤프트럭의 적재함 상승시 떨리는 원인

- 작동유에 공기 유입
- 덤프 실린더 내의 작동유 부족
- 회전운동을 하는 부품의 그리스 미주입 또는 과다한 마모
- 힌지 부위의 마모
- 작동유에 이물질 유입

14 펌프카의 동작 및 정지가 원격조절기를 통해 작동되지 않는 원인

- 펌프의 동작/정지(on/off) 스텝 릴레이 불량시
- 스위치 박스 내 휴즈 단선시
- 메인 공급선 단선시
- 원격조절 케이블의 단선시
- 전기 차단 솔레노이드 밸브의 결함

15 콘크리트 펌프카에서 작동유 과열시 나타나는 현상과 대책

- **현상** : 작동유가 과열되면 점도가 저하되고 오일의 유동성에 영향을 주므로 밸브를 통과하는 오일의 양도 변한다. 따라서 피스톤 로드의 속도가 느려지고 유압기기의 작동이 늦다. 또한 더욱 과열되면 실(Seal) 및 0링이 경화되어 누유의 원인이 된다.
- **대책** : 작동유 온도가 올라가면 냉각 쿨러를 작동하여 작동유 온도를 유지하도록 하며 실 및 0링 손상시는 교환한다.

16 믹스 트럭의 동력조향장치 핸들이 무거운 원인

- 유압펌프 토출량 부족
- 조향 밸브 내부 누유 과다 및 불량
- 조향 실린더 피스톤 실 마모 및 파손
- 릴리프밸브 설정 압력 저하
- 조향 너클 및 링키지의 변형
- 타이어 공기압의 부족

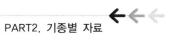

07 기중기

01 개요

기중기는 화물의 적재 및 적하, 기중 작업, 토사의 굴토 및 굴착작업, 수직 굴토, 항타 및 항발 작업 등을 수행하는 건설기계로서, 무한궤도 형식, 휠 형식, 트럭탑재 형식 등이 있다.

기중기의 건설기계의 범위는 무한궤도 또는 타이어 형식으로, 강재의 지주 및 선회장치를 가진 것으로 궤도(레일)식은 제외하며, 크기는 들어 올림 능력(ton)으로 한다.

02 기중기의 종류

가. 트럭 형식(트럭 탑재형식)

이 형식은 트럭의 차대 또는 트럭 형식 기중기의 전용 차체로 제작된 부분에 상부 회전체와 작업 장치를 설치한 형식이다. 트럭 운전실과 기중기 조정실이 별도로 설치되며, 특징은 기동성이 좋고 기중 작업을 할 때 안전성이 크지만, 습지/사지 및 험한 지역, 좁은 장소에서는 작업이 곤란한 단점이 있다. 기중할 때 작업 안전성은 85%이다.

나. 휠 형식(타이어식)

이 형식은 고무 타이어용의 견고한 차대에 상부 회전체와 작업 장치를 설치한 형식이다. 화물의 하역과 적재, 기계 설치 등을 할 때 쓰는 것으로서 주로 항만, 공장의 하역 작업과건축 공사와 플랜트 공사 등에서 사용한다.

하부 기구와 상부 회전체, 앞부분 장치로 이루어져 있으며, 크레인 부분은 360° 회전할 수 있게 되어 있다. 트럭 크레인과 달리 원동기가 1개로서 크레인작동과 주행을 한 곳에서, 1명이 조작할 수 있어 편리하고 경제적이다.

기계식보다 유압식을 더 많이 사용하며, 일반적인 기능은 트럭 크레인과 비슷하지만, 구동 방법은 휠(wheel) 타입으로 차이가 있으며, 주행속도는 트럭 크레인에 비하여 느리다.

다. 무한궤도식

이 형식은 트랙(크롤러) 위에 상부 회전체와 작업 장치를 설치한 형식이다. 굴착기 본체에 붐(boom)과 훅(hook)을 설치하고, 하부 구조가 무한궤도식(crawler type)으로 되어 있어서, 기계장치의 중심이 낮아 안정성이 매우 좋으며, 30% 경사진 곳에도 올라갈 수 있다. 용량이 같을 때 트럭 크레인보다 작업량에 비하여 비용이 적게 들며, 지반이 연약한 곳이나 좁은 곳에서도 작업할 수 있다. 훅 대신 파워 쇼벨, 백 호우 등의 부수 장치를 이용할 수도 있으나 이동할 때 비용이 많이 들고 기동성이 좋지 않은 것이 단점이다.

03 기중기의 구조

기중기는 작업장치, 상부 회전체, 하부 주행체 등의 3주요부로 구성되어 있다.

가. 상부 회전체의 구조

선회 프레임에 작업 장치를 설치하고, 선회 지지체를 하부 주행체 위에 설치한 것이며, 전체가 360° 회전 작동을 한다.

1) 메인 클러치(마스터 클러치)

메인 클러치는 기관의 동력을 트랜스퍼 체인을 통하여 주행 장치나 작업 장치로 전달하는 장치이며, 복판 클러치나 토크컨버터를 사용한다.

2) 트랜스퍼 체인(transfer chain ; 파워 테이크 오프 체인)

트랜스퍼 체인은 메인 클러치를 통해서 받은 기관의 동력을 모든 축에 직각으로 전달하며, 감속시켜서 회전력을 하고 작업 장치의 충격이 기관에 미치지 않도록 한다.

3) 잭 축(jack shaft)

잭축은 봄 호이스트 드럼(boom hoist drum), 리트랙트 드럼(retract drum)과

함께, 드럼 축과 수평 리버싱 축에도 동력을 전달하며, 내부 확장형 클러치와 외부 수축형 클러치가 설치되어 있다.

4) 드럼 축(drum shaft)

드럼 축은 호이스트 드럼(hoist drum), 크라우드 드럼(crowd drum)과 함께 있으며, 내부 확장형 클러치와 외부 수축형 클러치가 설치되어 있다.

5) 수평 리버싱 축(horizontal reversing shaft)

수평 리버싱 축은 2개의 베벨기어와 수직 리버싱 축의 피니언과 함께 물려 있으며, 동력을 90° 수직으로 전달한다.

6) 수직 리버싱 축(vertical reversing shaft)

수직 리버싱 축은 수평 리버싱 축의 베벨기어로부터 동력을 받아, 수직 스윙축과 수직 주행축을 구동시킨다.

7) 수직 스윙 축(vertical swing shaft)

수직 스윙 축은 수직 리버싱 축에서 동력을 전달받아 조 클러치(jow clutch)에 의해 스윙 기어를 구동시켜 좌우 360° 회전이 가능하게 해주는 구성품으로, 즉 상부 회전체가 좌우 선회할 수 있도록 동력을 전달해 주는 축이다. 또 스윙 브레이크는 외부 수축형을 주로 사용하며, 최근에는 디스크 브레이크도 사용되고 있다.

8) 작업 클러치(operrating clutch)

기중기의 작업 클러치는 주로 내부 확장형(기계 조작형, 유압 조작형, 전자 조작형)을 사용하며, 이외에도 도그 클러치, 전자 클러치, 디스크 클러치가 있다. 내부 확장형은 밴드를 반지름 방향으로 벌려서 드럼이나 하우징의 안쪽 면에 닿게 하여, 그의 마찰력으로 동력을 전달한다.

9) 작업 브레이크(operrating brake)

작업 브레이크는 외부 수축형이 주로 사용되며, 이 브레이크는 케이블이 풀리지 않도록 하는 제동 작용과, 케이블을 감을 때(호이스트)와 풀 때(로워링)에는 제동이 풀리는 구조로 되어 있다. 호이스트(권상) 드럼과 라이닝의 간격은 0.8~1.0mm 정도이며, 드럼 브레이크는 간극의 조정이 불량하면 미끄러져, 호이스트 드럼에 감긴 케이블이 풀어져 하중이 자연 낙하하게 된다.

10) 호이스트 드럼(hoist drum)

유압식을 주로 사용하며, 작동은 호이스트 드럼 축을 유압모터가 구동하면, 클러치를 통하여 감속기어를 거쳐 호이스트 드럼을 회전시키면서 케이블을 감는다.

11) 프레임(frame)

가) 선회 프레임(turning frame)

각 와이어 로프의 드럼, 기관, 평형추(카운터 웨이트), 작업 장치가 결합되어 360° 선회할 수 있는 프레임이다.

나) 겐트리 프레임(gantry frame ; A 프레임)

선회 프레임 최상단에 설치되는 A자형 프레임으로, 붐의 길이가 길어짐에 따라 드럼에 걸리는 와이어 로프의 하중 증가를 감소시키기 위해 높게 설치하고, 최상단에 겐트리 시브(sheeve)를 둔 것이다. 즉 지브 기복용 와이어 로프를 지지하는 지브(jib)를 부착하는 프레임이며, 운반할 때는 낮게, 작업을 할 때는 높게 설치하여 안정하게 한다.

12) 선회장치

선회장치의 형식에는 롤러 형식, 볼 형식, 포스트 형식 등이 있으며, 하부 주행체 상단에서 상부 회전체를 360° 회전할 수 있다.

나. 하부 추진체의 구조

하부 추진체의 동력을 전달받아 주행하는 기구로, 조향 장치와 안전 장치 등을 함께 구성하고 있다.

1) 수직 주행축(vertical travel shaft)

수직 주행축은 수직 리버싱 축으로부터 동력을 전달받아 수평 주행축의 베벨기어로 동력을 전달하여 하부 주행체가 전/후진이 이루어질 수 있도록 설치된 축이다.

2) 수평 주행축(horizontal travel shaft)

수평 주행축은 수직 주행축과 베벨기어로 물려져 구동되며, 2개의 조 클러치에 의해 하부 주행체의 조향과 동력 주행을 전달하는 축이다.

3) 스프로킷(sproket ; 기동륜)

트랙에 구동력을 전달하는 장치이다.

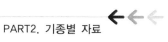

04 작업 장치

가. 기중기 붐

1) 마스터 붐(master boom)

마스터 붐은 기장 기본이 되는 붐이며, 철골 구조의 상자(box)형이나 유압으로 작동되는 텔레스코핑형 붐이 사용된다.

2) 보조 붐

보조 붐은 길이를 연장하기 위하여 중간에 끼우는 붐이며, 마스터 붐의 1/2이 가장 이상적이다.

3) 지브 붐(jib boom)

지브 붐은 붐의 끝단에 전장을 연장하는 붐이며, 훅(hook) 작업을 할 때만 사용한다. 지브 붐의 길이는 붐 포인트 핀 중심에서 지브 붐 포인트 핀까지의 직선거리이다.

4) 붐 교환 방법

- 기중기를 사용하는 방법(가장 효과적이다)
- 트레일러를 이용하는 방법
- 드럼이나 각목을 이용하는 방법

나. 전부(작업) 장치

기중기 작업 장치의 종류에는 훅(hook ; 갈고리 작업장치), 크램셸(clam shell ; 조개 작업장치), 셔블(shovel ; 삽 작업장치), 드래그라인(drag line ; 긁어파기 작업장치), 트랜치호(trench hoe ; 도랑파기 작업장치), 파일 드라이버(pole driver ; 기둥박기 작업장치) 등이 있다.

1) 훅(hook)

훅은 일반 기중용으로 사용되는 작업장치이며, 훅의 재질은 탄소강 단강품(KSD 3716)이나 기계구조용 탄소강(KSD 3517)이며, 강도와 연성이 큰 것이 바람직하다. 훅은 마모/균열 및 변형을 자주 점검하여야 하며, 훅의 마멸은 와이어 로프가 걸리는 부분에 홈이 발생하며, 이 홈의 깊이가 2mm 이상이 되면 연삭숫돌로 편평하게 다듬질하여야 한다. 마멸도가 원래 치수의 20% 이상이 되면 훅을 교환하여야 한다.

2) 크램셀(clam shell)

크람셀은 수직 굴토작업, 토사 상차작업에 주로 사용하며, 선회나 지브 기복을 행할 때 버킷이 흔들리거나(요동), 스윙할 때 와이어 로프가 꼬이는 것을 방지하기 위해 와이어 로프를 가볍게 당겨주는 태그라인(tag line)을 두고 있다.

3) 셔블(shovel)

디퍼 버킷을 사용하며, 장비보다 높은 곳의 토사 굴착, 경사 굴토, 차량에 토사 적재 등의 작업을 한다.

가) 붐

박스형의 셔블 붐을 사용하며, 붐의 위쪽과 디퍼스틱의 활차가 설치되어 버킷을 끌어올리며 이때 굴착하게 된다.

나) 새들 블록(saddle block)

디퍼스틱을 지지하고 유도하며, 마모판과 접촉하여 움직이게 되고 디퍼스틱과 새들 블록의 간극은 3mm 정도이다.

다) 디퍼스틱(dipper stick)

셔블 디퍼가 설치되는 일종의 파이프 모양의 막대이다.

라) 클라우드 체인(crowd chine)

체인 유격은 13~38mm 정도이며, 텍 아이들러로 조정한다.

4) 드래그라인(drag line)

드래그 라인은 수중 굴착 작업이나 큰 작업 반경을 요구하는 지대에서의 평면 굴토 작업에 사용한다. 3개의 시브(sheeve ; 활차)로 되어 던져졌던 케이블이 드럼에 잘 감가도록 안내를 해주는 페어리드(fair lead)를 두고 있다.

5) 트랜치호(trench hoe)

도랑파기 작업에 적당하며, 버킷 작업은 호이스팅과 리트랙팅 작업을 병행한다. 붐의 하중을 이용하여 지면보다 낮은 곳을 채굴하고 드래그라인, 크램셀의 작업물보다 더 단단한 작업물을 채굴할 수 있다. 작업 사이클은 셔블과 같이 로딩(호이스팅, 크라우딩), 호이스팅, 스윙, 덤핑이며, 한 사이클 당 20~30초 정도 소요된다.

6) 파일 드라이버(pole driver)

지브 크레인의 지브(jib) 끝에 파일 드라이버를 장착한 것으로, 낙하 해머 형식을 사용해 때려 박는 것, 증기압, 공기압, 유압 등의 동력으로 때려 박는 것, 기진기(vibration generator)를 사용해 계속 하중을 파일에 주는 방식 등이 있다.

05 기중 능력

가. 하중의 호칭

1) 임계하중 : 기중기가 들 수 있는 하중과 들 수 없는 하중의 임계점의 하중
2) 작업하중 : 화물을 들어 올려 안전하게 작업할 수 있는 하중
3) 호칭하중 : 최대 작업 하중

나. 작업 반경(운전 반경)

상부 회전체의 중심에서 화물까지의 수평거리이며, 작업 반경과 기중 능력은 다음과 같은 관계가 있다.

- 작업 반경이 커지면 기중 능력은 감소한다.
- 기중 작업을 할 때 하중이 무거우면 붐 길이는 짧게 하고 붐 각은 올린다.

다. 붐 각(boom angle)

- 기중기 작업을 할 때 크레인의 붐은 66° 33′이 가장 좋은 각(최대 안전각)이다.
- 붐의 최대 제한 각은 78°이고, 최소 제한 각은 20°이다.
- 트렌치호 붐은 제한 각의 제한을 받지 않는다.

06 기중기 작업 안정장치

가. 아웃트리거(out rigger)

타이어식 기중기에는 전후좌우 방향에 안전성을 주어서 기중 작업을 할 때 장비가 전도되는 것을 방지해 준다. 아웃트리거는 빔을 완전히 확장하여 바퀴가 지면에서 들리도록 하고, 평탄하고 굳은 지면에 설치하여야 한다.

나. 과권 경보장치

호이스트(권상) 와이어로프를 너무 감으면 와이어로프가 절단되거나, 훅 블록이

시브와 충돌하여 장비를 파손시키게 되는데, 이를 방지해주는 장치이다. 호이스트 케이블의 적당한 위치에 추를 설치하여 제한스위치(리미트 스위치)를 작동시키면 경보회로가 작동되어 벨이 울리도록 한 장치

다. 붐 전도 방지장치

기중 작업을 할 때 권상 와이어로프가 절단이 되거나, 험한 도로를 주행할 때 붐에 전달되는 요동으로 붐이 뒤로 넘어지는 것을 방지하는 장치이다.

- 로프식 : 마스터 붐의 앞쪽 상부와 터닝 프레임 사이에 붐의 최대경사각으로 설치된 케이블에 의하여 붐이 최대경사각 이상으로 상승되지 않도록 해준다.
- 지주식 : 기중기 붐 뒷부분과 에이 프레임 사이에 텔레스코픽 지주를 설치하여 붐이 후방으로 넘어가는 것을 방지한다.

라. 붐 기복 정지장치

붐 권상 레버를 당겨 붐이 최대 제한각(78°)에 달하면, 붐 뒤쪽에 있는 붐 기복 정지장치의 스톱 볼트와 접촉되어 유압회로를 차단하거나 붐 권상 레버를 중립으로 복귀시켜 붐 상승을 정지시키는 장치이다.

마. 과부하 방지장치(권과방지장치)

정격 하중을 초과할 때 권상 와이어로프에 걸리는 장력에 따라 경보기가 자동으로 울리도록 하는 장치이다. 일반적으로 리미트 스위치가 사용되며 드럼의 회전에 연동되어 권과를 방지하는 나사형 리미트 스위치, 캠형 리미트 스위치와 후크의 상승에 의해 직접 작동시키는 중추(重錘)형 리미트 스위치가 있다.

07 기중기 와이어로프

가. 손상 원인

- 마모 및 부식에 의한 단면적 감소.
- 표면 경화 및 부식에 의한 로프의 질적 변화.
- 로프의 변형
- 충격 및 과하중이 걸릴 때.

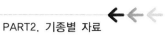

나. 교체 기준

- 로프의 직경이 공칭지름의 7% 이상 감소시
- 와이어의 한 꼬임의 소선 수가 10% 이상 절단시
- 로프에 열변형이 생겼을 때
- 와이어 로프에 킹크(꼬임)가 발생한 경우 교환
- 심한 부식 또는 변형 발생시 교환

다. 손상 방지책

- 드럼, 시브의 형상, 직경, 재질, 표면 상태를 점검하여 필요시 교환
- 드럼 쪽 로프의 고정 및 감는 방법을 올바르게 할 것
- 플리트 각을 허용값 이내로 할 것
- 로프를 두드리거나 비틀지 말 것
- 오일을 충분히 발라 줄 것
- 과하중 및 충격을 주지 말 것
- 선 접촉 로프의 구조를 사용할 것

※ 한 줄로 화물을 매다는 것을 금지, 과다하중을 피하고 올바른 각도로 작업, 새 로프는 사용개시 전 정격하중의 50%를 걸고 고르기 운전을 한다.

라. 정비법

- 사용중인 로프는 브러시로 오물, 녹, 모래 등을 털고 반드시 기름을 바른다.
- 비, 물 등에 젖으면 건조시켜 기름을 바르고, 먼지가 많은 곳은 먼지를 털고 기름을 칠하여 보관한다.
- 꼬임(Kink)가 발생된 곳은 즉시 바르게 펴둔다.

기중기 예상문제

01 크레인의 3부분 장치

- 상부 회전체　　- 하부 주행체　　- 작업장치

02 기중기 호칭 하중의 종류 3가지

- **임계하중** : 기중기가 들 수 있는 하중과 들 수 없는 하중의 임계점의 하중
- **작업하중** : 화물을 들어 올려 안전하게 작업할 수 있는 하중
  (트럭 탑재형 : 임계하중의 85%, 크롤러 탑재형 : 임계하중의 75%)
- **호칭하중** : 최대로 들어 올릴 수 있는 작업하중
- **정격 총하중** : 각 붐의 길이와 작업 반경에 허용되는 훅, 그래브, 버킷 등 달아올림 기구를 포함한 최대의 하중
- **정격 하중** : 정격 총하중에서 훅, 그래브, 버킷 등 달아올림 기구의 무게에 상당하는 하중을 뺀 나머지 하중

03 페어리드에 대해서 기술

- 기중기에서 드래그라인 작업을 할 때 드래그 로프의 꼬임을 방지하여, 로프가 드럼에 균등히 감기도록 안내를 하거나, 기체에 로프가 마찰하지 않도록 하기 위한 것으로 회전형과 활차형 등이 있다.

04 크레인 용어에 대한 정의

- **정격하중**(RATED LOAD) : 크레인의 권상(호이스팅)하중에서 훅, 크래브 또는 버킷 등 달기기구의 중량에 상당하는 하중을 뺀 하중
- **권상하중**(HOISTING LOAD) : 들어 올릴 수 있는 최대의 하중.
- **정격속도**(RATED SPEED) : 크레인에 정격하중에 상당하는 하중을 매달고 권상, 주행, 선회 또는 횡행할 수 있는 최고속도
- **스팬**(SPAN) : 주행레일 중심간의 거리
- **주행**(TRAVELLING) : 크레인 일체가 이동하는 것
- **횡행**(TRAVERSING): 크래브가 거더, 트랙, 로프, 지브 등을 따라 이동하는 것

05 태그라인

- 기중기의 크람셀 작업시 선회나 지브 기복을 행할 때 버킷이 흔들리거나 또는 스윙할 때 케이블이 꼬이는 것을 방지하기 위하여 케이블을 가볍게 당겨주는 장치

06 기중기 호이스트 클러치 유격 측정 방법 및 조정하는 방법

○ 유격 측정 방법

- 클러치 레버를 작동하고 시그니스 게이지를 이용하여 4군데의 클러치 밴드 멈춤나사와 클러치 밴드 사이의 유격을 측정한다.

○ 조정방법

- 부스터 클러치의 유격을 점검하고 조정한다.
- 부스터 드럼이 이상 없을 때는 밴드 조정나사로 클러치가 최소한의 유격이 있도록 레버를 조정한다.
- 4개의 클러치 밴드 멈춤나사를 0.8㎜ 간격이 있도록 조정한다.
- 클러치를 완전히 풀었을 때 밴드가 드럼에 닿으면 안된다.

07 크레인 붐 호이스트 클러치 유격 측정 방법 및 조정 방법

- 붐 호이스트 브레이크를 잡고 클러치 레버를 이용하여 이완시킨다.
- 드럼 간극은 4~5 군데에서 측정한다.
- 조정스크루 록 너트를 풀고 조정한다.

08 크레인의 일곱 가지 기본동작

- **호이스트**(Hoist) : 짐을 오르고 내리는 동작
- **붐 호이스트**(Boom Hoist) : 붐을 올리고 내리는 동작
- **스윙**(Swing) : 상부 회전체를 돌리는 동작
- **리프랙트**(Retract) : 크레인 셔블 당기기 동작
- **크라우드**(Crawd) : 흙 파기 동작
- **덤프** : 짐부리기 동작
- **트레벨**(Travel) : 주행 및 환향하는 동작

09 기중기(크레인) 주작업

- 중하물의 적재 및 적하
- 기중작업
- 토사의 굴토작업
- 토사의 굴착작업
- 수직굴토
- 항타(파일박기)
- 항발(파일 뽑기)

10 기중기 전부(작업) 장치의 종류 6가지

- 훅(갈고리 작업장치)
- 클램셀(조개 작업장치)
- 셔블(삽 작업장치)
- 드래그라인(긁어파기 작업장치)
- 트랜치호(도랑파기 작업장치)
- 파일드라이버(기둥박기 작업장치)

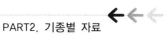

11 크레인(기중기) 작업 안전장치의 종류 및 기능

- **아우트리거** : 타이어형 기중기에는 전후, 좌우 방향에 안전성을 주어서 기중 작업을 할 때 전도되는 것을 방지
- **과권 경보장치** : 호이스트(권상)와이어를 너무 감아 와이어로프가 절단되거나, 훅 불럭이 시브와 충돌되는 것을 방지
- **붐전도 방지장치** : 기중작업을 할 때 권상와이어 로프가 절단되거나, 험한지형 주행시 붐이 뒤로 넘어지는 것을 방지
- **붐기복 정지장치** : 붐 권상레버를 당겨 붐이 최대 제한각(78°)에 도달하면 붐 뒤쪽에 있는 붐기복 정지장치의 스톱볼트와 접촉되어 유압회로를 차단하거나 붐권상 레버를 중립으로 복귀시켜 붐상승을 정지시키는 장치
- **과부하 방지장치** : 정격하중을 초과할 때 권상와이어 로프에 걸리는 장력에 따라 경보기가 자동으로 울리도록 하는 장치

12 기중기 붐 교환방법에 대하여 3가지

- 기중기를 사용하는 방법
- 트레일러를 사용하는 방법
- 공드럼이나 각목을 이용하는 방법

13 기중기의 부수작업 장치 종류 5가지

- 클램셀(조개 작업장치)
- 셔블(삽 작업장치)
- 드래그라인(긁어파기 작업장치)
- 트랜치호(도랑파기 작업장치)
- 파일드라이브(항타 작업장치)

14 트랙식 크레인에 부착되는 장치 5가지

- 셔블
- 드래그 라인
- 어스드릴
- 백호
- 클램셀
- 파일 드라이버

15 크레인 작업시 안전에 관한 사항 3가지 기술(단, 차량에 대해서)

- 안내하는 신호수 없이 작업장, 혼잡한 장소나 사람들 주위에서 주행하지 말 것
- 시야가 불량할 때 신호수를 이용할 것
- 주행이나 운반시 붐의 크기를 고려하고 울퉁불퉁한 지면은 붐이 전력선이나, 다른 장애물에 닿을 수 있으니 주의할 것
- 장애물을 통과할 때 느린 속도로 통과하고, 장애물을 통과할 때 장비 무게 중심이 급격하게 이동되지 않도록 할 것

16 와이어로프의 검사 방법 5가지

- **마모** : 15% 이하
- **소선의 절단** : 1M에 20개소 이상
- 로프의 비틀림
- 연결부의 상태, 끝부분의 풀림 등
- 킹크 발생 여부
- 부식 여부

17 로프 와이어의 교체 시기

- 로프 와이어의 길이 30cm당 소선이 10% 이상 절단되었을 때
- 로프 와이어 지름이 7% 이상 감소되었을 때
- 심한 변형이나 부식 발생이 있을 때
- 킹크가 심하게 발생되었을 때

18 로프 와이어의 취급상 주의사항

- 보관할 때는 OE, CW을 충분히 급유 후에 통풍이 잘되는 건물 내에 각목을 밑에 깔고 보관한다.
- 로프 와이어를 높은 곳에서 떨어뜨리지 말 것
- 로프 와이어를 풀거나 감을 때 킹크가 생기지 않게 한다.

19 로프 와이어의 구조

- **소선** : 탄소강에 특수 열처리를 하여 사용.
- **스트랜드** : 소선을 꼬아서 합친 것으로 3~18줄까지 있으며, 6줄을 많이 사용
- **심강** : 섬유심, 공심, 와이어심

※ 심강 목적

(충격하중의 흡수, 부식방지, 소선의 마멸방지, 스트랜드의 위치를 바르게 유지)

20 와이어로프 마모 요인

- 로프의 급유가 부족할 때
- 베어링의 급유가 부족할 때
- 시브 베어링(활차)의 급유 부족
- 활차의 홈이나 정렬 불량

21 와이어로프 조기 마모 원인

- 규격이 맞지 않는 것을 사용시
- 시브(활차)의 크기 부적당
- 킹크 된 것을 사용시
- 과대한 플리이트 각
- 급유의 부족 및 부적합
- 시브가 위로 오르며 작동될 때
- 계속적인 심한 과부하
- 오염된 로프 사용시

22 기중기의 붐에 대한 안전 및 유의사항

- 상자형 붐에는 용접 등 열을 가하지 않는다.
- 붐은 급회전하지 않도록 한다.
- 붐의 길이와 안전 각도를 유지한다.
- 붐을 정비할 때는 유압장치의 잔압을 반드시 제거한다.

23 크레인에서 붐을 들고 있는데 얼마 후 붐 높이가 자동으로 하강하였다. 원인 5가지

- 유압실린더 피스톤링 및 실 마모
- 컨트롤 밸브의 누설
- 실린더 내벽 마모로 내부 누설
- 유압호스, 배관, 이음부의 누설
- 카운트 밸런스 밸브의 성능저하

24 기중기 장치의 붐 상승이 약한 원인 (단, 펌프 및 유압유가 정상일 때)

- 릴리프밸브 압력 조정 불량
- 유압실린더 피스톤링 및 실 마모로 내부 누출
- 컨트롤 밸브 고장(누출)
- 실린더 내벽 마모
- 유압호스, 배관, 이음부의 누출

25 크레인 와이어의 과권방지 장치 3가지

- 나사형 리미트 스위치
- 캠형 리미트 스위치
- 중추형 리미트 스위치

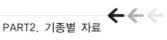

26 기중기 과부하방지 장치

기중기에서 호이스트 케이블에 가해지는 장력에 따라서 하중을 표시하는 하중검출계를 이용한 형식과, 동시에 정격 하중초과 시 경보벨이 울리도록 한 장치를 말한다.

27 기중기 붐 기복 방치 장치

기중에서 붐 호이스트 레버를 당겨 붐이 최대제한 각도가 되면, 붐 뒤쪽에 설치된 붐기복 정지장치의 스톱 볼트와 접촉되어 유로를 차단시키거나, 붐 호이스트 레버를 중립 위치로 오게 해서 붐의 상승을 정지시키는 장치를 말한다.

28 기중기 붐 전복 방지장치

기중 작업시 케이블이 절단되거나 붐이 뒤로 넘어가는 것을 방지해 주는 역할을 한다.

29 케이블의 고정법의 종류

- 클립 고정법
- 소켓 고정법
- 합급 고정법
- 쐐기고정법
- 시징

30 기중기 붐의 각도에 대하여 설명

- 기중기 작업시 붐의 최소 제한 각도 : 20°
- 드래그라인 작업시 적당한 붐의 각도 : 30~40°
- 작업시 적당한 붐의 각도 : 66° 30°
- 작업시 붐의 최대 제한 각도 : 78°

31 와이어로프 최대 하중 계산

예제1 다음과 같은 와이어로프에 안전하게 걸 수 있는 최대 하중은 얼마인가?

- 와이어 지름 : 6.4mm
- 인장강도 : 3,563N

[풀이] 단면적 A = $\pi D^2/4$ = (3.14 x D^2) / 4 = 0.785 × D^2

인장강도(f) = 최대 하중(Pf) / 단면적(A)

최대 하중(Pf) = 인장강도(f) × 단면적(A)

여기서, 인장강도 3,563N

1kg/㎟ = 9.8N이므로 3,563N / 9.8N = 363.57kg/㎟

단면적 A = $\pi D^2/4$ = (3.14 x 6.4㎟) / 4 = 32.1536㎟

따라서, 최대하중 = 인장강도 × 단면적

= 363.57(kg/㎟) × 32.1536(㎟) = 11,690kg

예제2 지름 1mm인 와이어 42개를 꼬아 만든 와이어 로프에 안전하게 걸 수 있는 최대 하중은 얼마인가? (단, 재료의 인장강도 480Mpa, 안전율 8)

[풀이] 단면적 A = $\pi D^2/4$ = (3.14 × 1^2) / 4 = 0.785

와이어 개수 42개 이므로 0.785 × 42 = 32.97㎟

최대 하중(Pf) = 인장강도(f) × 단면적(A)

= 480Mpa × 32.97㎟ = 15,825.6 Mpa/㎟

따라서 안전율이 8이므로 15,825.6 ÷ 8 = 1,978.2 Mpa/㎟

여기서 1 Mpa = 1 N/㎟ 이므로

최대 하중 = 1979.2 N

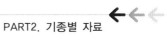

08 그레이더

01 개요

모터그레이더는 지면을 긁어 땅을 고르게 하는 건설기계로, 지균 작업(평탄 작업), 배수로 작업, 굴삭 작업, 매몰 작업, 경사면 절삭작업, 제설작업, 도로 보수작업 등을 할 수 있다.

모터그레이더의 건설기계 범위는 정지 장치를 가진 자주식인 것을 말하며, 그레이더의 크기는 블레이드의 길이로 표시하는데, 블레이드(배토판)의 길이가 3.7m 이상인 것을 대형, 3.0m 전후인 것을 중형, 2.5m 전후인 것을 소형으로 분류한다.

가. 지균작업

그레이더가 수행하는 작업의 대부분은 지균 작업이며, 비행장, 운동장, 도로 등의 정지 작업 및 청소작업을 그레이더가 수행할 수 있다. 작업 시 효과적인 삽의 각도는 20~30°이다.

나. 측구작업

그레이더로 배수로 등의 구축작업을 할 수 있다. 측구 작업 시 효과적인 삽의 각도는 약 55°이며, 이때 삽의 일단은 전륜 바로 뒤에 위치하게 조정한다. 그러나 현재는 굴착기가 신속하고 정확하게 작업을 수행하기 때문에 그레이더의 용도가 적어졌다.

다. 제설작업

그레이더의 삽이나 또는 제설기를 설치하여 쌓인 눈을 도로나 운동장에서 제거할 수 있다. 제설작업을 수행할 때는 삽을 지면에서 약 2cm 정도 들어서 작업한다.

라. 산포작업

자갈 및 모래, 아스팔트 등이 모여 있는 것을 깔아주는 작업을 말하며, 골재(자갈) 및 아스팔트가 손실되지 않게 정확하게 작업에 임한다.

마. 제방 경사작업

제방의 경사된 부분의 청소 및 절토 작업을 할 수 있다.

바. 배수로 매몰작업

삽을 자유로이 회전시켜 삽의 각도를 적당하게 세워서 파이프 및 송유관 등의 배수로 매몰작업을 할 수 있다.

사. 스케리 파이어(쇠스랑) 작업

매우 굳은 지면의 흙을 파헤칠 때 스케리 파이어로 굴착한 다음 블레이드로 깎아서 다듬질한다. 스케리 파이어로 작업할 때 절삭각 β는 아래 표와 같다.

항목	β	노면상태
최대	67~86°	아스팔트 도로 등의 굴삭 작업
표준	60~66°	자갈이 많이 섞인 건조 포장도로의 굴삭 작업
최소	53~60°	부드러운 흙에 작은 돌이 섞인 도로의 굴삭 작업

02 구조 및 규격 표시 방법

모터그레이더는 정지 장치를 가진 자주식인 것으로, 주행 차대에 배토판 등의 작업 장치를 장착한 것이 이에 속하며, 규격은 표준 배토판의 길이(m)로 표시한다.

03 모터그레이더의 구조

모터그레이더는 요철지에서 본체의 상, 하 및 좌, 우 움직임에 있어서 삽날의 수평 작업이 가능하도록 탠덤 장치와, 선회할 때 회전반경을 줄이기 위한 리닝 장치를 갖추어야 한다.

- 전륜과 후륜이 받는 하중은 3:7의 비율이 되도록 배분되어야 한다.

– 스캐리 파이어는 작업 지반의 상태에 따라 발톱 수를 조정할 수 있는 구조를 갖추어야 한다.

가. 리닝 장치(Leaning Wheel ; 전륜 경사 기구)

모터그레이더는 후차축에 차동장치가 없는 관계로 선회할 때 회전반경이 커지는 결점이 있다. 이를 보완하기 위하여 앞바퀴를 기울여 주는데, 전륜을 환향할 방향으로 20~30° 경사 시켜 작은 회전반경으로 환향이 용이하게 한다.

나. 탠덤 드라이브 장치(tandem drive system)

1) 탠덤 드라이브 장치는 4개의 후륜을 구동시켜 최대 견인력을 주며 최종 감속 작용을 한다. 이 장치는 바퀴가 상하로 움직여서 모터 그레이더의 균형을 유지함으로서, 본체의 상하, 좌우의 움직임에도 삽날은 움직임이 없이 수평 작업이 가능하도록 해준다. 또한 모터 그레이더가 직진할 때 직진성을 주며 완충작용을 도와준다. 그림과 같이 한쪽이 올라가면 한쪽이 같은 양만큼 내려가서 부정지 운행을 한다.

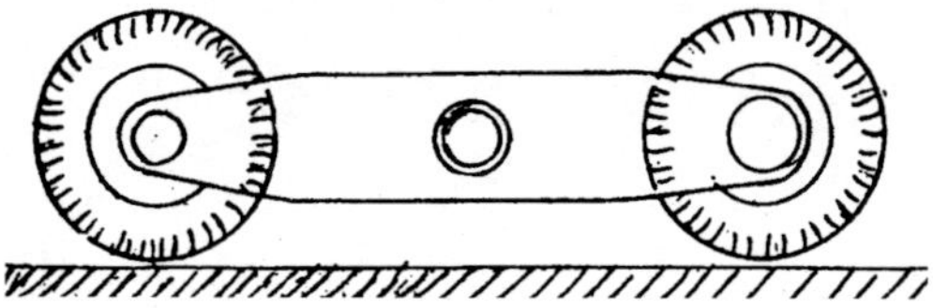

텐덤 구동 장치

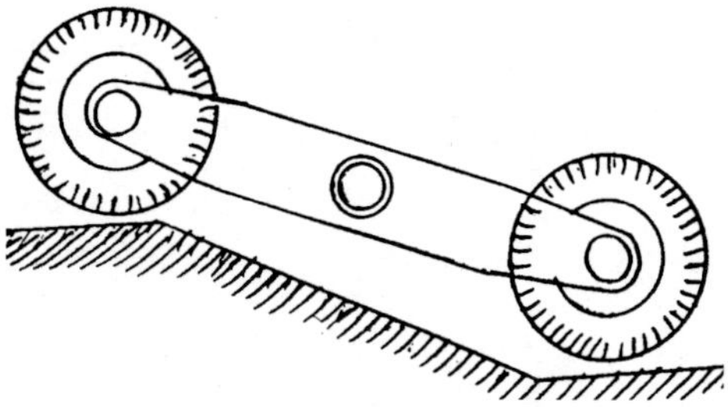

탠덤 구동 장치 작용

2) 종류

체인 구동식과 기어 구동식이 있으며, 체인 구동식은 탠덤 드라이브에서 감속이 안되고 기어식은 탠덤 드라이브에서 감속이 되는데, 1개의 피니언기어와 2개의 아이들기어 그리고 2개의 드라이브가 있다. 탠덤 드라이브 장치에는 기어 오일(GO)를 주유한다.

3) 구조

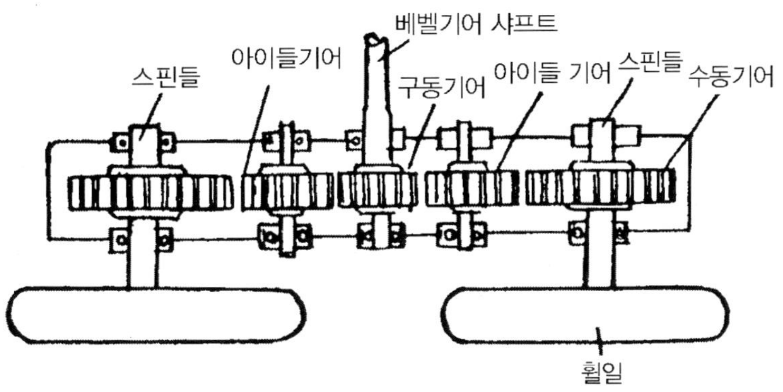

기어식 탠덤드라이브

가) 후차축

후차축은 강철로 되어 있으며, 축의 끝에 스프라인으로 된 최종구동기어 허브에 치합되어 있으며, 나머지 한끝은 베어링에 의해 프레임에 지지되어 2개의 스프로킷이 고정되어 있다.

나) 구동 스프로킷

후차축 끝에 2개가 설치되어 후 차축에서 동력을 받아 체인으로 거쳐 수동 스프로킷에 동력을 전달한다.

다) 체인

구동 스프로킷과 수동 스프로킷을 회전시키고 회전 충격을 완화 시켜주는 기능을 한다. 이 체인은 롤러 체인으로 되어 있고, 체인의 유격은 2.5~10cm이며 체인 유격 조정법은, 전후 스핀들 샤프트에 있는 볼트의 이심 베어링 게이지로서 조정하며, 이심 베어링 게이지의 구멍 1개를 이동시키는데 7.5cm의 차이가 있다.

라) 스핀들

수동 스프로킷 중앙에 끼어 있는 축이며, 스핀들 끝에 타이어가 설치된다.

다. 제동장치

주 제동장치는 유압식 제동장치로 4개의 뒷바퀴에만 제동이 이루어지며, 주차 브레이크는 변속기의 제 3축 앞끝의 드럼을 제동하는 외부 수축형식이다.

라. 시어핀

시어핀은 기계식 동력전달장치에서 작업 조정장치와 변속기 후부 수직축에 설치되어, 작업 중에 과다한 하중이 걸리면 스스로 절단되어 작업 조정장치의 파손을 방지해 준다. 보통 3D 연강핀을 사용하며, 현재의 모터그레이더는 유압장치를 사용하므로 시어핀은 설치되어 있지 않다.

마. 스냅 파우버 장치

전륜과 환향장치 사이의 웜기어 앞부분에 설치되어 있으며, 그레이더가 주행 중에 전륜에서 오는 지면의 충격이 핸들에 미치는 것을 방지하여, 환향을 용이하게 하고 운전자의 피로를 적게 한다.

바. 타이어

타이어는 수퍼 트랙션 패턴의 저압과 고압 타이어를 사용하는데, 고압은 주로 앞바퀴에 사용하고, 저압은 뒷바퀴에 사용하고 있다. 또 자기 세척 작용과 견인력을 증가시키기 위하여 앞뒤 타이어의 트래드 패턴을 반대 방향으로 설치한다.

사. 동력전달 순서

1) 기계식

기관 → 주 클러치 → 변속기 → 구동장치 → 탄뎀 드라이브 → 뒷바퀴

2) 유압식

기관 → 토크 컨버터 → 전/후진 클러치 → 파워 시프트 변속기 → 차동장치 → 최종 구동기어 → 탠덤 드라이브 → 뒷바퀴

04 작업 장치

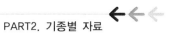

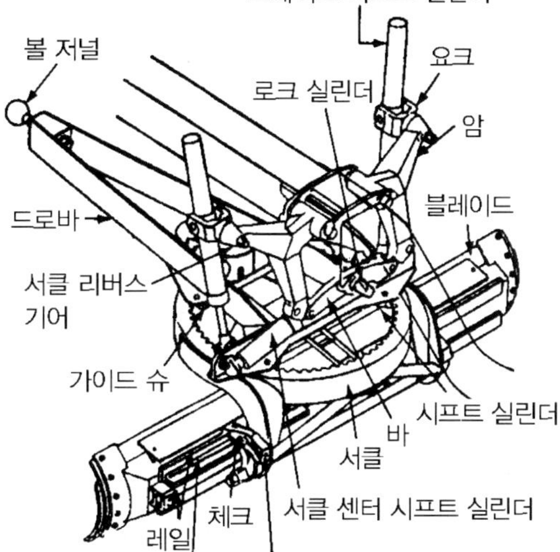

가. 블레이드

블레이드는 드롭 바 아래쪽에 서클을 사이에 두고 틸트 블록에 설치되어 있다.

나. 서클 장치

서클 장치는 블레이드를 좌우 회전 및 측동(가로방향 이동)을 할 수 있도록 하며, 360° 회전이 가능하다. 스캐리 파이어가 안쪽에 설치된 경우에는 150° 회전이 가능하고, 스캐리 파이어를 제거하면 360° 회전이 가능해진다.

다. 스캐리 파이어(쇠스랑)

스캐리 파이어는 굳은 땅 파헤치기, 나무뿌리 뽑기 등을 할 수 있는 작업 조건에, 생크는 모두 11개가 설치되어 있으나, 작업 조건에 따라 5개까지 빼내고 작업이 가능하다.

그레이더 예상문제

01 그레이더 스캐리 파이어 분해 공정

- 프레임에 블록을 받친 후, 프레임에서 투스와 키이, 샹크를 뺀다.
- 커버를 제거하고 스캐리 파이어 실린더를 탈거한다.
- 적당한 호이스트를 사용하여 프레임과 암 사이의 캡 스크루를 풀고 프레임을 들어낸다.
- 암과 플레이트를 연결하는 볼트를 풀고 암을 탈거한다.
- 플레이트의 볼트를 풀고 플레이트를 메인 프레임에서 탈거한다.

02 모터그레이더 리닝 장치의 설치 목적

- 회전 반경을 작게 하기 위함이다.
  : 모터그레이더는 차동장치가 없이 선회할 때 회전 반경이 커지는 결점을 보완하기 위해 앞바퀴를 좌우 20~30도 정도 경사시킨다.
- 작업시 그레이더의 미끄럼을 방지한다.
  : 배수로 등 굴착 작업시 토사가 흐르는 쪽으로 리닝시켜 그레이더의 미끄럼을 방지한다.

03 모터그레이더 리닝 장치의 분해조립 공정순서

- 프레임에 안전고임목을 고인다.
- 고정너트를 풀고 타이어를 탈거한다.
- 커버를 풀고 허브 어셈블리를 분해한다.
- 실린더 및 리닝 로드를 분해한다.
- 어셈블리에서 리닝 실린더 호스를 풀고 실린더를 탈거한다.
- 어셈블리를 탈거한다.

04 모터그레이더의 기계식 리닝 장치가 주행 중 저절로 리닝되는 원인

- 리닝 웜기어 백래시가 클 때
- 리닝 피니언과 래크의 백래시가 클 때

05 모터그레이더의 기계식 작업장치인 스캐리 파이어의 상, 하 진동이 심한 원인 3가지

- 웜기어의 마모
- 웜의 축 방향 유격과다
- 링크 볼 소켓의 마모

06 모터그레이더 스캐리 파이어가 진동을 일으킬 때의 원인과 대책

원 인	대 책
실린더 공기 혼입시	공기빼기 실시
유압 피스톤 실 파손	피스톤 실 교환
링크, 핀, 부싱 마모시	링크, 핀, 부싱의 교환
실린더 튜브 / 로드 변형	실린더 교환
캐비테이션 발생	흡입 필터 청소 및 작동 유량 보충

07 그레이더 탄뎀 드라이브의 탈거 공정순서

- 리어액슬 프레임에 고임목 설치
- 오일 드레인 플러그를 풀고 오일 제거
- 타이어 탈거(전, 후륜)
- 브레이크 파이프 및 악세사리 커버 탈거
- 탄뎀 드라이브 케이스에 인양 체인 설치
- 바깥 베어링 커버 탈거 후 인양 체인 설치
- 체인 마스터 링크 핀 제거
- 드라이브 스프로킷 제거
- 드라이브 케이스 탈거

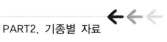

08 그레이더 탄뎀 체인 조정

- 탄뎀 드라이브 하우징의 커버를 분리하여 체인의 늘어지는 상태를 점검한다.
- 늘어짐의 한계는 2.5~10㎝이다.
- 조정은 전후 스핀들 샤프트에 있는 이심 베어링 케이지의 볼트구멍 1개를 이동시키는데 7.5㎝의 차이가 있다.

09 그레이더 작업장치의 압력이 불량할 때 압력 측정 방법 및 조정법

○ 측정 방법

- 작동유 온도를 워밍업(40~60℃) 한 다음 엔진을 정지하고, 작업 레버를 움직여 작업장치내의 압력을 제거한 후 컨트롤 밸브와 작동실린더 사이에 압력 게이지를 설치하고, 정격 회전속도로 엔진을 작동한 후 작업 레버를 최대로 작동시켰을 때 압력 게이지의 눈금을 판독한다.

○ 조정 방법

- 릴리프밸브의 압력 조정 나사를 좌 또는 우로 돌려 규정압력으로 조정하고 고정너트로 조인다.

10 시어핀

- 그레이더 동력제어의 종축에 있으며 컨트롤 조작중 작업 장치에 무리한 하중이 걸리면 작업의 안전과 기계의 보존을 위하여 쉬어 핀이 끊어진다. 시어핀이 끊어지면 60-D 못으로 대체할 수 있으며, 홈 하나를 더 낮추어 시어핀을 연속적으로 사용할 수도 있다.
- 기계식 그레이더의 작업 조정장치의 안전핀으로서, 그레이더가 작업 도중 무리한 하중이 걸릴 때 스스로 파괴되어 다른 부분의 고장을 방지하는 것.

11 대형 모터그레이더에서 타이어의 셀프 클리닝(자기세척작용)

- 휠의 견인력을 증가시킨다.
- 타이어를 냉각시킨다.
- 자기 세척과 미끄럼 방지 효과가 있다.
- 앞, 뒤 휠의 트레드 홈 방향을 바꾸어 설치한다.
- 셀프 클리닝 작용은 앞쪽 휠이 효과가 좋다.

12 토크컨버터와 변속기가 달린 모터그레이더가 기관 시동은 잘되는데 주행이 불가능하다. 고장원인 7가지

- 오일 공급압력이 낮을 때
- 오일펌프의 흡입라인에 공기 혼입
- 변속기 내부의 기어 변속 불량
- 변속기의 조정 밸브 불량
- 토크컨버터 고장
- 스테이터의 일방향 클러치의 고착

13 모터그레이더의 기계식 작업 장치의 블레이드가 작업중 자연 하강하는 원인 2가지

- 리프팅 장치의 웜기어 마모
- 리프팅 장치 웜기어의 축방향 유격 과다.

14 모터그레이더에서 파워 컨트롤 레버가 일부 또는 전부가 작동이 원활하지 않을 때 원인 5가지

- 컨트롤 밸브 스풀의 휨 또는 간극 불량
- 밸브 스풀과 몸체 사이의 이물질 발생시
- 레버 링크의 조정 불량
- 스풀 밸브의 고착
- 유압 라인의 막힘시

15 모터그레이더의 기계식 작업장치의 블레이드의 요동이 심한 원인 5가지

- 블레이드 연결핀부가 마모 파손시
- 리프팅 링크가 마모 파손시
- 서클 베어링이 마모 파손시
- 드로우 바의 연결부에 마모시
- 블레이드 측동 링크의 마모 파손시

16 모터그레이더 파워스티어링의 유압 특성과 조정 방법

※ **유압특성** :
- 적은 힘으로 조향조작이 가능하다
- 조향 조작력에 관계없이 조향기어비를 선정할 수 있다.
- 노면으로부터의 충격 및 진동을 흡수한다.
- 앞바퀴의 시미현상을 방지할 수 있다.
- 조향 조작이 경쾌하고 신속하다

※ **조정방법** :
- 조절나사법(조이면 압력상승/풀면 압력하강)
- 심 조정법(심 추가시 압력상승/심 제거시 압력하강)

17 그레이더 탄뎀 드라이브 장치의 기능

- 4개의 뒷바퀴를 구동시켜 견인력이 증가시킨다.(최종감속작용)
- 그레이더의 균형을 유지시킨다.(차체의 균형 유지)
- 블레이드의 수평 작업이 가능하다.(블레이드 균형 유지)
- 구동시 완충작용을 한다.(완충작용)

18 그레이더 탄뎀 드라이브의 과열 원인

- 탠덤 드라이브의 오일 부족시
- 체인의 유격이 적을 때
- 베어링의 고착시
- 오일의 열화 또는 점도가 너무 높을 때

19 그레이더의 스냅 파우버(스냅 버바) 장치의 기능

- 전륜과 환향 장치 사이에 설치되어 주행 중에 전륜에서 오는 지면의 충격이 핸들에 미치는 것을 방지하여, 환향을 용이하게 하고 운전자의 피로를 적게 한다.

20 기계식(클러치식) 모터그레이더의 동력전달순서

엔진 → 클러치 → 변속기 → 구동축 → 최종구동장치 → 탄뎀 드라이브 → 체인 → 뒷바퀴

21 토크컨버터식 모터그레이더의 동력전달순서

엔진 → 토크컨버터 → 구동축 → 전/후진 클러치 → 변속기 → 구동축 → 최종구동장치 → 탄뎀 드라이브 → 체인 → 뒷바퀴

22 그레이더 주요 작업 방법

- **측구작업** : 배수로 작업에 적합
- **제설작업** : 삽이나 제설기를 설치하여 눈을 제거하는 일
- **산포작업** : 골재나 아스팔트 등을 깔아주는 방법
- 제방경사작업 : 경사진 곳 절토 작업
- 매몰작업 : 삽의 각도를 조절하여 배수로, 송유관 등의 매몰작업

23 모터그레이더 파워스티어링 압력 조정법을 기술하시오.

- 장비를 웜업시켜 작동유 온도를 60℃까지 올린다.
- 압력계를 조향 실린더에 설치한다.
- 악셀레이터를 밟아 엔진 회전수를 상승시키고 조향 핸들을 작동한다.
- 규정 압력값에 도달하도록 압력조절밸브를 조정한다.

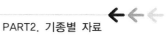

09 롤러

롤러는 자체 중량 또는 진동으로 토사 및 아스팔트 등을 다져주는 건설기계이다.

01 롤러의 건설기계 범위

- 조정석과 전압장치를 가진 자주식일 것
- 피견인식 및 진동식인 것이며, 규격 표시 방법은 중량(Ton)으로 한다. 또 중량은 자체 중량과 밸러스트(부가 하중)를 부착하였을 때의 중량으로 표시할 수 있다.

02 롤러의 종류

롤러는 다짐의 방법에 따라 자체 중량을 이용하는 전압 형식, 진동을 이용하는 진동 형식, 충격력을 이용하는 충격 형식 등이 있다.

- 전압 형식 : 탠덤 롤러, 타이어 롤러, 매커덤 롤러
- 진동 형식 : 진동 롤러, 진동 분사력 캠택터, 바이브로 컴팩트 롤러
- 충격 형식 : 래머, 프로그 래머, 탬퍼

가. 탠덤 롤러(Tandem roller)

탠덤 롤러는 앞바퀴와 뒷바퀴가 일직선으로 되어 있는 것으로 2륜식과 3륜식이 있다. 모두 앞바퀴 조향, 뒷바퀴 구동식이며, 용도는 아스팔트의 마지막 다짐 작업에 가장 효과적이다. 그러나 자갈이나 쇄석 골재 들은 다져서는 안된다. 3축식 탄덤 롤러는 다짐의 종류에 따라 중량 분포와 선압이 달라진다.

1) 자유 다짐

자유 다짐에서 2개의 안내 바퀴는 노면의 상태에 따라서 자유롭게 상하로 움직일

수 있으며, 모든 바퀴가 항상 지면에 접지되어있는 상태이다.

2) 반 고정다짐

반 고정다짐에서는 뒤쪽 안내 바퀴는 중간 안내 바퀴와 구동 바퀴를 연결하는 접선보다 아래로 내려가는 일이 없으며, 위쪽으로만 움직일 수 있는 상태이다. 이에 따라 노면의 굴곡 부분에서는 구동 바퀴로 통상적인 중량 배분에 따른 예비 다짐을 하며, 중간 안내 바퀴가 통과할 때에 안내 바퀴가 통과하여 마무리 다짐을 한다.

3) 전 고정다짐

반 고정다짐에서는 모든 바퀴가 항상 같은 평면상에 있는 상태이다. 1축이 노면의 볼록 부분을 통과할 때에 다른 어떤 한 바퀴는 공중에 뜨게 되며, 볼록 부분을 통과하는 바퀴의 중량이 증가하므로 축거가 길기 때문에 정밀하고 평탄한 면을 만들 수 있다.

※ 선압 : 다짐 능력을 비교하는 기준이 되는 것으로, 바퀴의 접지 중량을 그 바퀴의 너비로 나눈 값이며, 단위는 kgf/㎠ 이다.

나. 머캐덤 롤러(Macadam roller)

머캐덤 롤러는 앞바퀴 1개, 뒷바퀴가 2개인 것이며, 2개의 뒷바퀴로 구동을 하고 앞바퀴 1개로는 조향을 한다. 용도는 기초 다짐에 주로 사용하며, 자갈, 모래, 흙 등을 다지는데 매우 효과적이며, 아스팔트의 마지막 다짐에는 사용하지 못한다.

다. 진동 롤러(Vibratory roller)

진동 롤러는 자주식과 피견인식이 있으며, 용도는 제방 및 도로 경사지의 모서리 다짐에 사용되고, 또 흙, 자갈 등의 다짐에 효과적이다. 또한 자체 중량이 가벼워도 진동에 의한 타격력에 의하여 토사가 다져지므로, 매우 강한 다짐 작업을 할 수 있으나, 운전자가 진동에 의한 피로감을 많이 느끼므로 장시간 작업을 할 수 없는 단점이 있다.

라. 타이어 롤러(Tire type roller)

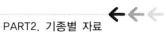

타이어 롤러는 흙, 아스팔트의 마지막 다짐 작업에 효과적이며, 특히 아스팔트 다짐에서 골재를 파괴하지 않고 요철 부분을 골고루 다질 수 있는 장점이 있다. 또 다른 형식의 롤러보다 기동성이 좋으며, 타이어의 공기 압력과 밸러스트(부가하중)에 따라 전압 능력을 조절할 수 있다. 타이어의 배열은 앞바퀴가 다지지 못한 부분을

뒷바퀴가 다질 수 있도록 되어 있다.

마. 탬핑 롤러(Tamping roller)

탬핑 롤러는 강판재의 드럼 바깥 둘레에 여러 개의 돌기(Tamping Foot)가 용접으로 고정되어 있으며, 흙을 다지는데 매우 효과적이다.

바. 바이브레이팅 롤러(진동 롤러)

가진기에 의하여 다짐 차륜을 진동시켜 다지는 형식으로, 사질토나 자갈 다짐에 적합하며 주로 도로 보수에 사용

사. 바이브로 컴팩트 롤러

기계를 진동시켜 차륜의 진동 및 자중에 의하여 다지는 형식으로, 갓길이나 사면, 구조물 주변, 도로 노반의 다짐에 사용

아. 바이브레이터리 플레이트 컴팩터(진동 분사력 캠택터)

내마모성의 두꺼운 강판 또는 진동판에 장착한 가진기로 진동시켜 다짐 효과를 높임

자. 래머

내연기관의 폭발로 인한 반력과 낙하하는 충격으로 다짐.
댐 코어 다짐과 같은 국부적인 다짐에 사용

차. 프로그 래머

대형 래머로 점성토 지반 및 어스댐 공사에 많이 사용

카. 탬퍼

전압판의 연속적인 충격으로 전압하는 기계로 갓길 및 소규모 도로 토공에 사용

03 롤러의 동력 전달 순서

가. 로드 롤러 동력 전달 순서

기관 → 메인 클러치 → 변속기 → 감속기어 → 차동장치 → 최종감속기어 → 뒷바퀴(타이어)

나. 타이어 롤러 동력 전달 순서

기관 → 메인 클러치 → 변속기 → 전/후진 변환장치 → 감속 및 차동장치 → 최종감속장치 → 바퀴

다. 유압 진동 롤러 동력 전달 순서

기관 → 유압펌프 → 유압제어장치 → 유압모터 → 차동장치 → 종감속장치 → 바퀴

04 밸러스트(Ballast, 부가하중)

롤러의 자체 중량으로는 전압 능력이 부족할 때, 부가 하중을 롤에 실어서 롤러의 중량을 증가시켜 전압 능력을 높이는 장치이다. 이 밸러스트는 철, 물, 중유, 모래 등을 사용한다.

타이어 롤러는 물탱크에 물을 필요한 양만큼 채우며, 머캐덤 롤러, 탠덤 롤러, 탬핑 롤러 등은 물, 모래, 중유 등을 주입한다. 그리고 머캐덤 롤러는 주철로 주조된 롤러 밸러스트를 적재할 때 밸러스트용 철재를 부착한다. 작업이 끝난 다음에는 밸러스트를 떼어내야 하며, 롤 속에 녹이 발생되는 것을 방지하기 위하여 중유나 폐유를 사용하는 것이 바람직하다.

롤러의 중량은 자체 중량과 밸러스트를 부과하거나 주입하였을 때를 함께 표시한다. 예를 들면, 8 ~ 12톤이라는 표기는, 자체 중량이 8톤이며, 밸러스트를 4톤을 가중시킬 수 있으므로, 총 12톤이라는 의미이다.

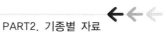

롤러 예상문제

01 다짐기계의 종류로 다짐 방법에 따른 3가지

- **전압식** : 탠덤 롤러, 타이어 롤러, 머캐덤 롤러, 탬핑 롤러
- **진동식** : 진동 롤러, 진동 컴팩트
- **충격식** : 래머, 탬퍼

02 롤러의 다음에 용어

- **선압** : 다짐 능력을 비교하는 기준이 되는 것으로
  차륜이 접지 중량을 차륜 넓이로 나눈 값이며 kg/㎠ 이다.
- **기진력** : 기계 진동력을 말하며
  기계중량이 크면 다짐압이 커서 지반의 밀도가 높아진다.
- **다짐폭** : 1회의 통과에 의해서 롤링되는 최대 너비
- **밸러스트** : 토목 공사 등 노면정지 작업에 사용되는 로드 롤러의 전압 강도를 높이기 위하여 드럼 속에 채워 넣는 고철, 모래, 물 등을 말한다.

03 롤러의 밸러스트(ballast)

- 롤러 자체의 무게로 전압 능력이 적을 때 부가하중을 실어서 전압 능력을 높이는 것으로, 부가 하중은 철, 물, 중유, 모래 등을 사용한다.

04 건설기계 롤러의 성능시험 항목 5가지

- 롤, 롤 돌기부의 부식, 마모로 인한 심한 변형 유무
- 타이어 동요 장치의 잠금은 운전석에서 쉽게 조작할 수 있을 것
- 기진기는 작동상태가 양호하고 차체와 바퀴 사이에 방진장치가 있을 것
- 살수장치가 정상 작동될 것
- 다짐 압력은 밸러스트에 의해 가감될 수 있을 것

05 롤러가 주행이 되지 않는 원인 4가지를 기술 (단, 유압유와 모터에 대해서만)

- 유압탱크 내의 오일 부족
- 흡입 휠터 및 흡입 관로 막힘
- 유압모터의 기계적 결함
- 유압회로 내의 공기 혼입
- 오일 압력이 낮아서

06 롤러가 주행하지 못하는 원인 5가지

- 오일펌프 흡입라인에 공기 혼입
- 토크컨버터 오일 부족
- 전, 후진 변환장치 고장
- 차동장치 고장
- 최종감속장치 결함
- 구동축의 절손 또는 불량

07 롤러의 동력 조향 핸들 작동이 잘 안되는 원인

- 유압펌프 토출량 부족
- 조향 밸브 슬리브 고착
- 조향 밸브 복귀 스프링 불량
- 조향 실린더 작동 불량
- 유압 작동유 부족
- 릴리프밸브 설정 압력 부족

10 콘크리트 배칭플랜트

01 개요

콘크리트 배칭 플랜트(concrete batching plant)는 콘크리트의 각 재료를 기계적으로 소정의 배합률로 계량하여 혼합기(mixer)로 보내고, 소요되는 성질의 콘크리트를 능률적이고 경제적으로 제조하는 건설기계이다. 저장빈, 계량장치 및 믹서는 배차치 플랜트라 부르는 1개의 설비로 통합 정리되어 있다. 배치 플랜트는 원재료 및 혼합된 콘크리트의 이동을 자연 낙하에 의한다. 높이 30m 이상 되는 탑실식으로 되어 있는 것이 보통이다.

※ 배치 플랜트(Batch plant)의 구비조건

- 계량장치가 정확해야 한다.
- 계량, 작동 조작이 간편해야 한다.
- 계량치 수정이 쉽고 조작은 중앙 집중식이어야 한다.
- 구조가 견고하고 고장이 적도록 조립식이 좋다.
- 내구성이 있어야 한다.

02 규격 표시

콘크리트 배칭 플랜트의 건설기계 범위는 골재 저장장치, 계량장치 및 혼합장치를 가진 것으로 원동기를 가진 이동식인 것이며, 크기는 콘크리트의 시간당 생산 능력(ton/h)으로 표시한다.

03 구조

콘크리트 배칭 플랜트는 콘크리트를 구성하는 모든 재료를 저장통에 공급하는 공급 부분, 소정의 배합률로 계량하는 배처(batch) 부분, 혼합하여 소요 성질의 콘크리트를 만드는 혼합 부분으로 구성되어 있다.

가. 재료 저장장치

이 부분은 콘크리트 배칭 플랜트의 가장 윗부분에 있으며 재료별로 구분되어 있는데, 연속작업을 할 때는 공급 부분 기계 능력에 따라 용량이 결정된다.

나. 재료 공급장치

이 부분은 저장장치 아래쪽 개구부 게이트에 의한 고급장치가 마련되어 있는데, 재료의 종류에 따라 공급 방법이 다르다. 일반적으로 골재는 컷 오프(cut-off)형이 사용되며, 시멘트 등은 특수한 수송기 또는 밀폐 밸브를 사용한다. 계량의 정확성을 높이기 위해서는 공급장치의 우열이 가장 중요하며, 공급 게이트는 사람의 힘, 공기력 또는 전력에 의해 조작된다.

다. 계량장치

이 부분은 계량 호퍼, 계량기 및 그 지시계 등으로 구성되어 있다.

11 콘크리트 피니셔

01 개요

정리 및 사상 장치를 가진 것으로 원동기를 가진 것으로, 주행 차대에 스크리드 및 바이브레이터 등의 작업장치를 장착한 콘크리트 포장기계가 이에 속하며, 규격은 콘크리트를 포설할 수 있는 표준 넓이(m)로 표시하고 신장 가능한 경우는 최소와 최대 넓이로 한다.

분단 속도는 23~37m/s이며, 콘크리트 스프레이드 뒤에서 앞고르기, 뒷고르기, 진동 등 3대 작용을 하며 포장 표면을 완성한다.

02 작업장치

퍼스트 스크리드, 바이브레터, 피니싱 스크리드의 3개로 되어 구동하는데, 유압에 의한 원격 조작으로 서로 간의 높이 조정과 각각 조정이 되며, 퍼스트 스크리드나 피니싱 스크리드는 핸들에 의서도 조정이 된다. 피니싱 스크리드는 견인되면서 평탄하게 이동하며, 퍼스트 스크리드와 바이브레터는 작업 조건에 따라, 주행각의 개폐에 의해서 상하좌우로 섭동하면서 행정을 자유로이 조정한다.

콘크리트 피니셔 예상문제

01 콘크리트 포장기계의 종류 및 특성

- **콘크리트 펌프** : 높은 곳의 콘크리트 타설과 넓은 공간의 균일한 콘크리트 타설 용이
- **콘크리트 살포기** : 대량 및 일정한 폭으로 콘크리트 타설시 용이
- **콘크리트 피니셔** : 타설한 콘크리트를 다지고 표면을 마무리 짓는 공사에 사용

02 포장용 건설기계의 종류 5가지

- 콘크리트 배칭 플랜트
- 콘크리트 믹서
- 콘크리트 피니셔
- 골재살포기
- 롤러
- 아스팔트 피니셔

12 아스팔트 믹싱 플랜트

01 개요

아스팔트 믹싱 플랜트(Asphalt Mixing Plants)는 아스팔트 도로공사에 사용되는 포장재료를 혼합·생산하는 건설기계로서 골재 공급장치, 건조 가열장치, 혼합장치, 아스팔트 공급장치와 원동기를 가진 것을 말하며, 트럭식과 정치식이 있고, 장비 규격은 시간당 생산량(㎥/h)으로 표시한다.

02 구조와 작용

아스팔트 믹싱 플랜트는 골재 저장통의 골재가 피더를 통해 엘리베이터를 타고 드라이어(건조기)에 공급된다. 드라이어는 3~7° 경사로 회전하며, 투입된 골재는 중유 버너로 가열하여 골재를 건조시킨다. 건조된 골재는 핫 엘리베이터(hot-elevator)를 통해 진동 스크린에 저장되며 각 입자 크기별로 선별되어 계량장치에 공급된다.

가. 피드 호퍼(feed hopper)

호퍼는 골재를 저장하며, 벨트 컨베이어를 통해 건조 드럼으로 향하는 엘리베이터로 운반된다. 이때 골재는 건조 가열되지 않은 상태이므로 콜드(cold elevator)라고 하며, 콜드 엘리베이터는 버킷 용량의 80% 정도를 넣고 운전하는 것이 좋다.

나. 건조기의 버너

이 장치는 버너, 연소실, 받침대, 송풍기, 연료펌프, 파이프 등으로 구성되어 있으며, 연료를 20(특수문자) 정도의 미립자로 무화 시켜 분사하면서 연소시키며, 1차 공기는 연료를 분사시키고, 2차 공기는 연소를 일으켜 유입되는 연료량과 공기를 조정하면서 자갈/모래를 건조 시키는 장치이다.

다. 혼합기

혼합기는 2축 퍼그밀 형식 혼합 방식이며, 2개의 날개가 서로 반대 방향으로 회전하면서, 아스팔트를 끓힌 것과 자갈/모래를 신속하게 적당한 비율로 혼합하여 준다. 배합의 특성은 골재량으로 결정되며, 혼합기 축의 회전수는 70~80rpm 정도이다.

라. 골재 가열 건조장치(dryer ; 드라이어)

골재 가열 건조장치는 아스팔트 믹싱 플랜트의 능력(용량/기구 및 형상)에 적합한 열효율을 얻을 수 있도록 설계 제작되어 있다.

버너는 특수 장화염식을 사용하고 있는데, 이것은 열효율을 측정함과 동시에 건조드럼의 손상을 방지할 수 있다. 또 착화는 프로판 가스를 사용하며 버튼으로 작동된다. 조작실에서 착화 버튼을 누르면 자동적으로 프로판 가스 버너를 착화한 다음 중유 버너로 전환된다. 중유 연소량의 전환은 레버로 중유와 공기량을 조절할 수 있도록 되어 있다.

이 밖에 연소 상태를 점검할 수 있도록 되어 있는데, 불이 꺼졌을 때에는 중유의 공급을 차단함과 동시에 경보기가 작동되도록 한다. 그리고 아스팔트의 온도를 기록하는 온도계가 부착되어 있다.

건조장치의 경사 각도는 1.5 ~ 5.0°를 많이 사용하며, 자갈/모래 및 아스팔트 등을 160℃ 정도 가열시키며, 아스팔트의 가열온도가 낮으면 결착력이 강해져 혼합이 곤란하게 된다. 그리고 송풍기의 벨트 장력이 약하면 버너가 제대로 작동하지 못해 건조/가열이 어려워진다. 건조기 드럼은 지지 풀러로 조정한다.

마. 핫 엘리베이터(hot elevator)

이 장치는 골재 가열 건조장치에서 건조된 골재를 믹싱 타워(mixing tower)로 운반하기 위하여 원심 배출형의 버킷 엘리베이터를 사용한다.

바. 진동 스트린(screen)

이 장치는 골재를 입자별로 선별하는 장치이다. 즉 가열된 골재를 움직이는 스크린으로 분류하며, 믹싱 타워의 가장 안쪽에 설치되어 있다.

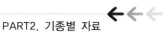

사. 아스팔트 캐틀(cattle)

이 장치는 아스팔트 용해용 솥으로, 아스팔트 용해 장치에는 직접 가열 방식과 간접 가열 방식이 있다.

직접 가열 방식은 캐틀에 아스팔트를 주입하고 버너로 가열하여 용해시키는 것이며, 소형 아스팔트 믹싱 플랜트에서 사용한다. 또 간접 가열 방식은 가열한 오일(주로 란도 오일 사용)을 탱크에 순환시켜서 아스팔트를 용해하거나 보온하는 형식이며, 온도 조절이 쉬우며 대형 아스팔트 믹싱 플랜트에서 사용한다.

아. 계량장치

계량장치는 아스팔트를 계량할 때는 누적 계량 방식을 사용하며, 석분이나 아스팔트는 개별 계량 방식을 사용한다.

자. 배풍기와 집진장치

건조기 드럼 내에서 발생한 수증기, 먼지, 연소가스, 진동 스크린에서 발생한 분진 등은 배풍기에 의해서 배출된다. 또 배기가스 중에는 골재의 세립과 띠클 등이 포함되어 있기 때문에 이것들이 굴뚝에서 대기 중으로 방출되지 않도록 집진장치를 두고 있다.

배풍기에 필요한 풍량은 아스팔트 믹싱 플랜트의 호칭 능력(ton/h)당 8㎥/min 정도의 것이 많으며, 소요의 풍압은 일반 사이클론(cyclon)을 설치하였을 경우에는 약 150mmHg 정도이며, 2차 집진기를 부가할 경우에는 200~300mmHg 정도이다.

집진기에는 1차와 2차 집진기가 있으며, 1차 집진기는 주로 배기가스 중의 황산화물을 제거하며, 배풍기는 1차 집진기 뒤에 둔다. 그리고 2차 집진기는 습식집진기나 백 필터(back filter)를 많이 사용하며, 건식집진기는 배출가스가 완전히 제거되지 않아 대기를 오염시키므로, 최근에는 물을 분사시키는 공간에 배출가스를 통과시켜서 청정하는 습식 집진기를 사용한다. 가장 효율적인 집진장치는 백 필터이다.

03 아스팔트 포장기계 사용시 유의사항

- 아스팔트 피니셔 호퍼는 덤프에 지장이 없으므로 높게 하지 않아도 된다.
- 아스팔트 믹싱 플랜트의 골재 공급장치 피더는 공급량을 조절할 수 있는 장치라야 한다.
- 아스팔트 믹싱 플랜트의 아스팔트 공급장치는 보온용 석면을 입혀야 한다.
- 아스팔트 살포기의 탱크는 주행할 때 파동방지를 위한 방파판을 내부에 두어야 한다.
- 아스팔트 살포기는 역청 재료의 살포에 사용한다.
- 아스팔트 혼합물의 전압은 로드 롤러나 타이어 롤러로 한다.
- 아스팔트 혼합물은 아스팔트 믹싱 플랜트에서 제조된다.
- 아스팔트 혼합물의 포설은 아스팔트 피니셔로 한다.

04 아스팔트 믹싱 플랜트의 운전전 점검 사항

- 체인 및 벨트의 유격
- 급유 상태
- 각 부분의 볼트 이완 상태

13 아스팔트 피니셔

01 개요

아스팔트 피니셔Asphalt Finishers)는 아스팔트 플랜트로부터 덤프트럭에 운반된 혼합재를 노면 위에 일정한 규격과 두께로 깔아주는 것으로, 기관, 호퍼, 피더, 스크루, 스프레더, 댐퍼, 스크리드 등의 작업 장치를 설치하고, 살포, 진동, 고르기 작업을 할 수 있는 아스팔트 포장 건설기계이다.

아스팔트 피니셔의 건설기계 범위는 정리 및 사상 장치를 가진 것으로 원동기를 가진 것이며, 크기는 아스팔트를 부설할 수 있는 표준 포장 폭(m)으로 표시한다.

소형은 호퍼 용량 1~2톤, 대형은 호퍼 용량이 5~6톤 정도이며, 자체 중량은 13~14톤 정도이다.

02 아스팔트 피니셔의 종류

가. 타이어식

- 주행 저항이 적고 기동성이 좋다.
- 앞바퀴는 고무제 솔리드(solid) 타이어이며, 뒷바퀴는 공기 타이어를 사용한다.
- 접지 압력이 크고 견인력이 작다.
- 지지력이 작은 노반상의 주행에서는 미끄럼을 일으키기 쉽다.

나. 무한궤도식

- 접지 압력이 낮은 연약지반에서의 작업이 용이하다.
- 견인력이 크다.
- 기동성이 불량하다.

03 아스팔트 피니셔의 구조

가. 리시빙 호퍼(receiving hopper)

리시빙 호퍼는 덤프트럭으로 운반된 혼합재(아스팔트)를 저장하는 용기이다.

나. 피더(feeder)

피더는 호퍼 바닥에 설치되며, 혼합재를 스프레이딩 스크루로 보내준다.

다. 스프레딩 스크루(spratting screw)

스프레딩 스크루는 스크리드에 설치되며, 피더에서 공급받는 혼합 재료를 균일하게 살포하는 장치이다.

라. 댐퍼(damper)

댐퍼는 스크리드 양쪽에 설치되며, 노면에 살포된 혼합 재료를 요구되는 두께로 포장 면을 85% 정도 다져준다. 포장 두께는 2개의 조정 스크루(두께 조정기)에 의하여 조정된다.

마. 스크리드(screed)

스크리드는 노면에 살포된 혼합 재료를 매끈하게 다듬는 판이다.

바. 스크리드 히터(screed heater)

스크리드 히터는 스크리드를 가열하기 위해 설치한 것이며, 오일 버너가 스위치 조작으로 점화 및 소화된다.

사. 스크리드 자동 조절장치

이 장치는 스크리드 기준면에 대한 가로, 세로의 변화를 감지할 수 있게 되어 있으며, 서보 기구에 의해 스크리드 암을 자동적으로 조절함으로써 평탄한 포장 노면을 얻을 수 있고, 설정 포장 두께를 유지할 수 있다.

자동 조절장치에는 그레이드 센서(grade sencer)와 슬로프 센서(slop sencer)가 있으며, 그레이드 센서는 와이어나 막대를 이용하여 높이를 검출한다. 또 레벨링 암(leveling arm)의 피벗을 상하로 진동시키는 조절기구가 있다.

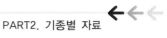

아. 고정장치

이 장치는 4개의 전자 바이브레이터(vibrator)에 의해 스크리드에 전동을 가하면 고정장치가 작동하여 균일한 포장을 할 수 있다.

자. 혼합 재료 이송량 자동 제어장치

이 장치는 좌우 2개의 컨베이어와 스크리드가 각각 자동적으로 정지되므로 일정한 높이가 유지된다.

차. 주행장치

주행장치는 좌우의 무한궤도에 요동 롤러를 설치하여 노반의 요철에 의하여 스크리드에 미치는 악영향을 제거하여 포장 면의 불균일을 방지해 준다.

04 각 부 조정 방법

- 스크리드 플레이트 변형의 크기는 혼합물의 종류에 따라 다르나 일반적으로 1mm이내이어야 한다.
- 주행 롤러 체인의 장력은 늘어짐이 축간거리의 2~4% 정도로 한다.
- 바 피터(bar feeder)와 블록체인의 장력은 유동륜을 손으로 돌릴 수 있도록 하며, 좌우가 평행되어야 한다.

아스팔트 피니셔 예상문제

01 아스팔트 피니셔에서 혼합재(아스콘)가 작업장치를 통과하는 순서

- 호퍼
- 피이더
- 스프레딩 스크류
- 스크리드

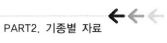

14 쇄석기

01 개요

쇄석기(Crusher)는 도로공사 및 콘크리트 공사에 사용되는 골재를 생산하기 위해 원석을 부수어 자갈을 만드는 건설기계이다. 일반적으로 1차, 2차로 나누어 쇄석을 하며, 1차, 2차 모두 조 쇄석기(Jaw Crusher)를 사용하거나, 1차는 조 쇄석기, 2차는 콘 쇄석기(Cone Crusher) 또는 롤 쇄석기(Roll Crusher)를 사용하는 경우도 있다.

- 쇄석기에는 조형(Jaw Crusher), 콘형(Cone Crusher), 롤형(Roll Crusher) 등이 있으며, 파쇄 방법에는 압축식과 충격식이 있다.
- 쇄석기의 건설기계 범위에는 20kW 이상의 원동기를 가진 자주식이어야 한다.

02 쇄석기의 종류

가. 조 쇄석기(Jaw Crusher)

- 고정된 수동판과 요동하는 구동판을 마주 보게 설치되어 있다.
- 싱글 토글형(Single toggle type)과 더블 토글형(Double toggle type)이 있다.
- 투입구(Feed hopper)가 몸체이 비하여 크다.
- 파쇄용량과 파쇄 비율이 커서 1차 파쇄에 적합하다.
- 조 쇄석기 투입구의 크기는 조 사이의 최대거리(mm) × 쇄석판의 폭(mm)으로 표시한다.

1) 싱글 토글형의 장점

- 파쇄 능력이 크다.
- 구조가 간단하다.

- 중량이 가볍다.

나. 콘 쇄석기(Cone Crusher),

- 고속으로 선회운동을 시켜 파쇄하는 방식
- 2차 파쇄작업에 적합하며, 잘게 파쇄하는 작업에 효과적이다.
- 균일한 크기의 쇄석으로 만들 수 있다.
- 무부하 운전을 할 때는 귀환 오일의 온도, 매틀 자유 회전상태 등에 대하여 점검한다.

다. 로드 밀 쇄석기(Road mill Crusher),

로드 밀 쇄석기는 회전형 쇄석기로 원통형 드럼 내부에서 여러 개의 강봉(Steel rod)이나 볼을 회전시켜서 파쇄를 하며, 가는 골재 생산에 적합하다. 로드 밀에서 트러니언(Trunion)의 중앙을 통하여 자갈이나 모래를 배출하는 형식을 오버 플로형(Over floe type)이라고 한다.

라. 임팩트 쇄석기(Impact Crusher),

- 타격판을 부착한 로터를 고속으로 회전시켜서 충격적으로 파쇄작용을 한다.
- 생산물이 입방체로 생성된다.
- 파쇄 비율이 다른 쇄석기에 비하여 크다.

마. 자이로터리 쇄석기(Gyratory Crusher),

이 형식은 고정된 도립 원추형 용기 내부에 원뿔형의 머리를 주축에 부착하여 파쇄실을 형성하고, 편심축의 회전에 의하여 원뿔형의 머리가 편심 선회하면서 파쇄하는 형식이다. 투입구의 크기는 콘 케이브와 맨틀 사이의 간격(mm) × 맨틀 지름(mm)이다.

※ 쇄석 과정

투입구(피드 호퍼) → 1차 쇄석기 → 전단 컨베이어 → 선별기 → 2차 쇄석기 → 컨베이어 → 선별 산적

03 쇄석기의 구조

가. 호퍼(Feed hopper ; 투입구)

호퍼는 쇄석하려는 돌을 집어넣는 용기이며, 피드는 조 쇄석기에서 왕복운동을 하며 돌을 조에 보내주는 장치이다.

나. 딜리버리 컨베이어(Delivery conveyer ; 전달 컨베이어)

딜리버리 컨베이어는 1차 쇄석기에서 쇄석된 골재를 2차 쇄석기로 운반하거나 골재 선별장으로 운반한다.

다. 진동 스크린(Vibration screens)

진동 스크린은 일종의 체이며, 진동을 일으켜 골재를 크기별로 분류하는 선별작업을 하며, 스크린의 크기는 메시(mesh ; $inch^2$ 당 구멍수)로 표시한다.

라. 승강기(엘리베이터)

승강기는 골재를 수직으로 이동시키는 장치이다.

마. 컨베이어 벨트(Conveyer belt)

컨베이어 벨트에는 피드 컨베이어(공급용), 딜리버리 컨베이어(분류용), 롤 컨베이어, 샌드 컨베이어 등이 있으며, 골재를 이동시키는 일을 한다. 그리고 컨베이어 벨트의 장력 조정은 테일 풀리(Tail pully)와 플로팅 풀리(Floating pully)의 하중으로 한다. 벨트의 속도는 단위 시간당 벨트의 원주 속도로 표시한다.

바. 크러싱 조

호퍼의 돌을 받아서 충격에 의해 1차로 쇄석하는 장치

사. 크로싱 롤러

2개로 되어 있으며, 2차 쇄석 작업을 한다. 회전 속도는 65~70rpm 정도.

쇄석기 예상문제

01 쇄석기(크러셔)의 종류 4가지 기술

- **조 크러셔** : 압축력에 의하여 파쇄. 파쇄 용량과 파쇄 비율이 커서 1차 파쇄에 적합
- **콘 크러셔** : 충격력, 압축력을 이용하여 파쇄. 균일한 크기 쇄석으로 2차 파쇄에 적합
- **로드 밀 크러셔** : 회전형 크러셔로 가는 골재의 생산에 적합
- **자이어러터리 크러셔** : 원뿔형의 머리가 편심 선회하면서 파쇄하는 형식
- **해머 크러셔** : 타격력에 의해 파쇄
- **롤 크러셔** : 압축력을 이용하여 파쇄
- **임팩트 크러셔** : 생산물이 입방체로 나오며 파쇄 비율이 다른 크러셔보다 크다.

02 쇄석기의 종류에 따른 규격

- **조 쇄석기** : 조 사이의 최대간격(mm) × 쇄석판의 폭(mm)
- **롤 쇄석기** : 롤의 지름(mm) × 길이(mm)
- **자이러토리 쇄석기** : 콘 케이브와 맨틀 사이의 간극(mm) × 맨틀 지름(mm)
- **콘 쇄석기** : 베드의 지름(mm)
- **임팩터 또는 해머 쇄석기** : 시간당 쇄석 능력(ton/h)
- **로드 밀 및 볼 밀 쇄석기** : 드럼지름(mm) × 길이(mm)

03 죠 크러셔에 무리한 하중이 걸릴 때의 안전장치의 부품 명칭

– 토글 플레이트

04 쇄석기 각부의 기능 및 역할

- **피터 호퍼** : 쇄석하려는 돌을 넣어 주는 용기이며 왕복 운동을 하여 죠에 보내주는 역할을 한다.
- **크러싱 조** : 피더 호퍼의 돌을 받아서 충격에 의해 1차 쇄석하는 장치이다.
- **진동스크린** : 상자에 철망으로 된 체를 부착하여 체면을 고속으로 진동시켜 골재를 분류하는 기계.

05 쇄석기의 쇄석 과정

투입구(피드 호퍼) → 1차 쇄석기 → 전단 컨베이어 → 선별기 → 2차 쇄석기 → 컨베이어 → 선별 산적

15 공기 압축기

01 에어 컴프레셔(Air compresser)의 구성품 5가지 설명

가. 애프터 쿨러

냉각수나 찬 공기를 이용하여 압축 공기의 온도를 저하시켜서 수분을 제거하는 역할을 하며, 공기압축기가 부식되는 것을 방지하는 역할을 한다.

압축기와 저장 탱크 사이에 설치되며, 냉각수를 이용하면 압축 공기의 온도를 10~15℃ 정도로 낮출 수 있어 여름철에는 이 방법만으로도 충분히 공기를 건조시킬 수 있다. (일종의 열교환기)

나. 인터쿨러

- 중간 냉각기는 저압 실린더와 고압실린더 사이에 설치되어 저압 실린더에서 공기를 압축할 때 발생한 열을 냉각시켜 고압실린더로 보낸다. 중간 냉각기는 안전밸브를 설치하여 3.5 kg/㎠ 이상으로 압력이 걸리는 것을 방지한다.

다. 언로드 밸브

- 일정한 조건으로 펌프를 무부하로 하기 위하여 사용되는 밸브로, 계통의 압력이 설정의 값에 달하면 펌프를 무부하로 하고, 또한 계통압력이 설정값까지 저하되면 다시 계통으로 압력 유체를 공급하여 주는 압력 제어밸브

라. 공기 자동조절기

- 고압실린더에서 발생한 압축 공기의 양을 자동으로 조절하여 공기탱크로 보내는 역할을 한다.

마. 공기탱크(air tank)

- 공기압축기에서 생산된 공기를 저장하여 작업상태에 따라 공기를 공급해 준다.

02 공기압축기에서 압축이 천천히 되는 원인

- 체크밸브의 불량으로 역류될 때
- 벨트가 느슨하여 압축기의 구동 상태가 불량할 때
- 공기청정기의 막힘으로 인한 흡입량의 감소
- 콤프레셔 각 부의 마모가 심할 때

03 공기압축기에서 언로더의 기능

- 공기압축기가 규정압력에 도달했을 때 공기압축기를 무부하 시켜 압력을 일정하게 유지하는 역할

04 리시버 탱크(공기탱크)에 설치되는 밸브

- 드레인 밸브
- 블로다운 밸브
- 안전 밸브
- 서비스 밸브

05 베인식 공기압축기에서 압축실 내로 오일을 분사하는 이유

- 베인과 케이싱 사이의 빌봉을 위하여
- 윤활 작용을 위하여
- 압축공기의 냉각을 위하여

06 공기압축기의 공기 생산과정

에어크리너 → 1단계압축기 → 중간냉각기(인터쿨러) → 고압실린더 → 아프터쿨러 → 공기탱크

16 천공기

01 천공기의 분류

천공기는 지면이나 바위 등에 구멍을 뚫는 건설기계를 말하며, 천공 방식에 따라 충격식(타격식)과 회전식으로 구분되고, 충격식은 유압을 추진력으로 하는 THD(Top Hammer Drilling)와 공기압을 추진력으로 하는 DHD(Down the Hole Hammer Drilling)로 구분한다.

가. THD(Top Hammer Drilling)

유압을 추진력으로 사용하며, 유압 부품인 드리프터에서 발생되는 회전력과 타격력이 로드와 드릴 비트를 통해 암반면에 전달되어 암반을 파쇄하는 방식

나. DHD(Down the Hole Hammer Drilling)

압축공기 피스톤이 비트를 직접 타격하는 방식으로 추진력, 회전력, 타격력을 모두 이용한다. 공압 해머가 로드 하부에 장착되어 비트 직상부에서 비트 드릴을 직접 타격하여 천공 깊이와 관계없이 비교적 일정한 타격력을 암반에 전달할 수 있다.

다. RD(Rotary Drilling)

3가지 천공법 중 가장 규모가 큰 형태로 타격력 없이 회전력과 추진력만으로 천공작업을 수행하는 방식. 추진력과 회전력은 지상의 드릴 리그의 자중과 대형 유압장비를 통해 제공된다.

02 천공기의 범위 및 구조

가. 건설기계 관리법상 천공기 등의 범위

1) **건설기계의 범위** : 천공장치를 가진 자주식일 것
2) **구조 및 형식** : 무한궤도식, 타이어식 또는 굴진식 등 스스로 이동이 가능한 것으로서, 수평 또는 수직으로 천공할 수 있는 장치를 장착한 기계

나. 기종별 규격의 표시

1) **크롤러식** : 착암기의 중량(kg)과 매분당 공기 토출량(㎥/min) 및 유압 토출량(L/min)
2) **크롤러 점보식** : 프레트롤 단수와 착암기 대수(0단 × 0대)
3) **실드 머신** : 최대 굴착 직경(mm)
4) **터널 보링 머신** : 최대 굴착 직경(mm)
5) **오거 등** : 최대 천공 직경(mm)

03 천공시 사용되는 기구

가. 핸드 해머(Head hammer)의 특징

- 좁은 장소의 굴진, 파쇄작업 등에 적합하다.
- 크기에 비해 굴진력이 크다.
- 방음, 방진 장치가 부착되어 있다.

나. 싱커(Sinker)의 특징

- 주로 단단한 암석에 구멍을 뚫는데 사용한다.
- 댐(Dam)의 굴착, 터널 굴착작업용이다.

다. 래그 드릴(Leg drill)

래그 드릴은 대의 굴착, 핀치 절단, 터널의 반 하향 작업(채탄, 채석)에 작합하다.

라. 콘크리트 브레이커

콘크리트 도로의 파쇄계수, 건조물 및 튼튼한 기초의 파괴 등에 위력을 발휘하며, 공기 소비량이 적으면서도 강대한 파쇄력을 가지고 있다.

마. 코르픽 해머

경도 및 터널의 측면 홈파기, 틀을 넣을 때의 마진 파기, 콘크리트나 아스팔트 등의 파쇄작업에 이용되고 있다. 특히 코르픽 해머에는 스틸 푸셔가 달려 있기 때문에 실린더의 마모가 적으며, 종래의 것이 비하여 경제적이다.

바. 드리프터

더욱 강력한 굴진기로 붐 점보, 웨곤 드릴, 크롤러 트럭 등에 탑재되도록 설계되어 있다. 드리프터는 넓은 절단면의 굴진 작업, 장공에 따르는 채석 작업, 댐 굴착시의 대구경 천공 등에 사용되고 있으며, 긴급을 요하는 공사의 경우에도 적합하다.

사. 스토퍼 및 오프셋 스토퍼

상향 천공용으로 안전도가 높으며, 절삭 수직갱, 상향 채굴에 적합하다. 오프셋 스토퍼는 길이가 짧고 피트가 길기 때문에 같은 높이의 구배에 있어서 스토퍼보다 스틸 체인지가 쉬워, 루프 볼트 스틸용의 천공에 유리하다.

아. 록 크래커

화약을 사용할 수 없는 장소에서 암석이나 콘크리트 등을 유압으로 파쇄하는 편리한 기계이다. 파쇄 능력은 중형 브레이커의 4~6대분에 상당하며, 1회에 2~9톤의 파쇄 능력을 가지고 있다.

04 천공기의 작업장치

가. 락 드릴(rock drill)

주행 장비에 대형의 유압 드리프터가 장착되어, 여러 각도로 암반 천공이 가능하고 소음이나 분진의 발생이 적어 광산이나 채석장 등에서 사용한다.

나. 어스 드릴(earth drill)

기중기에 부착되어 어스 드릴을 탑재한 상태로 사용되고 있다. 작업 장치로는 구동기어, 캐리바, 드릴링 버킷으로 구성되어 있다. 진동과 소음이 거의 없고 굴착 능력이 우수하여 공사비가 저렴하나, 표층의 토질이 연약하고 지하 수위가 높은 사질의 지반일 경우 천공시 천공 벽이 무너질 염려가 있다.

다. 어스 오거(earth auger)

크롤러식 차대에 오거 등 천공 작업장치를 부착한 구조로, 여러 형태의 스크루 비트를 끝에 설치하고, 스크루 로드를 유압 모터 또는 전기 모터로 회전시켜 지중을 천공하면서 흙을 배출하는 장치이다.

라. 점보 드릴(jumbo drill)

이동식 주행 차대에 다수의 천공기를 부착하여 한 번에 많은 구멍을 뚫는 기계이다. 다수의 붐 선단에 착암기인 드리프터가 장착되어, 유압 또는 공기압 등에 의해 자유자재로 빠르게 필요한 위치로 이동할 수 있어, 터널 등의 협소한 작업 공간에서 고속 천공이 가능하다.

마. 실드 머신(실드 굴진기 ; shiele shirld machine)

터널을 커터 헤드로 굴착하면서 굴착된 갱부를 실드로 복공하는 굴착기계이다. 실드 굴진기 전면에 절삭 할 수 있는 커터 헤드를 설치하고 회전하면서 전진시켜, 접촉되는 앞면을 절삭하고 절삭된 토사를 실드 굴진기로 끌어내며, 벨트 컨베이어 등의 운반기계를 이용하여 배출시킨다.

커터 헤드로 접촉되는 부분이 밀착하여 절삭되므로, 굴착 속도가 빨라 공기 단축과 공사 비용을 절감시킬 수 있으며, 연약 지반 등의 굴착에 우수한 성능을 발휘한다.

바. 터널 보링 머신(TBM ; tunnel boring machine)

직접 암벽에 접촉 회전시켜 전단면을 연속적으로 절삭 파쇄하여 쇄석을 연속적으로 굴착, 기계의 뒤쪽으로 반출하면서 굴진하는 장비이다. 전단면 굴착에는 터널 보링 머신을 사용하고, 자유 단면 굴착에는 암 보링 머신을 사용한다.

사. 로드 헤더(road header)

부분 단면 굴착기 또는 자유 단면 굴착기로 불리며, TBM과 달리 단면 형상에 따른 큰 제약이 없이 터널을 굴착할 수 있는 기계이다. 로드 헤더는 압축 강도가 최대 170Mpa인 경암 굴착도 가능하지만, 일반적으로 픽커터의 절삭 성능과 내마모성의 한계로 인하여 100Mpa 이하인 연암 조건에서 효과적이다.

05 천공기의 로드 회전수 조정법

가. 암질과 비트(bit)의 구멍에 따라 회전수가 달라진다.

나. 단단한 바위나 큰 지름의 구멍일 때에는 회전수를 낮춘다.

다. 연한 바위나 작은 지름의 구멍은 회전수를 빠르게 한다.

17 항타/항발기

01 개요

공장에서 미리 제작된 강관 또는 콘크리트 파일을 박거나 뽑는데 사용하는 기계로서, 기초 공사장의 대표적인 기종이다. 항타 및 항발기는 기중기 탑재식이 일반적이며, 해머의 종류에는 드롭 해머, 디젤 해머, 증기 해머, 유압 해머, 진동 해머 등이 있다.

02 구조 및 규격 표시 방법

원동기를 가진 것으로, 해머 또는 뽑는 장치의 중량이 0.5톤 이상인 것으로, 기초공사용 말뚝을 박거나 뽑는 장치를 갖춘 기계가 이에 속한다.

가. 디젤 파일 해머 또는 유압식, 기동식, 중추식 해머 : 램의 중량(t)

나. 진동 파일 해머 : 모터의 출력(kw) 또는 기진력(t)

03 해머의 종류

가. 드롭 해머(drop hammer)

금속제 블록을 와이어로프로 들어 올렸다가 파일의 머리에 낙하시켜 그 타격력으로 파일을 박는 것으로, 크기는 추의 무게로 나타내며, 말뚝 중량의 1~3배 정도가 좋다.

장점으로는

- 운전 및 해머 조작이 간단하다.
- 설비 규모가 작아 소요경비가 적게 든다.
- 낙하 높이의 조정으로 타격에너지의 증가가 가능하다.

단점으로는

- 파일 박는 속도가 느리다.

- 파일을 파손시킬 위험이 있다.
- 작업시의 진동으로 주위 건물에 피해를 주기 쉽다.
- 수중 작업이 불가능하다.

나. 증기 해머(stem hammer)

증기의 팽창에너지를 이용하여 피스톤을 동작시켜 항타하는 항타기로, 작동 유체의 작동에 따라 단동식과 복동식으로 구분된다. 규격의 표시는 피스톤 중량(ton)으로 표시하며, 특징으로는 다음과 같다.

- 구조가 복잡하고, 정비와 보수가 어려우며 유지비가 많이 든다.
- 경량이 단단하고, 밀도가 높은 흙속에 말뚝을 박을 때 사용한다.
- 리드에 안내되며 단동식과 복동식이 있다.

다. 디젤 해머(diesel hammer)

2사이클 디젤 엔진의 폭발력을 이용하여 항타하는 기계로, 동일 크기의 진동 해머, 증기해머보다 2배 정도 항타 속도가 빠르다. 피스톤인 램이 낙하하는 하중과 경유의 폭발력이 함께 타격이 되므로, 타격 능력이 좋아 건설 현장에서 많이 사용되어 왔으나, 소음이 크고 배기가스의 공해가 있어 최근에는 도심지에서는 사용이 제한되고 있다. 규격의 표시는 램의 중량으로 표시한다. 특징으로는

- 타격 횟수가 많다.
- 타입력이 크고 작업 능률이 좋다.
- 구조가 간단하다.

라. 유압 해머(hydraulic hammer)

기동 해머와 같은 원리로 작동되는 항타기로 작동 유체로는 유압유를 사용하며, 유압 실린더 내에 유압유를 유입시켜 피스톤을 상승시킨 후, 적당한 위치에서 유압유를 배출시킴으로써 피스톤 로드에 연결된 램을 자유 낙하시켜 그 타격력으로 타격한다. 단동식과 복동식으로 구분되며, 보통 램(ram)의 중량으로 표시하며 국내에서는 4~13톤급이 제작되고 있다.

- 디젤 해머에 비하여 타격력이 크다.
- 램의 낙하 조절이 가능하다.

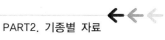

- 폭발 소음과 배기가스의 배출이 없다.
- 연약한 지반에서도 항타가 가능하다.

마. 진동 해머(diesel hammer)

말뚝에 진동을 가하여 자중과 해머의 중량에 의해 항타하기 때문에 선단의 관입 저항이 적은 강시판이나 강관 또는 H형강 말뚝을 타입하거나 인발할 때 매우 유효하게 사용된다. 진동해머의 크기는 모터의 출력(kW) 및 기진력(ton)으로 표시하며, 본체는 완충장치, 기진기, 척 등으로 구성된다.

바이브로(vibro)라고도 부르고 있다.

04 해머 선정시 주의사항

가. 시공법 및 시공기계의 선정은 시공 현장의 환경, 파일경, 지반 및 현장의 상황, 설계 지지력, 구조물, 토질 조건 등을 고려하여, 파일을 안전하고 확실하게 소정의 위치까지 설치가 가능하도록 선정한다.

나. 타입 공법에서는 햄머의 용량이 크면 파일 두부 파손 등의 사고가 발생하기 쉽고, 반대로 해머의 용량이 작으면 시공 불능 현상이 초래되기 때문에, 햄머의 종류와 용량을 신중히 선정한다.

다. 매입 공법에서는 토질과 파일의 길이 등 시공조건을 고려하여 시공법을 선정한다.

항타/항발기 예상문제

01 항타기(파일 드라이버)의 해머의 종류

- 디젤파일해머
- 진동파일해머
- 드롭해머
- 증기해머(공기해머)

02 디젤 해머의 구성품

- 실린더
- 램
- 앤빌
- 연료펌프
- 연료분사장치
- 기동장치
- 냉각용 물탱크

03 파일 드라이버를 크레인에 장착할 때 쓰이는 기계 5가지 및 장착순서

- 프런트 붐 – 스트랩 – 리더 – 해머 권상로프 – 해머

04 기중기의 항타(파일 드라이버) 작업시 바운싱의 원인 5가지

- 2중 작동 해머를 사용할 때
- 경량의 해머를 사용할 때
- 고체 푸팅이 침투될 때
- 파일이 장애물과 접촉될 때
- 공기량 또는 증기량이 과하게 사용할 때

※ **바운싱** : 파일을 해머로 항타 작업을 할 때 해머가 튀는 현상

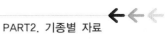

05 디젤해머의 특징 및 구성품

압축된 공기에 연료를 분사시켜 폭발 압력으로 피스톤은 상승하고 파일에 타격을 주는 방식

1) **장점** : - 설치가 쉽고 연료 소비가 적다.
- 파일 박는 속도가 매우 빠르다.
- 운전 조작이 쉽다

2) **단점** : - 설비비가 비싸고 유지비가 많이 든다.
- 수중작업이 곤란하고 정비가 어렵다.

3) **구성** : 피스톤, 캠, 앤빌, 푸시로드, 오일펌프, 연료 오일탱크

① 리더 : 어댑터에 의하여 붐 포인트에 연결되어 수직으로 설치되어 있으며 해머를 안내한다.

② 스트랩 : 리더의 진동을 방지하며, 리더의 수직 상태를 유지한다.

③ 해머 : 파일을 타격하는 장치

06 해머 선정시 고려사항

- 시공 현장의 환경
- 지반 및 구조물
- 토질 조건
- 파일경 및 길이
- 설계 지지력

07 기중기의 항타 작업시 바운싱의 원인 5가지

- 가벼운 해머를 사용시
- 파일이 장해물과 접촉시
- 2중 작동 해머를 사용시
- 압축공기량이나 증기가 과다할 때
- 파일이 해머와 일직선 상이 되지 않을 때

18 준설선

01 개요

준설선이란 물속의 토사, 암반 등을 파내는 건설기계로, 선박 대형화에 따른 항로, 항만, 선착장 및 수심 증가, 하천 수로 안벽, 방파제 등의 축항 및 기초공사에 사용된다.

준설선의 건설기계 범위는 펌프식, 버킷식, 디퍼식 또는 그래브식으로 비자항식인 것이며, 크기는 다음과 같이 표시한다.

- 펌프 형식 : 준설 펌프 구동용 주기관의 정격 출력(ps)으로 표시한다.
- 버킷 형식 : 주기관의 연속 정격 출력(ps)으로 표시한다.
- 그래브 형식 : 그래브 버킷의 평적 용량(㎥)으로 표시한다.
- 디퍼 형식 : 버킷 용량(㎥)으로 표시한다.

02 준설선의 종류

가. 토질에 의한 분류

1) 일반 토사 준설

일반 토사를 준설하는 작업으로 디퍼(dipper) 준설선, 그래브(grab) 준설선, 펌프(pump) 준설선, 버킷(bucket) 준설선 등이 사용된다.

2) 암반 준설

암반을 준설하는 작업으로 쇄암선, 착암선 등이 사용되며, 폭약을 사용하여 발파하는 발파 준설선도 있다.

나. 이동 방법에 의한 분류

1) 비자항식 준설선

선수에 설치된 래더(ladder) 전단의 커터(cutter)를 회전시켜서 토사를 펌프로 흡입하여 물과 함께 배토관을 통해 투기장까지 운반하는 것으로, 작업 선체의 이동은 선미에 설치된 스퍼드(spud)를 중심으로 선수에 있는 스윙용 윈치를 조작하여 선체를 조아로 이동하며 작업한다.

가) 장점

- 구조가 간단하며 가격이 싸다.
- 단단한 토질 이외에는 준설 능력이 크다.
- 펌프 형식인 경우 매립 성능이 좋다.

나) 단점

- 예인용 선박이 필요하다.
- 펌프 형식인 경우 파이프를 통해 송토하므로 거리에 제한을 받는다.
- 펌프 형식인 경우 단단한 재질에 부적합하며, 파이프를 수면 위로 띄우므로 파도의 영향을 받는다.

2) 자항식 준설선

준설선 자체의 토창을 가지고 펌프로 흡입된 토사와 물의 자체 토창에 받아 투기장까지 자력으로 항해하며 투기하고, 다시 원위치로 돌아와 작업을 하는 방식이며, 건설기계에서는 제외된다. 호퍼준설선이라고도 한다.

가) 장점

- 토사 운반용 선박이나 예인용 선박이 필요 없다.
- 송토 거리에 제한을 받지 않는다.
- 펌프 형식인 경우 항로가 좁거나 이질의 토질 작업이 가능하다.

나) 단점

- 준설 시간이 길다.
- 침전이 불량한 토질은 물을 많이 운반해야 한다.
- 단단한 토질에는 부적합하다.
- 가격이 비싸다.
- 매립용으로 부적합하고 숙련된 기술을 요한다.

다. 준설 방식에 의한 분류

1) 버킷 준설선

이 형식은 래더(ladder) 상의 딤블러를 중심으로 한 버킷 라인이 회전하여 굴착하는 건설기계로서, 양쪽에 앵커(anchor)에 의해 좌우로 스윙하며 작업한다. 버킷 용량은 0.5 ~ 0.8㎥ 정도이며, 굴착된 토사는 슈트를 통하여 적재하고, 예인선에 의해 이동하며 선박 방해에 지장이 없는 위치에 투기한다.

가) 장점

- 준설 능력이 대단히 크며 대용량 공사에 적합하다.
- 준설 단가가 저렴하다.
- 토질의 질에 영향이 적다.
- 악천후나 조류 등에 강하다.

나) 단점

- 암반 준설에는 부적합하다.
- 작업 반경이 크다.
- 작업 중 앵커 이동 시간이 길다.
- 협소한 장소에서 작업이 어렵다.

2) 그래브 준설선

이 형식은 대부분 소형이고, 개폐가 자연스러운 드래브를 붐 끝에 설치하여 기관과 조립되어 있으며, 비자항식과 자항식이 있다. 퍼 올린 토사는 양현에 계류한 토사 운반용 선박에 적재한 후, 만재된 토사 운반용 선박을 예인선으로 예인하고, 선박 항해에 지장이 없는 위치에 투기한다. 전후좌우 이동은 4개의 앵커를 조정하여 작업한다.

가) 장점

- 구조가 간단하고 가격이 싸다.
- 규모가 작은 공사, 협소한 장소에서의 작업이 유리하다.
- 심도 거리 조정이 용이하다.

나) 단점

- 준설 능력이 적으며 준설 단가가 비싸다.
- 준설선의 값이 비싸다.

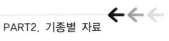

- 물 밑바닥을 고르게 작업하기 어렵다.

3) 디퍼 준설선

이 형식은 굳은 지반을 준설하기 위해 고안된 것으로, 육상에서 사용하는 셔블을 대선에 설치한 것이다. 구조가 복잡하고 건조 비용이 높으며, 작업 능력이 비교적 낮기 때문에 특수한 목적 이외에는 사용하지 않는다. 굴착할 때 선체의 동요를 방지하기 위하여, 선미 좌우와 선수 중앙에 합계 3개의 스퍼드를 사용한다.

가) 장점

- 굴착력이 강해 단단한 토질이나 암반 준설에 적합하다.
- 작업 반지름이 작다.
- 기계의 수명이 길다.

나) 단점

- 준설 능력이 적어 준설 단가가 비싸다.
- 준설선의 값이 비싸다.
- 작업에 숙련을 요한다.

4) 드래그 석션(drag suction) 준설선

이 형식은 대규모 항로 준설 등에 사용하는 것으로, 선체 중앙에 진흙 창고를 설치하고 항해하면서 해저의 토사를 준설 펌프로 빨아올려 진흙 창고에 적재한다.

만재된 경우에는 배토장으로 운반하거나 창고의 흙을 배토 또는 매립지에 자체의 준설 펌프를 사용하여 배송한다. 토사를 빨아올리는 드래그 암(drag arm)의 배치에 따라 센터 드래그, 사이드 드래그 등으로 분류한다.

5) 펌프 준설선

이 형식은 주로 매립공사에 사용하고, 해저의 토사를 물을 매체로 하여 절단기로 절단하며, 이것을 펌프로 빨아올려 파이프 라인으로 장거리 배송하는 것이다.

펌프는 샌드 펌프(sand pump)를 설치하여 흡입관을 물 밑에 두고, 물과 함께 토사를 빨아올려 배출관에서 불어내어 토사를 흙 운반선에 받거나 호퍼에 받아 저장하며, 배토 펌프로 흡출하고 송토관에 연결하여 매립지에 압송한다.

펌프 준설에서 작업 요소를 결정하는 주요소는, 흙을 퍼 올리고 보내는 거리 및 준설 깊이 등이다.

준설선 예상문제

01 준설선의 종류 5가지

– **버킷 준설선**

선체 중앙에 가로로 래더를 걸고 래더 주위를 도는 벨트에 핀으로 연결된 버킷이 회전하여 해저를 준설하는 방식

– **그래브 준설선**

붐(사주)의 선단에서 그래브 버켓(클램셀 버켓, 타인 버켓, 오렌지빌 버킷 등)을 설치하여, 해저의 토사를 퍼올리는 방식. 대부분 소형, 경량이며, 그래브 개폐가 자유로운 형식, 소규모 공사에 적합

– **디퍼 준설선**

굳은 지반 준설에 사용하고 특수한 작업에 사용(작업능률이 낮고 구조가 복잡)

– **드래그 석션 준설선**

수중에 내린 드래그암의 선단에 설치된 드래그헤드 연토용·경토용로 작업선의 자항에 수반하여, 물과 함께 샌드 펌프(sand pump)로 빨아올려서 선체의 탱크에 토출하는 방식

– **펌프 준설선**

펌프로 토사를 빨아올려 파이프로 장거리 배송. 용량은 0.5 ~ 0.8㎥ 정도

02 준설선의 종류와 규격 4가지 기술

– **펌프식** : 준설펌프 구동용 주기관의 정격출력(hp)
– **버킷식** : 주기관의 연속정격출력(hp)
– **그래브식** : 그래브 버킷의 평적 용량(㎥)
– **디퍼식** : 버킷의 용량(㎥)

03 그래브 준설선의 버킷 종류

- 홀다인식
- 하프 다인식
- 플레이트식

04 토질에 의한 준설선의 종류

- **일반 토사 준설선** : 펌프 준설선, 버킷 준설선, 디퍼 준설선, 그래브 준설선
- **암반 준설선** : 쇄암선, 착암선, 발파 준설선

05 준설선 스크린의 종류

- 그리드식
- 로드식
- 다공판
- 금 망

3

건설기계 일반

건설기계 일반

01 건설기계 일반

01 건설기계 검사의 목적별 분류

- 성능을 알기 위한 검사
- 각 부의 수명을 알기 위한 검사
- 안전 확보를 위한 검사

02 건설기계 성능 및 작업능력을 산정하는 요령

- **트랙터** : 전장, 폭, 고, 총중량, 접지 길이, 접지압, 최저 지상고, 등판능력, 엔진출력, 변속 방식, 주행속도, 견인출력
- **스크레이퍼** : 적재함 용량, 작업기능 상태의 중량, 접지압, 견인용 트랙터의 중량
- **크레인** : 인양능력, 최대작업반경, 총양정, 로프 권상속도
- **적재기계** : 전장비중량, 버킷용량, 접지압, 견인출력, 이동속도, 작업장치의 조작시간, 주행저항
- **콘크리트펌프** : 단위 시간당 수송량
- **펌프의 성능** : 토출량, 양정, 회전수 축동력

03 건설기계의 투자 비용과 감소방안 기술 (중기 유지비 관계식)

- 계획에 의한 정기적인 예방정비 실시
- 정기적인 점검 및 검사 실시
- 정기적인 정비 실시
- 예비 부분품의 관리
- 윤활 관리
- 정비비의 관리
- 운휴 시간의 관리

04 건설기계 관리요령

- 필요한 기계만 보유 및 가동하고 감가상각 철저히
- 기계의 기능 유지를 위해 일상점검에 힘쓰고 노후 장비 교체
- 숙련된 운전자와 정비사, 관리자의 배치
- 기계의 투입, 정비, 기록 등을 계획적으로 관리

05 정비 작업시간의 단축 및 능률 향상을 위한 사전계획

- 작업장 정리 정돈
- 정비사 정비복 및 보호구 착용
- 각 공구는 항상 적소에 둘 것
- 공구는 정비 요소에 알맞은 것을 사용할 것
- 고장 진단을 정확히 하고 정비는 신속하게 할 것
- 정비사의 안전 수칙을 항상 지킬 것
- 규정된 부품을 사용할 것
- 교환할 부품을 사전에 확보할 것

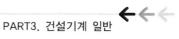

06 기계경비 산정시 포함할 사항(필요한 사항) 기술

- 경제적 내용 연수 (연간 표준 가동시간)
- 장비 취득 가격
- 시간당 손료 계수(시간당 상각비계수 + 정비비계수 + 관리비계수) 단위 : 10
- 시간당 손료 (장비 취득 가격 × 시간당 손료계수)
- 재료비 (주연료비 + 잡품비) 잡품
  : 잡유, 삽날, 귀삽날, 타이어, 투스 등(주 연료비의 35%)
- 인건비

★ 총계 = 시간당 손료 + 재료비 소계 + 인건비 소계

07 건설기계 선정시의 경제성 평가 방법

– 건설기계 시간당 산출비용

장비 구입가, 유지보수비, 윤활유비, 연료비 기타 소모품비 등을 정확하게 기록하여 평균 시간당 비용으로 산출

– 건설기계 운전 비용

운전 비용은 기록유지가 필요하며, 평균 시간당 운전 비용은 일정 기간에 투입된 총 운전 비용을 평균 작업시간으로 나누면 평균 운전비용을 산정할 수 있다.

– 유지보수비

유지보수비는 일상정비비와 공장 정비비로 분류한다.

08 토목 공사에서 공사비 중 기계경비를 산출하고자 한다. 기계경비에 포함시켜야 할 사항을 대분류하시오.

- 재료비 : 직접재료비, 간접재료비
- 노무비 : 직접노무비, 간접노무비
- 기계경비 : 기계손료, 운전경비, 조립 및 해체비, 운송비
- 현장경비
- 일반관리비
- 이윤

09 기계 감가상각비 구하는 공식 2가지

- 취득가격 × 0.9 / 내용연한
- 취득가격 × 상각계수

10 건설기계를 구입할 때 고려하여야 할 사항

- 사용시 계속성
- 다목적 활용성
- 매각 처분의 용이성
- 정비의 용이성

11 기계화 시공의 계획에 있어서 작업 능력의 산정법

- **경제적 추정 방법(경험적 산정법)**
  산정하고자 하는 작업 현장의 조건과 비슷한 과거의 작업 실적으로부터 추정하여 산정하는 방법
- **이론적 산정법**
  이론식과 작업 조건에 적합한 각종 데이터를 대입하여 산정하는 방법

※ 토공에서 작업 능력은 1시간당의 시공 토량(m^3/h)으로 나타내며, 기본적으로 1회당의 취급 토량과 1시간당의 취급 횟수로 계산된다.

12 건설기계를 효율적으로 관리하는 방법

장비의 수명을 연장하고 관리비용을 최소화하며, 장비의 가동율을 극대화하여 건설현장 및 산업현장의 생산성을 향상시키고자 하는데 목적이 있다.

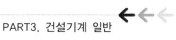

13 건설기계 검사기준 3가지

- 등록번호표·등록번호 새김 및 주요 제원이 건설기계검사증과 일치하고 등록번호표의 봉인상태가 양호할 것
- 소화기는 사용이 편리한 곳에 비치되어 있을 것
- 차체의 부식을 방지할 수 있는 외관 도장이 되어 있을 것
- 구조변경내용이 별표 6의 규정에 의한 건설기계의 구조·규격 및 성능 등의 기준과 건설기계 검사기준에 적합하고, 임의로 구조를 개조한 부분이 없을 것
- 규격 등 제원을 실측하여 건설기계제원표에 기재된 제원과 동일할 것 (신규등록검사에 한한다)
- 수시검사명령 또는 정비명령을 받은 건설기계는 명령을 받은 검사항목에 대하여만 검사를 실시할 것

14 예방정비의 정의

건설기계의 가동 능력을 항상 정상적으로 유지하기 위해, 계획표에 의하여 정기적으로 실시하는 정비

15 건설기계 검사에서 배기가스 및 소음방지 장치 검사기준 3가지

- 배기관 소음기의 변형 및 배기계통에서의 배기가스 누출이 없을 것.
- 덤프트럭 콘크리트 믹서트럭, 콘크리트 펌프트럭의 배기관 개구방향은 후향으로서, 하향 30도, 좌향 30도 이내일 것.
- 배기소음은 건설기계의 안전기준에 적합할 것
- 차체의 가연성 부분이 배기관과 접촉하지 아니할 것.

16 건설기계에서 마모가 발생하는 단계를 4가지로 분류(건설기계 마모 발생 4단계)

- **금속간 마찰, 회전 마모** - 피로 파괴에 의한 것
- **연삭 마모** : 금속 표면이 입자 돌기 등에 의해서 미세하게 절삭되어 진행되는 마모의 총칭
- **충격 마모** : 금속 표면에 타의 물체가 충돌하여 금속 표면이 적은 파편으로 되어 흩어지며 진행되는 마모
- **부식 마모** : 금속 표면이 외주의 영향을 받아 부식되고, 그 부식 생성물이 마찰 등에 의해 금속 표면에서 제거되면서 진행되는 마모 (내식성 있는 금속 사용)

17 동절기 장비관리 주의사항 5가지

- 냉각수에 부동액을 첨가 또는 냉각수를 빼낸다.
- 배터리는 탈거 후 통풍이 잘되고 건조한 보관소에 보관한다.
- 모든 오일은 동절기용으로 교환하고 연료 탱크는 연료를 가득 채워둔다.
- 모든 실린더 로드 및 스플라인 축의 표면에는 그리스를 엷게 바른다.
- 통풍이 잘되는 옥내에 보관하고 부득이한 경우는 지면에 나무판자 등을 깔고, 그 위에 장비를 세운 다음 반드시 커버를 씌운다.

18 동절기 장비 운행시 점검 사항

- 적정 점도의 윤활유 확인
- 점성이 낮은 연료 사용
- 연료탱크와 물분리기의 물 제거 작업
- 부동액 사용 여부 확인
- B/T 충전 및 보온
- 예열 플러그 작동 확인

19 건설기계의 구비조건

- 내구성
- 시공능력
- 신뢰성
- 안전성
- 정비성
- 범용성

20 건설기계의 작업장치 마모의 종류 5가지 설명

※ 토공작업 중(모래, 마사토, 암반, 일반토질 등에서의 작업)

- 접촉부의 마찰 : 모래, 마사토 작업시 연마제 역할로 마모
- 타 물체와의 마찰 : 작업 장치가 타 부분과의 간섭에 의한 마모
- 급유 부족 또는 윤활 부족 : 작업장치 연결부의 핀, 부싱에 급유 불충분으로 인한 마모
- 키, 볼트 조임의 불량 : 리브와 투스 사이에 헐거움이 형성되어 마모
- 부식 : 수분 및 대기 중에 노출이나 염분, 화공약품 등에 노출로 부식

21 건설기계 작업장치 마모 부분 5가지

- 버킷 - 투스 - 블레이드 - 부싱 - 핀

22 정비작업 전 조치사항 5가지

- 사용자지침서 및 정비지침서 준비
- 작업대 및 공구준비
- 소화기 준비
- 세척대 및 세척유 준비
- 오일받이 및 폐유통 준비
- 안전고임목 준비

23 건설기계 선정시 고려사항

- 공사의 종류 및 작업 종류
- 작업물량과 기계 조합
- 작업환경의 영향
- 토질 또는 암질과 작업조건
- 공기 또는 시공 품질과의 관계

24 건설기계 분해 정비시 주의사항

- 안전 보호구 착용
- 유압장치 분해 제거시 잔압 제거
- 작업장내 소화기 비치
- 규정된 공구 사용
- 지면이 평탄한 곳에 주차
- 안전 고임목 설치
- 오일받이 및 폐유통 준비

25 다음 각종 가스의 용기 색깔

- 프로판가스, 아르곤 : 회색
- 암모니아가스 : 백색
- 수소 : 주황색
- 염소 : 갈색
- 아세틸렌가스: 황색
- 산소 : 녹색
- 탄산가스 : 청색
- 에틸렌 : 자주색

26 건설기계 타이어의 구비조건

- 부하 능력이 커야 한다.
- 부양성이 커야 한다.
- 손상 및 마모에 대하여 강해야 한다.
- 견인력이 커야 한다.

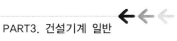

27 건설기계 주행저항의 종류

- 회전저항
- 가속저항
- 구배저항
- 공기저항

28 건설기계의 견인력에 대하여 설명

- 건설기계가 주행 또는 작업을 위하여 구동할 때에는 회전저항, 가속저항, 구배저항, 공기저항을 받게 되는데, 이들 저항의 합계보다 더 큰 힘을 가져야만 기계는 움직이는데, 이때의 힘을 견인력이라 한다.

29 건설기계의 빈차(공차) 상태를 정의

- 연료, 냉각수, 윤활유 등을 가득 채우고 휴대 공구, 작업 공구 및 예비 타이어를 싣거나 부착하고 즉시 작업할 수 있는 상태(단, 예비 부품 및 승차 인원은 제외)

30 운반기계의 종류를 나열

- 덤프트럭
- 트럭, 트랙터 및 트레일러
- 기관차
- 컨베어 : 벨트 컨베어, 스크류쿠르 컨베어, 버킷 컨베어
- 삭도
- 트렌스 포터

31 방호벽 장치에 대하여

- 폭발, 화재 등의 외부충격이나 위험물질로부터 보호하기 위해 바위, 진흙, 콘크리트 등으로 만들어 세운 두꺼운 벽모양의 칸막이

32 최고 속도가 35Km/h인 지게차의 좌, 우 안전도를 구하시오.

안전도 = 15 + (1.1 × 최고속도)
= 15 + (1.1 × 35)
= 15 + 38.5
= 53.5

33 안전사고 재해율 산출 공식 3가지

- 연천율 = $\dfrac{\text{연간사상자수}}{\text{평균근로자수}} \times 1{,}000$
- 도수율 = $\dfrac{\text{사고 건수}}{\text{노동총시간}} \times 1{,}000$
- 강도율 = $\dfrac{\text{노동손실일수}}{\text{노동총시간수}} \times 1{,}000$

34 5C 운동

- 복장 단정(correctness)
- 정리 정돈(clearance)
- 전심전력(concentration)
- 청소 청결(cleaning)
- 점검 확인(checking)

35 중대 재해 3가지

- 사망자가 1명 이상 발생한 재해
- 3개월 이상의 요양이 필요한 부상자가 동시에 2명 이상 발생한 재해
- 부상자 또는 직업성 질병자가 동시에 10명 이상 발생한 재해

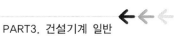

36 안전의 4M + 1E

- Man(사람)
- Machine(제조 장비)
- Material(원재료)
- Method(방법)
- Environment(작업 환경)

37 안전 확인 5지 운동(touch and call)

- 모지(엄지) : 마음
- 시지(식지) : 복장
- 중지 : 규정
- 약지 : 정비
- 새끼손가락 : 확인

38 건설기계의 취급 및 정비 작업시 주의사항

- 작업시 반드시 작업복, 작업모, 안전화를 착용하고 복장을 단정히 한다.
- 중량물을 들어 올릴 때는 적합한 호이스트 장치를 사용한다.
- 라디에이터 캡 또는 유압장치의 캡을 열 때는 압력에 주의한다.
- 연료나 윤활유를 주입할 때는 기관을 정지시킨 상태에서 실시한다.
- 공구는 적합한 것으로 정확하게 사용하며, 목적 이외의 용도에 사용하지 않는다.
- 건설기계 본체 및 붐, 암, 마스트, 적재함 등의 작업장치를 들어올리고 작업할 때는, 갑자기 내려오는 것을 방지하기 위하여 안전 지주, 받침목 등을 사용한다.
- 엔진 점검 및 정비시 회전하는 냉각팬, 풀리, 벨트 등에 장갑이나 옷이 말려 들어가지 않도록 주의한다.
- 건설기계에 오르고 내릴 때는 난간이나 발판 등을 이용하고, 뛰어내리지 않는다.
- 소화기는 지정된 장소에 비치하여 필요시 언제든지 사용할 수 있어야 한다.

39 체인을 사용한 동력전달장치에서 발생되는 진동과 소음을 감소시키기 위하여 설계시 고려해야 할 사항을 기술하시오.

가. 사용 계수

충격의 종류와 전동하는 기계 및 원동기의 충격 정도에 따라 사용 계수를 결정한다.

나. 보정 전동능력(kW)

보정 전동능력(kW) = 전동능력 × 사용계수 ÷ 다열 계수

다. 체인과 스프로킷 잇수의 선정

간이 선정표 또는 전동 능력표로, 고속 축의 회전수와 보정 전동능력(kW)을 충족하는 체인과 작은 스프로킷의 잇수를 구한다. 이때 필요한 전동능력의 최소 피치 체인을 선정하는데, 작은 체인은 발생 소음이 적게 원활한 전동을 할 수 있다.

작은 체인의 스프로킷 감김 각도는 120° 이상이 되도록 한다. 또한 단열 체인의 전동능력이 부족할 때와 설치 공간에 제한이 있어, 외경을 최대한 줄일 때 피치가 작은 다열 체인을 적용한다.

라. 큰 스프로킷 잇수의 선정

작은 스프로킷의 잇수가 정해지면, 큰 스프로킷의 잇수 = 작은 스프로킷의 잇수 × 속도비로 큰 스프로킷의 잇수를 결정한다. 일반적으로 작은 스프로킷 17개 이상, 고속에서는 21개 이상, 저속에서는 12개 이상이 적당하나, 큰 스프로킷의 잇수는 120개가 초과되지 않도록 한다. 속도비는 1 : 1, 1 : 2 경우에는 최대한 큰 잇수의 스프로킷을 선정하고, 일반적인 속도비는 1 : 7 이하지만 1 : 5 이하로 사용하도록 한다.

마. 축 직경 확인

선정된 작은 스프로킷 보스 직경에 원동기축에 키나 파워록 결합 가능 여부를 확인한다. 보스 직경을 크게 해야 할 경우에는 스프로킷 잇수를 늘리거나 한 단계 큰 체인 선정한다.

바. 스프로킷의 축간거리 설정

일반적으로 이상적인 축간거리는 체인 피치의 30~50배이지만, 맥동 하중이 걸릴 경우에는 20배 이하로 한다. 체인의 감김량은 스프로킷의 1/3 이상 유지하는 것이 좋다.

사. 체인 거리와 스프로킷 축간 중심거리 계산

체인 길이의 계산 체인의 길이는 짝수 링크로 선정한다. 홀수 링크인 경우는 오프셋 링크를 사용하게 되므로 축간거리, 스프로킷 잇수를 조정하여 짝수 링크가 되도록 한다.

40 그라인더 작업시 안전수칙

- 연삭숫돌은 정해진 사용면 이외에는 사용하지 않는다.
- 연삭 작업을 할 때는 반드시 보안경을 착용한다.
- 연삭숫돌은 규격에 맞는 크기의 것을 규정 속도로 사용한다.
- 연삭숫돌과 워크리스트(work lest)의 간격은 1~3mm 정도로 유지한다.
- 작업시에 장갑은 절대 착용하지 않는다.

41 건설기계 소음의 특징 및 대책에 대하여 설명

항 목	내 용
소음의 발생	- 건설기계의 사용 장소는 지역 환경에 관계없다. - 진동, 지반침하 등을 동반한다. - 돌발적으로 발생하고, 불쾌감을 준다. - 야간에 발생할 수 있다.
소음의 성질	- 지속적이지 않으며, 소음원이 이동하는 경우가 대부분이다. - 일반적으로 소음 파워 레벨이 크다. - 충격성이다(지반진동, 공기진동을 동반한다.)
소음 발생원의 영향요인	- 장비 용량 - 배기 방식(소음기의 유무) - 타이어의 종류 - 기계 계통(방진, 차음 설계의 유무) - 작동시 작업장치 기계 링크 부분의 마찰, 유격에 의한 소음
방지대책	- 가설, 이동성 등의 면을 고려하여 대책을 세운다. - 공사 규모에 따라 대책비를 부담하게 된다. - 공정과 사용 빈도 등을 고려하여 대책을 세운다. - 방음벽을 설치한다. - 공사 규모에 맞는 적절 용량의 장비를 사용하며 엔진 배기음을 줄이기 위해 소음기를 장착한다. - 건설기계의 작업장치 기계 링크 부분에 적절한 주유를 실시한다.

42 도저 작업량 계산식

$$Q = \frac{60 \times q \times f \times E}{Cm} \ (\mathrm{m^3/h})$$

$$W = \frac{Q \cdot \eta \cdot f}{Cm}$$

Q : 토공판용량
η : 작업표준
q : 블레이드 용량(1회의 흙 운반량 $\mathrm{m^3}$)
E : 작업 효율
f : 토량 환산계수
Cm : 사이클 타임(min)

43 도저의 시간당 작업량 계산에 필요한 사이클 타임 계산식

$$Q = \frac{L}{V1} + \frac{L}{V2} + t \ (\mathrm{min})$$

L : 운반거리(m)
t : 기어변속시간(min)
V1 : 전진속도(m/min)
V2 : 전진속도(m/min)

44 도저 블레이드 용량 계산식

$$Q = BH^2$$

Q : 블레이드 용량 ($\mathrm{m^3}$), B : 블레이드 폭(m), H : 블레이드 높이(m)

45 블레이드의 폭이 3m, 높이가 0.9m 인 도저의 블레이드 용량은?

$$Q = BH^2 = 3m \times 0.9^2 = 2.43\,m^3$$

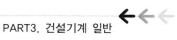

46 스크레이퍼 작업량 계산식

$$Q = \frac{60 \times q \times f \times E}{Cm} \ (\mathrm{m^3/h})$$

q : 1사이클당 운반하는 흙의 양(㎥) = 적재함 용적 × 적재 계수(k)
f : 토량 환산계수
E : 작업 효율
Cm : 사이클 타임(min)

47 굴착기의 작업량 계산

$$Q = \frac{3600 \times q \times k \times f \times E}{Cm} \ (\mathrm{m^3/h})$$

q : 디퍼 또는 버켓 산적 용량(㎥)
k : 디퍼 또는 버켓 계수
f : 토량 환산 계수
E : 작업 효율
Cm : 사이클 시간 (sec)
h : 1일 작업시간

48 파워셔블에서 사이클이 19초, 버킷 산적 용량 0.8㎥, 작업 효율이 0.85, 토량계수 0.9, 셔블 계수 1.20일때, 파워셔블의 작업량을 산출

$$Q = \frac{3600 \times 0.8 \times 1.2 \times 0.9 \times 0.85}{19} \ (\mathrm{m^3/h}) = 139 \ (\mathrm{m^3/h})$$

49 로더의 작업량 계산법

$$Q = \frac{3600 \times q \times K \times f \times E}{Cm} \ (\mathrm{m^3/h})$$

q : 버켓 용량(㎥)
K : 버켓 계수
f : 토량 환산 계수
E : 작업 효율
Cm : 사이클 시간 (sec)

50 롤러의 다짐량 계산법

$$Q = 1000 \times V \times W \times D \times E \times \frac{f}{N} \ (m^3/h)$$

$$A = 1000 \times V \times W \times E \times \frac{1}{N} \ (m^3/h)$$

Q : 시간당 다짐 토량(㎥/h)
A : 시간당 다짐 면적(㎥/h)
W : 롤러의 유효 폭(m)
D : 펴는 흙의 두께(m)
f : 토량 환산 계수
N : 소요 다짐 횟수
V : 다짐 속도(km/h)
E : 작업 효율

51 덤프 트럭의 작업량 계산법

$$Q = \frac{60 \times q \times f \times E}{Cm} \ (m^3/h)$$

Q : 시간당 흐트러진 상태의 작업량(㎥/h)
q : 흐트러진 상태의 덤프트럭 1회 적재량(㎥)
f : 토량 환산 계수
E : 작업 효율(= 0.9)
Cm : 사이클 시간 (min)

52 모터그레이더의 작업량 계산법

$$Q = \frac{60 \times L \times h \times D \times f \times E}{Cm} \ (m^3/h) \qquad W = \frac{60lhDfE}{C_m}$$

L : 블레이드 유효 길이(m)
h : 굴착 심도, 고르기 두께(m)
D : 1회의 작업거리(m)
f : 토량 환산 계수 (1/L)
E : 작업 효율
Cm : 사이클 시간(min)

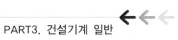

53 **3.7m급 모터 그레이더의 작업 평균속도가 15km/h, 조정 작업에 요하는 시간이 2분이라면 사이클 시간은?**

$$Cm = \frac{0.06 \times D}{Vt} + t(\text{분}) = \frac{0.06 \times 500}{15} + 2 = 4(\text{분})$$

54 **점보드릴의 1회 굴진거리가 1.4m이고, 작업 사이클이 20초이며, 버킷계수 0.9, 작업 효율이 0.9일 때 작업량을 계산하시오.**

$$\text{점보드릴의 시간당 작업량} = \frac{\text{1회굴진거리} \times \text{버킷계수} \times \text{작업효율} \times \text{3600초}}{\text{1사이클작업시간(초)}}$$

$$= \frac{1.4m \times 0.9 \times 0.9 \times 3600}{20\text{초}} = 204.12m/h$$

4

과년도 출제문제

01 과년도 출제문제

제35회 필답형 문제 2004년 4월

1. 유압유 교환 주기의 고려사항 5가지를 쓰시오.
2. 디젤엔진 오일냉각기의 고장으로 과열시 생기는 고장 사항 5가지를 쓰시오.
3. AC발전기 취급시 주의사항 5가지를 쓰시오.
4. 에어컨 냉매통을 거꾸로 하여 보충시 생기는 현상을 쓰시오.
5. 검은색의 배기가스가 과다하게 배출될 때 생기는 원인 5가지를 쓰시오.
6. 죠 크러셔에 무리한 하중이 걸릴 때의 안전장치의 부품 명칭을 쓰시오.
7. 디젤엔진 예열장치의 히트레인지에 대하여 쓰시오.
8. 자동차 전조장치와 토공용 전조장치의 차이점을 쓰시오.
9. 로더 엔진의 윤활장치 중 윤활부품 5가지를 쓰시오.
10. 휴업 연천인률, 불휴 연천인률, 전재해 연천인률, 전체 도수율 산출문제
11. 로더의 작업량 계산 문제
12. 트랙이 벗겨지는 원인 5가지를 쓰시오.
13. 로더에서 핸들이 무겁고 조향이 안되는 원인 5가지를 쓰시오.
    (단, 유압과 오일량은 정상)
14. 가변형 피스톤펌프의 토출량이 적거나 유압이 낮은 원인 4가지를 쓰시오.
15. 기중기 와이어로프의 취급, 정비사항 5가지를 쓰시오.
16. 유압기호 문제
17. 기중기의 항타 작업시 바운싱의 원인 5가지를 쓰시오.
18. 건설기계 검사에서 배기가스 및 소음방지장치 검사기준3가지를 쓰시오.
19. 굴착기의 상부 프레임지지 장치의 종류 3가지를 쓰시오.
20. 열효율 관련 문제

제36회 필답형 문제 2004년 10월

1. 크레인의 작업 5가지
2. 트랙형 굴착기에서 트랙이 한쪽으로 쏠리는 이유 3가지
3. 도저의 블레이드 상승하는 힘이 약한 원인 5가지
4. 축전지의 수명이 단축되는 원인 5가지(단, 전해액의 온도와 비중은 제외)
5. 튜브리스 타이어의 장점 3가지, 단점 3가지
6. 유압식 도저의 유압모터 브레이크 밸브 기능 3가지
7. 디젤엔진에서 과열시의 증상 3가지, 과냉시의 증상 3가지 (단, 기관 부품 파손, 베어링 마모는 제외)
9. 디젤 엔진에서 저속 공전 상태가 불안정한 원인 중 연료 계통 5가지
10. 기계 감가상각비 구하는 공식 2가지
11. 에어컨 가스 충전시 질소가스 압력 테스트 방법
12. 지게차의 전경각, 후경각 조정 방법
13. 불도저 작업량을 계산
14. 타이어의 안전율 계산 문제
15. 로더의 부하 마력 계산(시간, 중량, 경사각도, 이동거리)
16. 유량제어 밸브 3가지(기능 설명 포함)
17. 디젤 엔진 공기빼기 방법
18. 디퍼런셜 기어 접촉상태 5가지
19. 축압기의 기능 5가지
20. 냉각수 첨가제의 역할 3가지
21. 케이블식 속도계의 고장원인 3가지

제39회 필답형 문제 2006년 4월 21일

1. 디젤기관에서 백색 또는 청색의 매연이 나오는 원인 4가지를 서술하시오
   (단, 엔진은 정상)
2. 준설선의 종류와 규격 4가지 서술하시오
3. 쇄석기(크러셔)의 종류 4가지 서술하시오
4. 연료 분사펌프 누설시험 방법에 대해 서술하시오
5. 롤러의 다음에 용어에 대해 서술하시오
6. 롤러가 주행이 되지 않는 원인 4가지를 기술(단, 유압유와 모터에 대해서만)
7. 트랙 중심선 일치에 대하여 서술하시오
8. 트랙이 벗겨지는 원인 4가지 서술하시오
9. 크레인 작업시 안전에 관한 사항 3가지 기술(단, 차량에 대해서)
10. 유압이 낮을 때 유압을 조정하는 방법에 대하여 서술하시오
11. 연료가 미립화되는 조건 4가지를 서술하시오
12. 기관 시동이 꺼지거나 진동하는 원인 3가지 서술하시오(단, 연료장치는 정상)
13. 로더의 컨트롤 레버가 작동하지 않는 원인을 서술하시오

제40회 필답형 문제 2006년 9월

1. 천정 크레인 리너 측정 방법에 대하여 쓰시오.
2. 브레이커 타격력 저하 원인에 대하여 쓰시오.
3. 도다 섀시 그리스 주입부를 쓰시오.
4. 무한궤도식(크롤러)주행장치의 장점을 쓰시오.
5. 덤프트럭 조향륜 트레이드부가 일부 접지되지 않는 원인을 쓰시오.
6. 기관의 밸브에서 소음이 발생되는 원인과 대책에 대하여 쓰시오.
7. 예방정비의 정의에 대하여 쓰시오.
8. 유압유가 오염되었을 때 나타나는 현상에 대하여 쓰시오.
9. 기중기의 와이어로프 정비 방법에 대하여 쓰시오.
10. 종감속장치의 하이포이드 기어의 장점에 대하여 쓰시오.
11. 콘크리트 펌프에서 붐 상승이 불량한 원인에 대하여 쓰시오.
12. 디젤해머의 구성품에 대하여 쓰시오.
13. 엔진이 실화되는 원인에 대하여 쓰시오.
14. 유압장치의 구성 4가지에 대하여 쓰시오.

제42회 필답형 문제 2007년 10월

1. 트럭식 기중기에 설치된 공기식 캠 작동 브레이크 정비를 하고자 한다.
   (분해 방법을 순서대로 나열하시오.)
2. 불도저 엔진의 배기다기관 장착부 또는 배기관 끝에서 오일이 비친다.
   그 원인에 해당되는 항목 3가지를 기술하시오.
3. 건설기계인 롤러의 성능시험 항목을 5가지 기술하시오.
4. 건설기계에 사용되는 전자제어 엔진의 컴퓨터(ECM) 제어 기능 3가지.
5. 크롤라식굴착기 주행모터(감속기 유압모터)의 브레이크밸브 기능 3가지를 설명하시오.
6. 중형 로더에서 조향 핸들에 이상 진동 발생하는 원인 3가지를 기술하시오.
7. 토크컨버터가 열을 받는 원인 3가지를 기술하시오.
   (단 오일 온도, 압력, 누설, 양, 오일계통 내의 공기혼입 등과 오일 냉각계통에는 이상이 없다)
8. 건설기계 작동유 사용상태 점검내용 3가지를 기술하시오.
   (단 오일의 유량, 누설, 압력, 사용온도 등은 적정하고 이상이 없으므로 제외함)
9. 파스칼의 원리에 의한 유도 과정 결과식
10. 도저의 건식 스티어링 클러치가 미끄러지는 원인 3가지를 기술하시오.
11. 디젤 노크발생 감소시키는 조치사항 5가지를 기술하시오.
    (단, 연료의 질, 온도, 세탄가, 착화성 등과 흡입공기의 온도는 매우 좋은 상태)
12. 실린더 헤드 볼트를 풀고 난 후 실린더 헤드가 분리되지 않을 때 조치 방법 3가지를 기술하시오.
13. 모터그레이더 파워스티어링 압력 조정법을 기술하시오.
14. 휠로더 핸들이 무겁고 조향이 잘되지 않는 원인을 유압 계통과 관련된 5가지를 기술하시오. (단 유압 및 오일량은 정상, 유압 계통에 공기의 침입은 없다)
15. 건설기계에 사용되는 배터리 성능저하 원인 5가지를 기술하시오.
16. 굴착기 리프트 암 또는 버켓 중 어느 한 부분의 실린더 출력이 약하다.
    원인 3가지를 기술하시오.
17. 교류발전기의 주요 구성품 3가지의 기능을 간단히 설명하시오.

제49회 필답형 문제 2011년 5월 29일

1. 건설기계 롤러의 성능시험 항목 5가지
2. 덤프트럭의 하대 성능시험 항목 3가지
3. 회로 내에서 바이패스 되는 유압유는 열역학 제 1법칙에 의한 에너지 보존의 법칙에 의해서 어떻게 변환되는가?
4. 트랙의 언더캐리지 4가지 구성요소 및 역할을 서술하시오.
5. 아이들러의 역할에 대하여 서술하시오.
6. 작동유 취급 방법에 대하여 5가지를 서술하시오.
7. 하이드로백 기밀시험 방법을 서술하시오.
8. 계기류는 원칙적으로 수리하지 않게 되어 있으며 결함이 있을 때는 새것으로 교환한다. 속도계가 전혀 작동하지 않았을 경우 고장원인을 3가지 쓰시오.
9. 연료차단 솔레노이드 점검 방법 3가지를 기술하시오.
10. 유압장치에서 사용되는 솔레노이드 밸브에서 솔레노이드가 파손되는 이유 3가지
11. 불도저 작업시 흙을 밀 때는(저속) 운행하고, 후진시에는 빠르게 이동하며, 굳은 땅을 작업시에는 (블레이드)를 지면에 2~3cm를 깊이로 작업한다.
12. 유성기어 회전수 및 회전 방향 구하는 계산 문제.

제51회 필답형 문제 2012년 5월

1. 유압장치 구성 4가지를 쓰시오.
2. 전기 저항값 계산 문제
3. 포장용 건설기계의 종류 5가지를 서술하시오.
4. 굴착기 작업, 주행, 복합 동작시 주행이 원활하지 않는 이유 3가지를 기술하시오.
5. 토크컨버터의 과열 원인 3가지를 기술하시오.
6. 굴착기 작동시 선회가 부드럽지 않은 이유를 5가지 쓰시오.
7. 타이어 취급상 안전사항 5가지를 기술하시오.
8. 분배형 전자제어 분사펌프의 주요 제어사항 2가지를 쓰시오.
9. 트랙이 벗겨지는 이유 5가지를 기술하시오.
10. 각종 오일(엔진오일, 작동유, 기어오일)을 검사하여 알 수 있는 사항 5가지를 기술하시오.
11. 유압장치에서 유압유가 과열되는 원인 5가지를 기술하시오.
12. 밸브 스프링 검사 및 정비 방법 3가지를 기술하시오.
13. 축압기의 설치 목적 3가지를 기술하시오.

제52회 필답형 문제 2012년 10월

1. 브레이크 오일의 구비조건 5가지를 기술하시오.
2. 유압구동 방식과 기계구동 방식 특징을 비교하여 5가지 기술하시오.
3. 어큐뮬레이터(축압기)의 용도 5가지를 기술하시오
4. 축전지 고장 및 수명 단축 원인 5가지를 기술하시오.
5. 가변형 피스톤펌프의 토출량이 적거나 유압이 낮은 원인 4가지를 기술하시오.
6. 굴착기 메인 펌프가 진동과 이상한 소리가 발생하는 원인 3가지를 기술하시오.
7. 유압호스 보관 및 취급 방법 5가지를 기술하시오.
8. 유압호스 노화 판정
9. 유압호스 관이음의 종류
10. 크롤러형 굴착기 유압 측정시 각 기능별 갖추어야 할 조건
11. 도저 블레이드 용량 계산 ($Q= BH^2$)
12. 연료 소비율 계산 문제 (g/ps-h)
    (연료 소모량 700ℓ/24hr - 120ps. 연료 비중 0.9일 때)
13. 건설기계 교류발전기 주요 구성품 3가지 종류와 기능을 서술하시오.
14. 유압식 브레이크가 잘 듣지 않는 원인 3가지를 기술하시오.
15. 기중기 호칭 하중의 종류 3가지 및 기능을 쓰시오

제53회 필답형 문제 2013년 5월

1. 24V 축전지에 6PS 출력을 가진 기동전동기의 전류 소모량(A) 계산
2. 토크컨버터가 과열되는 원인 3가지를 쓰시오.
3. 패킹 또는 실의 주요 기능 4가지를 기술하시오.
4. 어큐뮬레이터의 구조상 분류 4가지를 서술하시오.
5. 유압펌프 신품으로 장착 후 주의사항 3가지를 쓰시오.
6. 브레이커의 타격력이 저하되는 원인 3가지를 쓰시오.
7. 비열비 1.4 최고온도 2,500K 최저온도 300K 최고압력 35ata 최저 압력 1ata일 때, 디젤 사이클의 이론 열효율은?
8. 토공용 건설기계 굴착기 상부 프레임 지지 방식 3가지를 쓰시오.
9. 로더가 좌, 우 어느 방향으로도 회전되지 않는 이유 4가지를 기술하시오.
10. 가역 비유동 과정에서 P-V선도 곡선 아래 면적은 어떤 상태량을 나타내는지 설명하시오.
11. 덤프트럭 조향륜의 트레드부 일부가 접시 모양으로 평형하게 이상 마모되고 있다. 원인 3가지를 기술하시오.
12. 타이어식 건설기계의 빈차 무게의 정의에 대해 기술하시오.
13. 건설기계 장비의 냉방장치 냉매 충전시 액상으로 충전하는 경우 발생하는 현상과 그 결과를 설명하시오.

제54회 필답형 문제 2013년 9월 1일

1. 트랙의 언더캐리지 구성요소 5가지와 기능을 서술하시오.(5점)
2. 축압기의 기능 4가지와 종류 3가지를 서술하시오.(7점)
3. 파일 드라이버를 크레인에 장착할 때 쓰이는 기계 5가지 및 장착순서를 아래 (   )에 채우시오.(3점)
   - 프런트 붐, (스트랩), (리더), (해머 권상로프), 해머
4. 표면장력에 대해 서술하시오.(2점)
5. 교류발전기의 3상 회로중 아래 그림에서 a-b, c-d 부분의 정류 과정을 → 로 표시하시오.(5점)
6. 도저의 케이블식과 유압식의 작업장치 5가지를 서술하시오.(5점)
7. 바닷물에서 사용한 건설장비의 점검, 정비시 유의할 점 3가지를 서술하시오.
8. 유압제어밸브의 종류 5가지를 서술하시오.(5점)
9. BHP 구하시오.(5점)
10. 와이어로프를 검사 결과 사용하지 않아야 하는 경우 3가지를 서술하시오.(3점)
11. 연료가 미립화되는 조건, 아래 내용 외에 2가지를 서술하시오.(2점)
12. 타이어 부하율 공식 서술하기(5점)

제55회 필답형 문제 2014년 5월 29일

1. 굴착기 리프트 암, 버켓 한 부분의 실린더 출력이 약하다. 원인 3가지
2. 디젤 사이클, T1 300k, T2 800k, 단절비 ρ = 3, 압축비 14, 최고온도 T3 =?
3. 직렬형 온도보상붙이 유량조절밸브는 온도변화에 일정한 유량을 (조정했을 때) 흘려주는 밸브이다. 이 밸브의 조정되는 원리를 쓰시오.
4. 휠로더 변속기가 과열되는 원인을 쓰시오.
5. 중형 로더 스티어링 압력 측정 절차
6. 로더 조향 핸들 이상 진동 원인
7. 에너지 보존의 법칙
8. 건설기계 작동유 상태 점검 방법?
9. 공기제어밸브에서 방향제어밸브 중 전환 밸브의 조작방법 3가지
10. 유압펌프 종류에서 베인펌프 종류 4가지
11. 피스톤(커넥팅로드) 분해 순서를 쓰시오.
12. 피스톤링 간극 측정 방법
13. 여과지 흡착 비교법 매연측정기 사용시 주의사항

제59회 필답형 문제 2016년 4월 9일

● 계산 문제

1. 와이어의 지름이 1.5인치일 때 허용응력을 구하시오.
2. 카르노사이클의 가열량, 방열량을 구하는 문제(최고온도, 최저온도, 작동온도 주어짐)

● 서술형 문제

1. 케이블식 속도계가 작동하지 않을 때 원인 3가지를 쓰시오.
2. 유압장치가 과열될 때 장비에 미치는 영향 5가지를 쓰시오.
3. 건설장비와 자동차의 전조등 차이점을 쓰시오.
4. 굴삭기 주행모터에서 멀티 스트로크형 피스톤 모터의 작동원리에 대해 쓰시오.
5. 블로바이 현상의 정의와 발생 가능한 원인 3가지를 쓰시오.
6. 건설장비 ECU의 역할 3가지를 쓰시오.
7. 로더의 대표적인 작업 3가지를 쓰시오.
8. 유압펌프에서 소음이 발생할 때의 원인 5가지에 대해 쓰시오.
   (단, 유압유 양과 흐름은 정상)
9. 도저 조향 레버를 작동해도 조향이 원활하지 않은 원인 3가지를 쓰시오.
   (단, 유압유 양과 흐름은 정상)
10. 디젤기관에서 착화지연시간을 짧게 할 수 있는 방법 5가지를 쓰시오.
11. 건설장비가 최고압력을 유지하지 못하는 원인 5가지를 쓰시오.

제61회 필답형 문제 2017년 5월 29일

1. 유압펌프 입구쪽에서 공동현상 없애는 방법 2가지
2. 기동전동기가 회전되지 않는 원인 3가지(단, 기동전동기에 한하여)
3. 기중기의 페어리드에 대하여 쓰시오.
4. 유압장치의 장점 5가지에 대하여 쓰시오.
5. 콤프레셔 장치 5가지 설명
6. 굴착기에서 키스위치 ON시 충전경고등이 들어오지 않거나 깜빡거릴 경우, 발전기 내·외부에 발생 가능한 원인 각각 3가지에 대하여 쓰시오.
7. 링기어 이의 접촉 중 토 접촉과 페이스 접촉상태 설명 및 조치 방법에 대하여 쓰시오.
8. 디젤기관의 노킹방지법 3가지에 대하여 쓰시오.(단, 압축비 및 세탄가 이상 없음)
9. 기관이 과열, 과냉시의 현상 각각 2가지에 대하여 쓰시오. (단, 부품 손상, 베어링 마모 이상 없음)
10. 로더 조향방식 2가지에 대하여 쓰시오.
11. 마력 계산 문제(kw ⇒ 마력)
12. 굴착기 버킷 자연하강 측정 준비 및 측정 방법

제67회 필답형 문제 2020년 6월 12일

1. 슬로버링 현상
2. 유압장치에 공기 유입시 나타나는 현상
3. 발전기 충전 불량 원인
4. 타이어 구조 설명
5. 기중기 안전 문제
6. 와이어로프 임계하중 계산
7. 보쉬형 연료장치 공기빼기
8. 유압 기호
9. 유압장치 단점
10. 과급기에 발생되는 문제점
11. 유압펌프 소음 발생 원인
12. 굴착기를 트랙터에 상하차 방법 3가지

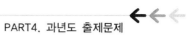

제68회 필답형 문제 2020년 8월 29일

1. 블로우 다운
2. 저항 계산
3. 토크컨버터 오일 열화 원인
4. 유압유 구비조건
5. 기동전동기 회전 안되는 이유
6. 굴착기 회전 동력전달순서
7. 어큐뮬레이터 기능
8. 로더 조향시 회전이 힘든 이유
9. 기관에 냉각이 안될 때 일어나는 현상
10. 과급기 장착 건설기계의 장점
11. 유압브레이크에 잔압을 두는 이유
12. AND 논리 회로

제69회 필답형 문제 2021년 4월 3일

1. 쇄석기의 종류 3가지

- 조 쇄석기 - 롤 쇄석기 - 자이로터리 쇄석기
- 콘 쇄석기 - 임팩터 또는 해머 쇄석기 - 로드 밀 및 볼 밀 쇄석시

2. 기계식 모터그레이더의 스캐리 파이어 작업 중 지면에서 오는 충격이 강하다. 유격이 과다한 고장원인 3가지

- 웜기어의 마모
- 웜의 축 방향 유격 과다
- 링크 볼 소켓의 마모

3. 굴착기(타이어식)가 시동은 되나 주행이 되지 않는다. 기계적인 고장원인 3가지

- 메인 유압펌프 작동 불량
- 파일럿 펌프 불량 또는 압력 부족
- 주행 릴리프밸브 불량
- 주행 모터 작동 불량
- 트랜스미션 유니트 고장
- 프로펠러 샤프트 절손
- 주차 브레이크 해제 불량

4. 에어컨 냉매 냉각 및 압축과정을 순서대로 나열하시오.

냉매 → 압축기 → 전자클러치 → 응축기 → 건조기 → 팽창밸브 → 증발기 → 송풍기

5. 기관의 분해 정비시기 결정 요소 3가지

- 압축 압력이 규정 압력의 70% 이하일 때, 각 실린더의 압력 차가 10% 이상일 때
- 연료 소비율이 표준 소비율보다 60% 이상 소비될 때
- 윤활유 소비율이 표준 소비율보다 50% 이상 소비될 때
- 기관의 내부적인 결함이 발생 되었을 때

6. 자동차 전조장치와 토공용 전조장치의 차이점

- 토공용 전조장치

반사경과 필라멘트가 일체로 되어있는 실드빔 형식으로, 필라멘트가 끊어지면 전조등 전체를 교환하여야 하는 단점과, 먼지가 많은 건설현장과 같은 악조건에서도 반사경이 흐려지지 않는 장점이 있다.

- 자동차 전조장치

렌즈와 반사경은 녹여 붙였으나 전구는 별개로 설치된 세미 실드빔 형식으로, 필라멘트가 끊어지면 전구만 교환하는 장점과, 전구 설치 부분으로 공기 유통이 있어 반사경이 흐려지기 쉬운 단점이 있다.

7. 기계적인 마모를 줄일 수 있는 방법 3가지

- 연결 및 마찰부에 윤활유를 적절히 주입 및 도포하여 관리한다.
- 무리한 작업을 하지 않는다.
- 연결 및 마찰부에 이물질이 유입되지 않도록 주의하고 청결히 관리한다.

8. 10mm 관으로 분당 0.003㎥ 유량 통과시 유속(m/sec)을 구하시오.

① 유량(Q) = 관의 단면적(A) × 유속(V)이므로

$V = Q/A$이다.

② 관의 단면적 10mm를 m로 변환하면 0.01m이므로 단면적 A를 구하면

$A = \frac{\pi D^2}{4}$이므로 $A = \frac{\pi \times 0.01^2}{4} = 0.0000785m^2$이다.

③ ①의 식에 대입하면 $V = \frac{0.003m^3}{0.0000785m^2} = 38.22m/\min$ 이다.

④ 문제에서 유속의 단위가 m/sec이므로

③을 초로 환산하여 60으로 나누면 0.637m/sec이다.

9. 크롤러 굴삭기의 트랙이 벗겨지는 원인 3가지

- 트랙의 유격이 규정값보다 너무 클 때(트랙 장력이 느슨할 때)
- 트랙의 정렬이 불량할 때
  (프런트 아이들러와 스프로킷의 중심이 일치하지 않을 때)
- 고속주행 중에 급선회하였을 때
- 프런트 아이들러, 상·하부 롤러 및 스프로킷의 마모가 클 때
- 리코일 스프링의 장력이 부족할 때

- 경사지에서 작업할 때

11. 배터리 자연 방전 원인 3가지
- 극판 물질의 화학 반응으로 황산납이 되었다
- 전해액에 포함된 불순물이 국부적으로 전지를 구성
- 작용물질이 축전지 내부에 퇴적
- 작용물질의 입자가 축전지 내부에 단락으로 인한 방전
- 축전지 커버 위에 부착된 전해액이나 먼지 등에 의한 누전

12. 브레이크 오일 구비조건 3가지
- 화화적으로 안정될 것
- 침전물이 생기지 않을 것
- 적당한 점도를 가질 것
- 점도 지수가 높을 것
- 윤활성이 좋을 것
- 빙점이 낮고 비등점이 높을 것
- 베이퍼록이 발생되지 않을 것
- 증발되지 않을 것
- 금속, 고무 제품에 부식, 열화, 팽창을 일으키지 않을 것

13. 터보차저 설치 목적 2가지
- 충진 효율 증대
- 충진 효율 증대로 엔진 출력 향상
- 공기 흡입량에 따라 압축비 설계 가능

14. 건설기계의 빈차(공차) 상태 정의
- 연료, 냉각수, 윤활유 등을 가득 채우고 휴대 공구, 작업 공구 및 예비 타이어를 싣거나 부착하고 즉시 작업할 수 있는 상태(단, 예비 부품 및 승차 인원은 제외)

제70회 필답형 문제 2021년 8월 22일

1. 유압모터의 장점 4가지

- 넓은 범위의 무단 변속이 용이하다.
- 변속 및 역전 제어가 용이하다.
- 속도나 운동 방향 제어가 용이하다.
- 소형 경량으로 큰 출력을 낼 수 있다.
- 과부하 제어가 쉽다.

2. 유압회로에서 서지 압력 발생원인 2가지

- 회로 내에 과도적으로 상승하는 압력의 최대값으로
- 릴리프밸브의 작동이 지연될 때
- 유량 제어밸브의 가변 오리피스를 급격히 닫는 경우
- 방향 제어밸브의 유로를 급격히 바꿀 때
- 고속실린더를 급정지 시킬 때

3. 유압 진동식 롤러 동력 전달 순서

기관 → (유압펌프) → 유압제어장치 → (유압모터) → 차동장치 → (종감속장치) → 바퀴

4. 공동현상(캐비테이션) 발생원인

- 흡입 스트레이너의 막힘
- 작동유의 점도가 너무 높다.
- 유압펌프의 회전수가 너무 빠르다.
- 유압펌프 흡입관 연결부에서 공기가 혼입된다.
- 유온 상승 및 용적 효율의 저하
- 급격한 유로의 차단

5. 가스 압력이 15MPa, 실린더 내경이 100mm일 때, 피스톤 헤드에 작용하는 힘 F는 몇 N인가?

① F(힘) = P(압력) × A(단면적)

② $1\text{Pa} = 1\text{N/m}^2$이므로, 단위를 정리하면

$15\text{MPa} = 15{,}000{,}000\text{N/m}^2$이며, 실린더의 내경은 100mm = 0.1m이다.

실린더의 단면적은 $A = \frac{\pi D^2}{4}$ 이므로 $\frac{\pi \times 0.1^2}{4} = 0.00785m^2$ 이다.

③ ①의 식에 대입하면 $F = 15,000,000N/m^2 \times 0.00785m^2 = 117,750N$

6. 지게차의 선택 작업 장치 3가지

- 하이 마스트(2단 마스트)
- 트리플 스테이지 마스터(3단 마스트)
- 로드 스태빌라이저
- 사이드 시프트 클램프
- 스키드 포크
- 로테이팅 포크
- 힌지드 버킷
- 힌지드 포크
- 롤 클램프 암

7. 냉각계통에 사용되는 냉각첨가제 역할 3가지

- 냉각 효과를 증대하기 위하여(비등방지)
- 냉각수의 빙결을 방지하기 위하여(빙결방지)
- 기관의 물순환 통로에 부식을 방지하기 위하여(부식방지)

8. 엔진에서 크랭크 케이스의 오일량은 정상인데 오일 압력이 낮은 원인은? (단, 밸브 간극, 분사 펌프 정상)

- 오일펌프 성능 불량
- 오일의 점도가 너무 낮을 때
- 유압 조정 밸브의 스프링 장력이 너무 낮을 때
- 크랭크축 메인 베어링의 오일 간극이 너무 클 때
- 오일펌프 흡입구의 막힘

9. 디젤 엔진에서 검은 매연(흑연)이 발생되는 원인 3가지 (엔진 압축압력, 연료분사펌프는 정상)

- 에어 크리너 막힘
- 연료 분사노즐 분사량 과다
- 흡기 밸브 열림 시간이 짧다

10. 압력제어밸브 3가지

- **릴리프밸브** : 회로 내 압력을 일정 유지 및 최고압력을 규제하여 기기를 보호
- **시퀀스밸브** : 2개 이상의 분기회로에서 유압 작동기를 일정한 순서로 순차 작동시키는 밸브
- **리듀싱밸브(감압밸브)** : 서로 각기 다른 압력으로 사용할 때 유압 작동기의 출구측 압력을

감압하는 밸브
- **언로드밸브(무부하밸브)** : 일정한 조건하에 펌프를 무부하로 하기 위하여 사용되는 밸브(회로 내의 압력이 급격히 상승시 회로보호를 위해 회로의 오일을 탱크로 복귀)
- **카운터밸런스 밸브** : 자중에 의한 낙하를 방지하기 위해 배압을 유지시키는 밸브

11. 브레이커 축압기 분해 순서
- 건설기계를 평지에 주차시킨다.
- 작업 장치를 지면에 내린다.
- 유압회로 내의 잔압을 제거한다.
- 어큐뮬레이터 선단의 매니홀드에 마련된 플러그를 1/2회전 풀어 내압을 제거한다.
- 어큐뮬레이터를 왼쪽으로 풀러 분리한다.

12. 휠로더 조향 펌프에서 오일량은 정상이나, 소음이 발생되고 조향이 잘 안되는 원인 3가지
- 유압펌프에 공기 혼입
- 릴리프밸브 설정 압력 불량
- 조향밸브 작동 불량

13. 디젤 노킹 방지 대책 3가지
- 실린더내의 급격한 압력 변화를 감소시킨다.
- 착화지연 기간을 짧게 한다.
- 압축압력을 증대시킨다.
- 압축온도를 증대시킨다.
- 분사개시시 분사량을 적게 한다.
- 흡입공기에 와류를 형성한다.
- 냉각수의 온도를 높인다.

14. 와이어로프 교체 시기 3가지
- 로프 와이어의 길이 30cm당 소선이 10% 이상 절단되었을 때
- 로프 와이어 지름이 7% 이상 감소되었을 때
- 심한 변형이나 부식 발생이 있을 때
- 킹크가 심하게 발생되었을 때

15. 트랙이 벗겨지는 원인 3가지

- 트랙의 유격이 규정값보다 너무 클 때(트랙 장력이 느슨할 때)
- 트랙의 정렬이 불량할 때
  (프런트 아이들러와 스프로킷의 중심이 일치하지 않을 때)
- 고속주행 중에 급선회하였을 때
- 프런트 아이들러, 상·하부 롤러 및 스프로킷의 마모가 클 때
- 리코일 스프링의 장력이 부족할 때
- 경사지에서 작업할 때

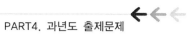

5

공업경영 자료

공업경영 요약

공업경영 과년도 출제문제

01 공업경영 요약

01 작업 관리

01 작업 관리란?

- 최적 작업 시스템을 지향하는 Engineering Approch이다.
  기본적으로는 (방법연구)(작업목적)의 각 수법이 이용된다.

02 7가지 작업 시스템의 요소

① 과업 (Work Task)
② 작업공정 (Work Process)
③ 투입 (In Put)
④ 산출 (Out Put)
⑤ 인간 (Man)
⑥ 설비 (Equipment)
⑦ 환경 (Environment)

03 방법연구에 이용되는 수법 2가지

① 작업이나 동작의 순서 표현
② 사람이나 자재의 이동경로 표현

04 시간측정 수법과 구성

공정 → 단위작업 → 요소작업 → 동작 → Therblig (동소)

10분 1분 0.1분 0.01분 0.001분

05 Process chart의 분석수법의 종류

① 제품공정분석
② 사무공정분석
③ 작업자공정분석
④ 계급모형
⑤ Flow - Chart

06 표준시간이란?

- 그 작업에 정성이 있고 습득된 작업자가 양호한 작업환경, 소정의 작업조건 필요한 여유 및 적절한 감독자 아래서, 정상 페이스로 소정의 작업을 미리 정해진 방법에 따라 수행하기 위해 필요한 시간.

07 표준시간 산출식

$$\text{표준시간} = \text{관측시간} \times \frac{(1 \div \text{레이팅계수})}{100} \times \frac{(1 \div \text{정상 페이스 속도})}{100}$$

$$\times \frac{(1 \div \text{여유분})}{100} = \text{정미시간} \times \frac{(1 \div \text{여유분})}{100}$$

표준시간 = 준비작업시간 + 주 작업시간 = 준비작업시간 + 정미시간 + 여유시간

08 정미시간의 구성

① 주요시간 + 부수시간
② 가공시간 + 중간시간
③ 실동시간 + 수대기시간

09 작업측정이란?

- 측정 상대 작업을 구성단위(요소 작업)로 분할하여, 시간의 척도로서 측정, 평가 및 설계 개선하는 것이다.

10 작업측정의 목적

① 작업 시스템의 개선 ② 작업 시스템의 설계
③ 과업관리

11 관측 대상의 결정

① 기계 ② 사람 ③ 제품

12 스톱워치 관측 방법의 종류는?

① 계속시간 관측법 ② 반복시간 관측법

13 Stop watch의 시간 단위

1/100분 = 1 DM

14 작업의 요소 분할이 필요한 이유

① 작업 방법의 세부를 명확히 하기 위해
② 작업 방법의 작은 변화라도 찾아 개선하기 위해
③ 다른 작업에도 공통되는 요소가 있으면 비교 혹은 표준화하기 위해
④ 데이터를 더 정확하게 하기 위해

15 작업 평정의 종류

① 속도 평정
② 노력 평정
③ 페이스 평정
④ 오브젝트 평정
⑤ 평준화법

16 레이팅이란

- 평준화법 정상 페이스와 관측 대상 작업의 페이스를 비교 판단하여 관측 시간치를 정상 시간치로 수정하는 것.

- **레이팅 계수** = 페이스 레이팅 계수 (1 + 난이도 조정계수)

17 수정 정비시간

수정 정미시간 = 관측시간 × (평정치 / 정상 작업 페이스)

18 작업속도의 변동 요인 (평준계수)

① 숙련도(Skill)
② 노력도(Effort)
③ 환경 조건(Condition)
④ 일치성 (Consistency)

19 워크 샘플링이란?

- 워크 샘플링은 사람이나 기계의 가동상태 및 작업의 종류 등을 순간적으로 관측하고, 이러한 관측을 반복하여 각 관측 항목의 시간 구성이나 그 추이 상황을 통계적으로 추측하는 수법.

20 워크 샘플링의 용도

① 인간, 기계, 재료에 관한 문제점을 집어냄
② 작업자의 가동률 혹은 작업 내용의 구성 비율을 파악 계산
③ 기계 설비의 가동률이나 원인별로 기계 정지율의 파악 계산.
④ 표준시간의 설정
⑤ 표준시간에 포함될 수 있는 부대 작업이나 여유율 측정
⑥ 사무작업의 애용 분석 및 개선

21 편차계수

편차계수(S) = tv / tmin
(tv : 시간치의 기술 평균, tmin : 최소 시간치)

22 워크 샘플링의 관측 시각 결정방법

① 확률적인 표본추출
② 등 시간 간격 샘플링
③ 집중시간 샘플링

23 여유시간이란

- 작업을 진행하는데 인적, 물적으로 필요한 요소나 발생 방법이 불규칙적 우발적인 것으로, 편의상 그 발생을 평균 시간 등을 조사 측정하여 이것을 정미시간에 부가하는 것으로 보상하는 시간치이다.

24 에너지 대사율

에너지 대사율(RMR) = 작업대사량 안정시 대사량 / 기초 대사량

25 피로여유의 평가

A : 육체적 노력에 대한 여유율

B : 정신적 노력에 대한 여유율

C : 유휴(Idle) 시간에 대한 회복계수

D : 단조감에 대한 여유

합계 여유율 = (A+B) × C + D

26 외경법

$$여유율 = \frac{여유율}{정미시간} \times 100$$

표준시간 = 정미시간 (정미시간) + 여유시간 = 정미시간 (1 + 여유율/100)

27 내경법

$$여유율 = \frac{여유율}{정미시간 + 여유시간} \times 100$$

$$표준시간 = 정미시간 \times \frac{100}{100 - 여유율}$$

28 기계 간섭시간

- 1인의 작업자가 동시에 2대 이상의 기계를 담당하는데 일어나는 시간

29 기계간섭의 종류

① 정기적 간섭

② 부정기적 간섭

30 PTS법이란

- 인간이 행하는 모든 작업을 구성하는 기본동작으로 분해하여, 각 기본동작에 대해 그 동작의 성질과 조건에 따라 미리 정해진 시간치를 적용하는 수법

31 PTS법의 종류

① MTA ② WF ③ MTM
④ BMT ⑤ DMT ⑥ MODAPTS

32 WF법의 시간치

① 0.0001분
② 0.000017시간
③ 0.0036초

33 WR법의 단위 : WFU

34 WF법의 4주요 변수

① 신체 사용 부위 ② 이동 거리
③ 취급 중량 또는 저항 ④ 인위적 조건

35 WF법의 신체 사용 부위

- 손가락, 손, 앞팔 선회, 팔, 몸통, 다리, 발

36 WF의 기초

① W : 중량 또는 저항
② S : 방조절
③ P : 주의
④ U : 방향 변경
⑤ D : 일시 정지

37 RWF법의 단위 : 1RU = 0.001분, 0.0006분, 0.036초

38 MTM법의 단위 : 1MTU = 0.0001시간

39 WF 분석법의 종류

① 상세법 (Detailed Work – Factor – DWF)
② 간이법 (Simplified – Factor – SWF)
③ 레이디법 (Fedy – Factor – RWF)
④ 간략법 (Abbreviated – Factor – AWF)

40 표준자료법이란

– 동일 종류에 속하는 과업의 작업 내용을 정수 요소와 변수 요소로 나누어 미리 그 작업을 측정하여, 변동 요인과 시간치의 관계를 해석하고 시간 공식 또는 시간 자료를 만들어 개개작업 시간을 설정할 때, 그때마다 측정하지 않고 그 자료를 사용하여 표준시간 측정

41 표준자료의 결정 단위

① 요소 작업 단위
② 단위 작업 단위
③ 공정 단위
④ 제품 단위

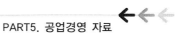

42 표준자료의 표현 형식

① 등식 (Equations)
② 커브 (Cuves)
③ 테이블 (Table or charts)
④ 계산도표(Nomographs or Alignment charts)
⑤ 다변수표(Multi - Variable charts)
⑥ 프리 페이트 시트(pre - Pate Sheet)

43 표준자료의 구분 결정의 고려사항

① 시간치의 요구 정도
② 대상 작업 수의 다소 및 유사 정도
③ 변동 요소의 다소
④ 시간자료를 정리할 때의 용이성
⑤ 자료 이용시의 조건(자료의 매수, 정리 방법, 설정의 신속)
⑥ 표현 형식의 적합성

44 공정분석의 의의

- 생산공정이나 작업 방법의 내용을 가고, 운반, 검사, 정체 또는 저장의 4가지의 공정 분석 기호로 분류하여 그 발생하는 순서에 따라 표시하고 분석하는 것.

45 공정 분석도와 공정분석 기호

① 작업 (가공,조작) (operation) : ○
② 운반 (Transpotatrion) : →
③ 검사 (Inspetion) : □
④ 지연(정체) (Deplay) : D
⑤ 저장(보관) (storage) : ▽
△ : 원재료의 저장 ▽ : 반제품 또는 제품의 정체 또는 저장
□ :양의 검사 ◇ : 질의 검사

46 OPS란

– 원재료, 부품이 프로세스에 투입되는 점 및 모든 작업과 검사의 계열을 표현한 도료

47 Folw Process Chart란

– Flow Process Chart는 대상 프로세스에 포함되어있는 (모든 작업) (운반 : →) (검사 : □) (지연 : D) 및 (저장 :▽)의 계열을 기호로 표시하고, 분석에 필요한 소요 시간, 이동 거리 등의 정보를 기술한 도표이다.

48 Process chart의 개선 원칙

① 배제　② 결합　③ 교환　④ 간소화

49 Process chart의 작업 개선에 적용되는 원칙

① 레이아웃 원칙
② Material Handling의 원칙
③ 동작경제의 원칙

50 동작 연구란

– 인간의 신체 동작과 눈의 움직임을 분석함으로써, 불필요한 동작의 배제 및 최량의 방법을 설정하는 수법

- **동작 연구 수법의 종류**
  ① 양수 작업 분석
  ② Therblig 분석 (미동작 분석)
  ③ 동시 동작 분석

51 양수 작업 분석이란

- 작업자의 양수 동작의 프로세스를 양자의 관련성을 고려하면서 분석, 개선하는 수법

52 연합 작업 분석의 목적

① 인간–기계의 연체 작업의 연합 효율을 높이기 위해
② 조작업의 편성 또는 개선하여 연합 효율을 높이기 위해
③ 기계의 담당 대수를 검토할 때
④ 효과적인 기계화 자동화를 의도할 때
⑤ 기계의 정지시간을 단축할 때
⑥ 준비 작업 및 뒷마무리 작업의 합리적인 조합을 검토할 때

53 연합 작업 분석의 종류

① 인간 – 기계 분석표 (Man and machine chart)
② 조작업 분석표 (Multi – Man chart)
③ 조 – 기계 분석표 (Multi – Man and Machine chart)

54 동작경제의 원칙 3가지

① 신체 사용에 관한 원칙
② 작업역에 관한 규칙
③ 공구나 설비의 설계에 관한 원칙

55 신체 사용에 관한 원칙

① 양손의 동작은 동시에 시작하고 동시에 끝내야 한다.
② 휴식 시간 이외는 양손을 동시에 쉬지 않도록 한다.
③ 양팔 동작은 반대 방향으로 대칭으로 동시에 행한다.

56 유동 작업의 정의

- 각 공정의 시간이 균일하고, 각 작업 공간들이 공정 순서대로 배치되어있는 것이 시간적 공간적 조건을 만족시키는 것.

57 완전 유동 작업의 조건

① 각 공정의 작업시간이 균일
② 각 공정의 작업시간이 안정
③ 각 공정의 작업 공간이 순서대로 배치 접근
④ 1공정 1작업 공간
⑤ 이동 Lot size는 한 개일 것

58 유동작업의 장점

① 공정관리 철저
② 분업, 전문화
③ 간접 작업의 제거
④ 제작시간 감소
⑤ 공정관리 사무 간소화
⑥ 품질 관리 철저
⑦ 훈련 용이화
⑧ 작업 면적의 집중

59 유동작업의 단점

① 융통성 감소
② 가도율 저하
③ 일제히 정지
④ 배치 제한
⑤ 만능 숙련공 양성 곤란

60 유동 작업의 편성 순서

① pitch time의 결정
② 유동 작업화를 위한 공정분석 (단순 공정분석)
③ 작업 분석 및 시간 측정
④ 작업 내용의 분할, 합성 (Line Balance)

61 유동 작업의 편성을 개선 검토기준

① pitch time 결정
② 유동 작업을 위한 공정분석
③ 작업 분석 및 시간 측정
④ 작업 내용 분할 - 합성

62 프란트 레이아웃(Plant Layout)의 진행 방법

① 입지
② 기본 배치 계획
③ 세부 배치 계획
④ 건설 및 설치

63 배치(Layout)의 원칙

① 총합의 원칙
② 단거리의 원칙
③ 유동의 원칙
④ 입체의 원칙
⑤ 안전 및 만족감의 원칙
⑥ 융통성의 원칙

64 VE 란

- 기능의 분석과 기능의 평가를 체계적으로 행하여 고객의 욕구를 실현하는 방법

65 VE와 연구 대상의 평가

① 필요성이 큰 것
② 효과가 큰 것
③ 투입 노력이 적은 것
④ 실현성이 확실한 것

66 VE의 체계

① 기능의 정의
② 기능의 평가
③ 대체안 작성

02 품질 관리

01 품질의 의의

– 제품의 유용성을 성질, 또는 제품이 그 사용 목적을 수행하기 위하여 갖추고 있어야 할 성질. 여러 가지 제품 특성의 집합에 의해 이루어짐.

02 통계적 품질 관리

① **관리** : 수요자의 요구에 맞는 품질의 제품을 경제적으로 생산하는 수단.
② 특히 근대적 품질 관리는 통계적 수단을 택하고 있으므로 통계적 품질 관리라 한다.

03 전사적 품질 관리(TQC)

– 소비자에게 충분히 만족되는 품질의 제품을 가장 경제적인 수준으로 생산할 수 있도록 사내의 각 부분이 품질개발, 품질유지, 품질개선의 노력을 조정 통합하는 효과적 체계.

04 품질 관리의 기능

① 품질설계
② 공정관리
③ 품질보증
④ 품질조사

05 품질 관리의 업무

① 특별공정조사
② 신제품관리
③ 수입자재관리
④ 제품관리

06 사내 표준화의 효과

① 생산능률의 증진과 생산비 저하
② 품질향상 및 균일화
③ 자재의 절약 및 부품의 호환성 증대
④ 기술의 향상 및 기술지도와 교육의 용이
⑤ 표준원가 및 표준 작업공정의 산정
⑥ 사용 소비의 합리화
⑦ 거래의 단순, 공정화 등

07 사내 표준화의 추진 순서 : 계획 → 운영 → 평가 → 조치

08 사외 규격 종류

① 단체 규격(단체 표준)
② 국제 규격(국제 표준)
③ 국가 규격(국가 표준)

09 KS 제정의 4가지 원칙

① 공업규격의 통일성 유지
② 공업표준 조사심의 과정의 민주적 운영
③ 공업표준의 객관적 타당성 및 합리성 유지
④ 공업표준의 공중성 유지

10 품질 코스트 종류

① 예방 코스트　② 실패 코스트　③ 평가 코스트

11 데이터 성질 및 통계적 취급의 차이에 따른 분류

① 계수치의 데이터
② 계량치의 데이터

12 신뢰성 있는 데이터의 확보를 위한 필요사항

① 샘플링이 랜덤하고 합리적일 것
② 샘플의 조사나 측정이 합리적일 것
③ 검사원의 정확도가 높을 것
④ 측정기기의 정확도가 높을 것

13 도수분포의 제작 목적

① 데이터의 흩어진 모양을 알고 싶을 때
② 많은 데이터로부터 평균치와 표준편차를 구할 때
③ 원데이터를 규격과 대조하고 싶을 때

14 도수분포의 수량적 표시법

① 중심적 경향
② 흩어짐 또는 산포
③ 분포의 모양

15 특성요인도의 사용법

① 작업표준과 비교
② 개선점 결정 시행
③ 중요한 요인 확인
④ 철저히 주지
⑤ 개선·개정 계속

16 모집단과 시료

① 모집단 : 공정이나 로트

② 시료(샘플): 어떤 목적을 가지고 샘플링한 것

17 모수와 통계량

① **모수** : 시료가 취하여진 모집단에 대한

② **통계량** : 통계적 추론에서 소수의 시료로부터 측정치를 적당히 집계하여 평균치·분산·표준편차 등을 계산한 것.

18 관리도 의미

- 관리도는 공정의 상태를 나타내는 특성치에 관해서 그려진 그래프로서, 공정을 관리상태(안정상태)로 유지하기 위해 사용된다.

19 관리도의 종류

- **계수치 관리도** : nP 관리도, P 관리도, C 관리도, u 관리도
- **계량치 관리도** : $\bar{x}$- R 관리도, x 관리도, x-R 관리도, R 관리도, Me-R 관리도

20 관리도를 사용하여 공정 관리하는 순서

① 공정의 결정

② 공정에 대한 관리항목 결정

③ 관리항목에 대한 시료 채취 방법

④ 관리도의 결정

⑤ 관리도의 작성, 해석, 판정

⑥ 필요한 조치

⑦ 관리도 관리항목, 관리선 등 개정

21 관리도에서 공정이 관리상태에 있음을 판단하는 두 가지 기준

1) 점이 관리 한계선을 벗어나지 않을 것

① 연속된 25점이 모두 한계에 있다.

② 연속된 35 점중 관리 한계를 벗어나는 점이 1점 이내이다.

③ 연속된 100 점중 관리 한계를 벗어나는 점이 2점 이내이다.

2) 점이 배열에 아무런 습관성이 없을 것.

① 런이 출현한다 : 7점 이상이면 이상, 5~6점이면 유의

② 경향이 있다.

③ 주기가 있다.

④ 중심선 한쪽에 있다가 여러 개 있다

⑤ 점이 관리 한계선 근처 (2-3)에 있다.

ⓐ 연속된 3점 중 2점 이상.

ⓑ 연속된 7점 중 3점 이상.

ⓒ 연속된 10점 중 4점 이상

22 샘플 검사의 정의

- 샘플 검사란 물품을 어떤 방법으로 (측정한) 결과를, (판정 기준)과 비교하여 개개 물품에 (양호), (불량) 또는 (합격), (불합격)의 판정을 내리는 것이다.

23 샘플 검사의 종류와 분류

① 검사가 행해지는 공정에 의한 분류

② 검사가 행해지는 장소에 의한 분류

③ 검사의 성질에 의한 분류

④ 판정 대상에 의한 분류

⑤ 검사항목에 의한 분류

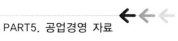

24 검사가 행해지는 분류에 의한 정의

① 수입검사
② 공정검사
③ 최종검사
④ 출하검사
⑤ 기타검사

25 검사가 행해지는 장소에 의한 분류

① 저위치 검사
② 순회 검사
③ 출장 검사

26 검사 성질에 의한 분류

① 파괴검사
② 비파괴검사
③ 관능검사

27 판정의 대상에 의한 분류

① 전수검사
② 로트별 샘플링 검사
③ 관리 샘플링검사
④ 무검사
⑤ 자주검사

28 검사항목에 의한 분류

① 수량검사
② 외관검사
③ 중량검사
④ 치수검사
⑤ 성능검사

29 샘플링 검사의 목적에 따른 분류

① 표준형
② 선별형
③ 조정형
④ 연속생산형

30 시료의 샘플링 방법

① 랜덤 샘플링 (단순, 층별, 다단계, 계통 샘플링)
② 난수표의 사용방법
③ 샘플링용 카드의 사용법

31 샘플 검사의 계획 수립시 고려사항

① 검사품목
② 검사항목
③ 검사방식
④ 검사기기와 장소

32 샘플링의 종류

① 랜덤 샘플링
② 2단계 샘플링
③ 층별 샘플링
④ 취락 샘플링

33 랜덤 샘플링의 종류

① 단순 랜덤 샘플링
② 계통 샘플링
③ 지그재그 샘플링

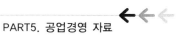

03 생산 관리

01 생산이란

- 생산요소를 투입하여 유형, 무형의 생산재를 산출 함으로써 호응을 생성하는 기능

02 생산관리란

- 기업 경영에 있어서 생산 기술적 구조의 합리화를 위한, 생산의 효율적 운영에 관하여 계획하고 통제하는 기능

03 생산계획이란

- 생산 활동을 시작함에 있어서 그 목적을 달성을 위하여 조직적이고 합리적인 계획을 수립하기 위한 사고 활동으로서, 생산되는 제품의 종류, 수량, 가격 및 생산 방법, 장소, 일정 계획에 관하여 가장 경제적이고 합리적으로 계획을 편성하는 것.

04 생산 합리화의 기본 목표

① 좋은 물건 만들 것
② 싸게 만들 것
③ 빨리 만들 것

05 생산 관리의 원칙(3S)

① **단순화** : 생산을 간단한 수단이나 방법에 의해서 행해야 된다는 원칙
② **표준화** : 과학적인 연구 결과 정당하다고 인정된 표준을 설정하고 그것을 유지해야 한다는 원칙
③ **전문화** : 각 작업을 분리하여 특정한 한정된 분야에만 그 노력을 집중하여, 작업의 전문성을 높이는 것이 원칙

06 System

① 시스템이란 하나의 복잡한 개체를 형성하기 위한 상호 관련된 사물의 집합 또는 집합체이다.

② System의 구성

ⓐ 투입(input) ⓑ 변환과정(processor) ⓒ 산출(output)

③ System의 공통적 성질

ⓐ 집합성 ⓑ 관련성 ⓒ 목적 추구성 ⓓ 환경 적응성

07 생산 계획의 단계

① **기본 계획** : 고위층 즉, 경영층의 사고 활동에 의해 행해지는 것
② **실행 계획** : 중간 관리자가 기본계획을 구체화하는 것
③ **실시 계획** : 생산 담당 부서가 실행계획에 의해 실시하는 것

08 절차 계획의 목적

① 최적의 작업 방법을 결정한다.
② 작업 방법의 표준화를 도모한다.
③ 작업의 할당을 적정화한다.

09 공수 계획의 기본적인 방법

① 부하와 능력의 균형화
② 가동률의 향상
③ 일정별 부하의 변동 방지
④ 정성 배치와 전문화의 촉진
⑤ 여유성

10 공수의 체감 현상

- 다량 생산의 작업이 계속적으로 반복될 때에선 작업시간이 일정한 것이 아니고, 시간이 경과함에 따라 그 작업에 숙달되어 작업시간이 단축되는 것을 체감 현상이라 한다.

○ **공수 체감의 순서** : ① 조립(80%) ② 수작업(90%) ③ 기계작업

11 일정 계획의 방침

① 납기의 확실화

② 생산 활동의 동기화

③ 작업량의 안정화와 가동률 향상

④ 생산 기간의 단축

12 원단위 산정

- 원단위란 완성된 설계도를 기초로 하여 제품 또는 반제품의 단위당 기준 자재 소요량을 말한다.

$$\text{자재의 원단위} = \frac{\text{원자재투입량}}{\text{제품 생산량}} \times 100$$

$$\text{로트의 크기} = \frac{\text{예정생산목표량}}{\text{로트수}}$$

13 총작업 시간 = 준비작업시간 + 정미작업시간) × 로트수(N)

14 생산 수량 계획 절차

① 수요예측(판매예측) → ② 판매계획 → ③ 생산계획

15 수용 예측이란

- 장래의 일정한 기간 동안에 생산하여야 할 제품의 생산 수량을 사전에 예정하는 생산 수량 계획을 세움에 있어서 확실한 수요량을 판단하는 것

16 수요 예측 방법의 분류

① 시계열 분석　　② 회귀 분석
③ 구조 분석　　④ 의견 분석

17 수요 예측 기법

- 동적 평균선을 관찰치와 경향치와의 편차 자승의 총합계가 최소가 되도록 구하고, 회귀 직선을 연장해서 예측하는 방법이다.

18 작업 분배의 의의 : 실제로 일을 사람이나 기계에 할당하는 것이다.

19 작업 분배의 방법

분산식 작업 분배 방법	집중식 작업 분배 방법
1. 현장에서의 비능률을 어느 정도 방지할 수 있다. 2. 보고나 통지의 중복을 피할 수 있고 통제가 용의하므로 여러 가지 경우에 경제적이다. 3. 작업 진행 계원이 많이 걷게 된다.	1. 통제를 강화할 수 있다. 2. 일정 계획 등의 변경을 행할 수 있으므로 탄력성이 있다. 3. 진행 상황을 총괄적으로 파악할 수 있다.

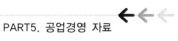

20 진도 관리의 업무 단계

진도 조사 → 진도 판정 → 진도 수정 → 지연 조사 → 자연방지 대책 → 회복 확인

21 진도 조사 방법

① 전표 이용법
② 구두 연락법
③ 직시법
④ 기계적 방법

22 현품 관리

- 현품 관리란 각 공정을 흐르고 있는 자재, 부품, 반재품 등의 소재와 수량을 파악하는 일 즉, 무엇이, 어디에, 얼마나 있는가를 확실히 파악하는 것이다.

23 현품 관리 방법

① 놓는 장소, 놓는 방법의 개선
② 보관 책임의 명확화
③ 보관 대장의 활용
④ 사고처리의 명확화

24 용기의 이동 방법

① 되도록 표준용기를 사용할 것
② 정량을 넣는다.
③ 작업 중에도 사용할 것
④ 운반이나 쌓아 올리는데 편리성
⑤ 취급하기 쉬운 크기

25 PERT 기법

- 경영관리자가 사업 목적을 달성하기 위해 수행하는 기본 계획, 세부 계획 및 통계 기능에 도움을 줄 수 있는 수적 기법이며, 계획 공정도를 중심으로 한 종합적인 관리 기법이다.
  → 합리적인 계획으로 실패를 줄이며 성공하는 방법

26 계획 공정도 작성상 기본 원칙

① 공정 원칙
② 단계 원칙
③ 활동 원칙
④ 연결 원칙

27 자원 배당 목적

① 인력의 변동 방지
② 자원의 고정 수준 유지
③ 한정된 자원의 선용
④ 자원의 효과적 일정 계획 수립

28 안전관리의 목적

① 인명 존중
② 사회복지의 증진
③ 생산성 향상
④ 경제성 향상

29 절차 계획의 의의

- 작업의 절차와 각 작업의 표준시간 및 각 작업이 이루어져야 할 장소를 결정하고 배정하는 계획

30 절차 계획의 내용

① 작업 공정의 순서와 작업 내용
② 조립 작업의 순서와 내용
③ 각 공정에 필요한 인원수
④ 각 공정에 필요한 기계 설비 및 치공구
⑤ 각 공정 작업시간
⑥ 사용 자재
⑦ 기타 조건(표준가공 Lot, 담당 부서, 공정 분류 등)

31 절차 계획의 목적

① 최적의 작업 방법 결정
② 작업 방법 표준화
③ 작업 할당의 적정화

32 절차 계획상 중점 파악 요소

① 품질 ② 원가 ③ 납기 ④ 기타

33 절차 계획 추진 방법

① 입안 방침 결정
② 가공 방법의 합리화
③ 자재 선택
④ 작업 분할과 공정 편성 합리화

34 공수 계획이란

생산 계획표에 의하여 결정된 제품별의 납기와 생산량에 대하여 작업량을 구체적으로 결정하고, 이것을 기계의 능력과 대조하여 양자의 조정을 꾀하는 것

35 합리적인 공수 계획 수립을 위한 기본방침

① 부하와 능력의 규형화
② 가동률 향상
③ 일정별 부화의 변동 방지
④ 적정 배치와 전문화의 촉진
⑤ 여유성

36 공수 계획의 내용

1) 작업량의 표시 방법
① 기계 시간 (machine hour)
② 인적 노동시간 (man hour)

2) 인공수의 종류
① 인일(人日) : Man day -- 개략적
② 인시(人侍) : Man hour -- 보편적
③ 인분(人分) : Man mimute -- 세부적

3) 효율
① 인원능력 = 환산인원 × 취업시간(실동) × 실동률
= 월간실동시간 × 출근률 × 인원수
② 가 동 률 = 출근률 × (1 - 간접 작업률)
③ 기계능력 = 유효가동시간 × 대수
= 월간실동시간 × 가동률 × 대수

37 일정 계획이란

- 절차 계획에 의거 하여 제조에 필요한 모든 작업이나 업무의 착수 시기와 완료 시기를 결정하는 것

38 일정 계획의 구성

① 가공
② 운반
③ 검사
④ 정체
⑤ Lot 대기

※ 가공시간(총 작업시간) = 준비작업시간 + 로트수 × 정미작업시간(1+여유율)

39 일정 계획의 방침

① 납기의 확실화
② 생산 활동의 동기화
③ 작업량의 안정화와 가동률의 향상
④ 생산 기간의 단축

40 일정 계획의 단계

① 대일정 계획
② 중일정 계획
③ 소일정 계획

41 공정순번, 착수순번

공정순번 = 가공순번 + 여유순번

착수순번 = 완성순번 + (공정순번−1)

42 여력 계획

① 장기 여력 계획 (반년 – 3년)
② 중기 여력 계획 (1개월, 15일, 10일)
③ 단기 여력 계획 (3일, 1주)

43 자재 계획이란

- 생산에 소요되는 자재의 종류, 수량, 규격, 품질 및 소요 시기 등에 관하여 생산계획의 한 부분으로 설정되는 계획

44 자재 소요량 산출

자재 소요량 = 자재 기준량 × (1 + 예비율)

45 원단위란

- 완성된 설계도를 기초로 하여 제품 또는 반제품의 단위당 기준 자재 소요량을 의미함

$$원단위 = \frac{원자재\ 투입량}{제품\ 생산량} \times 100$$

46 생산 통제란

- 생산계획에서 결정된 방침에 따라서 1일 생산 활동을 관리해 나가는 것

47 통제의 필요성

① 계획 자체의 부정화
② 사고의 발생
③ 계획(납기)의 변경이나 설계의 변경
④ 추가
⑤ 전 단계에서의 지연의 파급

48 생산 통제의 기능

① 절차 계획 - 절차관리(작업지도)
② 공수 계획 - 여력관리(공수관리)
③ 일정 계획 - 진도관리(일정관리)

49 작업 분배란

- 실제로 일을 사람이나 기계에 할당하는 것을 의미함.
  즉, 가급적 일정 계획과 절차 계획에 예정된 시간과 작업 순서에 따르되, 현장의 실정을 감안하여 가장 유리한 작업 순서를 정하여 작업을 명령하거나 지시하는 것으로, 계획된 생산 활동을 실제로 추진하는 관리적 기능

50 작업분배의 방법

① 분산식 작업 분배 방법
② 집중식 작업 분배 방법

51 진도 관리란

- 작업 분배에 의하여 현재 진행 중인 작업에 대해서 작업의 착수에서 완료되기까지의 진도 상황을 관리하는 것

52 진도의 조사 방법

① 전표 이용법
② 수두 연락법
③ 직시법
④ 기계적 방법

53 설비 보전이란

- 검사제도를 확립하여 설비의 열화 현상을 조사하고, 어느 설비의 어느 부분을 수리할 것인가를 예측하며, 이에 필요한 자재와 이원을 준비하여 계획적인 보수를 행함

54 설비 보전의 내용

① 예방 보전 (PM : Prevention Maintenance)
② 보전 예방 (MP : Maintenance Prevebtion)
③ 개량 보전 (CM : Corrective Maintenance)
④ 사후 보전 (BM : Break down Maintenance)

55 설비 열화형의 종류

① 물리적 열화 ② 기능적 열화 ③ 기술적 열화 ④ 화폐적 열화

56 감가상가의 종류

① 정액법 ② 정률법 ③ 비례법 ④ 연수 합계법 ⑤ 감채기금법

57 보전조직의 종류

① 집중 보전 ② 지역 보전 ③ 부문 보전 ④ 절충 보전

58 고장의 시간적 추이

초기고장 → 우발고장 → 마멸고장

02 공업경영 과년도 출제문제

01 국제 표준화의 의의를 지적한 설명 중 직접적인 효과로 보기 어려운 것은?

① 국제간 규격 통일로 상호 이익 도모
② KS 표시품 수출시 상대국에서 품질 인증
③ 개발도상국에 대한 기술 개발의 촉진을 유도
④ 국가간의 규격 상이로 인한 무역 장벽의 제거

02 Ralph M. Barnes 교수가 제시한 동작경제의 원칙 중 작업장 배치에 관한 원칙(Arrangment of the workplace)에 해당되지 않는 것은?

① 가급적이면 낙하석 운반 방법을 이용한다.
② 모든 공구나 재료는 지정된 위치에 있도록 한다.
③ 적절한 조명을 하여 작업자가 잘 보면서 작업할 수 있도록 한다.
④ 가급적 용이하고 자연스러운 리듬을 타고 일할 수 있도록 작업을 구성하여야 한다.

03 전수검사와 샘플링 검사에 관한 설명으로 맞는 것은?

① 파괴 검사의 경우에는 전수검사를 적용한다.
② 검사항목이 많을수록 전수검사보다 샘플링 검사가 유리하다.
③ 샘플링 검사는 부적합품이 섞여 들어가서는 안되는 경우에 적용한다.
④ 생산자에게 품질 향상의 자극을 주고 싶은 경우 전수검사가 샘플링 검사보다 효과적이다.

04 전수검사와 샘플링 검사에 관한 설명으로 가장 올바른 것은?

① 파괴 검사의 경우에는 전수검사를 적용한다.
② 전수검사가 일반적으로 샘플링 검사보자 품질 향상에 자극을 더 준다.
③ 검사항목이 많을수록 전수검사보다 샘플링 검사가 유리하다.
④ 샘플링 검사는 부적합품이 섞여 들어가서는 안되는 경우에 적용한다.

05 직물, 금속, 유리 등의 일정 단위 중 나타나는 흠의 수, 핀홀 수 등 부적합 수에 관한 관리도를 작성하려면 가장 적합한 관리도는?

① C 관리도
② np 관리도
③ p 관리도
④ X-R 관리도

06 다음 데이터의 제곱합(sum of squares)은 약 얼마인가?
(데이터 : 18.8, 19.1, 18.8, 18.2, 18.4, 18.3, 19.0, 18.6, 19.2)

① 0.129
② 0.338
③ 0.359
④ 1.029

07 어떤 회사의 매출액이 80,000원, 고정비가 15,000원, 변동비가 40,000원일 때, 손익분기점 매출액은 얼마인가?

① 25,000원
② 30,000원
③ 40,000원
④ 55,000원

08 도수분포표에서 도수가 최고인 곳의 대표치를 말하는 것은?

① 중위수
② 비 대칭도
③ 모드(mode)
④ 첨도

09 도수분포표에서 도수가 최대한 계급의 대표값을 정확히 표현한 통계량은?

① 중위수
② 시료평균
③ 최빈수
④ 미드-레인지(Mid-range)

10 일정 통제를 할 때 1일당 그 작업을 단축하는데 소요되는 비용의 증가를 의미하는 것은?

① 비용구매(Cost slope)
② 비정상 소요 시간(Normal duration time)
③ 비용견적(Cost estimation)
④ 총비용(Total cost)

11 셔블릭(therblig) 기호는 어떤 분석에 주로 이용되는가?

① 연합작업분석
② 공정분석
③ 동작분석
④ 작업분석

12 관리도에서 점이 관리한계 내에 있고, 중심선 한쪽에 연속해서 나타나는 점을 무엇이라고 하는가?

① 경향
② 주기
③ 런
④ 산포

13 모집단의 참값과 측정 데이터의 차를 무엇이라고 하는가?

① 오차
② 신뢰성
③ 정밀도
④ 산포

해설 오차 = 측정치 - 진실치(참값)
편차 = 평균치 - 참값

14 작업준비 시간이 5분, 정미작업 시간이 20분, Lot 수 5, 주작업에 대한 여유율이 0.2라면 가공 시간은?

① 150분
② 145분
③ 125분
④ 105분

해설 총 가공시간
= 준비시간 + 작업시간 × (1 + 여유율)
= 5 + 20 + 1.2 = 29
29 × 5 = 145분

15 공급자에 대한 보호와 구입자에 대한 보증의 정도를 규정해 두고, 공급자의 요구와 구입자의 요구 양쪽을 만족하도록 하는 샘플링 검사방식은?

① 규준형 샘플링 검사
② 조정형 샘플링 검사
③ 선별형 샘플링 검사
④ 연속생산형 샘플링 검사

16 다음 표는 어느 자동차 영업소의 월별 판매실적을 나타낸 것이다. 5개월 단순 이동평균법으로 6월의 수요를 예측하면 몇 대인가?

월	1월	2월	3월	4월	5월
판매량	100대	110대	120대	130대	140대

① 100대
② 110대
③ 120대
④ 140대

해설 단순이동평균법

$$M_t = \frac{\Sigma M_{t-1}}{n}$$

$$= \frac{(100+110+120+130+140)}{5} = 120$$

M_t : 당기 예측치,
X_t : 마지막 자료(당기 실적치)

17 다음과 같은 데이터에서 5개월 이동평균법에 의하여, 8월의 수요를 예측한 값은 얼마인가?

월	1	2	3	4	5	6	7
실적	100	90	110	100	115	110	100

① 103
② 105
③ 107
④ 109

18 u 관리도의 관리상한선과 관리하한선을 구하는 식으로 옳은 것은?

① $\overline{U} \pm 3\sqrt{\overline{U}}$

② $\overline{U} \pm \sqrt{\overline{U}}$

③ $\overline{U} \pm 3\sqrt{\dfrac{\overline{U}}{n}}$

④ $\overline{U} \pm \sqrt{n} \cdot \overline{U}$

19 도수분포표를 만드는 목적이 아닌 것은?

① 데이터의 흩어진 모양을 알고 싶을 때

② 많은 데이터로부터 평균치와 표준편차를 구할 때

③ 원 데이터를 규격과 대조하고 싶을 때

④ 결과나 문제점에 대한 계통적 특성치를 구할 때

20 설비의 구식화에 의한 열화는?

① 상대적 열화

② 경제적 열화

③ 기술적 열화

④ 절대적 열화

21 모든 작업을 기본동작으로 분해하고 각 기본동작에 대하여 성질과 조건에 따라 정해놓은 시간치를 적용하여 정미시간을 산정하는 방법은?

① PTS법

② WS법

③ 스톱워치법

④ 실적기록법

22 작업시간 측정 방법 중 직접 측정법은?

① PTS법

② 경험견적법

③ 표준자료법

④ 스톱워치법

23 테일러(F.W. Taylor)에 의해 처음 도입된 방법으로, 작업시간을 직접 관측하여 표준시간을 설정하는 표준시간 설정기법은?

① PTS법

② 실적자료법

③ 표준자료법

④ 스톱워치법

24 표준시간 설정 시 미리 정해진 표를 활용하여 작업자의 동작에 대해 시간을 산정하는 시간 연구법에 해당되는 것은?

① PTS법

② 스톱워치법

③ 워크샘플링법

④ 실적자료법

25 품질관리 활동의 초기 단계에서 가장 큰 비율로 들어가는 코스트는?

① 평가 코스트

② 실패 코스트

③ 예방 코스트

④ 검사 코스트

해설 초기 단계는 제품설계와 일치하게 도달하는 것에 따라 영향을 많이 받는다.

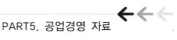

26 PERT / CPM에서 Network 작도시 정은 무엇을 나타내는가?

① 단계
② 명목상의 활동
③ 병행 활동
④ 최초 단계

해설 세분화된 분할작업(네트워크) 중점 관리 대상은 명확하게 해야 한다.

27 신제품에 가장 우수한 수요 예측 방법은?

① 시계열분석
② 의견분석
③ 최소자승법
④ 지수평활법

해설 시장조사에 의한 수요 예측은 의견 분석이다.

28 관리도에 대한 설명으로 가장 관계가 먼 것은?

① 관리도는 공정의 관리만이 아니라 공정의 해석에도 이용된다.
② 관리도는 과거의 데이터 해석에도 이용된다.
③ 관리도는 표준화가 불가능한 공정에는 사용할 수 없다.
④ 계량치인 경우에는 x-R 관리도가 일반적으로 이용된다.

해설 관리도 : 공정관리의 합리화에 사용되는 도표

29 다음은 워크 샘플링에 대한 설명이다. 틀린 것은?

① 관측 대상의 작업을 모집단으로 하고 임의의 시점에서 작업 내용을 샘플로 한다.
② 업무나 활동의 비율을 알 수 있다.
③ 기초론은 확률이다.
④ 한 사람의 관측자가 1인 또는 1대의 기계만을 측정한다.

30 워크 샘플링에 관한 설명 중 틀린 것은?

① 워크 샘플링은 일명 스냅 리딩(Snap Reading)이라 부른다.
② 워크 샘플링은 스톱워치를 사용하여 관측 대상을 순간적으로 관측하는 것이다.
③ 워크 샘플링은 영국의 통계학자 L.H.C. Tipper가 가동률 조사를 위해 창안한 것이다.
④ 워크 샘플링은 사람의 상태나 기계의 가동상태 및 작업의 종류 등을 순간적으로 관측하는 것이다.

31 어떤 측정법으로 동일 시료를 무한 횟수 측정하였을 때, 데이터 분포의 평균치와 참값과의 차이점을 무엇이라고 하는가?

① 신뢰성
② 정확성
③ 정밀도
④ 오차

해설 오차 = 측정치 − 진실치(참값)
편차 = 평균치 − 참값

32 예방보전의 기능에 해당하지 않는 것은?

① 취급되어야 할 대상 설비의 결정
② 정비작업에서 점검 시기의 결정
③ 대상 설비 점검 개소의 결정
④ 대상 설비의 외주 이용도 결정

33 다음의 데이터를 보고 편차 제곱합(S)을 구하시오.(단, 소수점 3자리까지 구하시오.)
(데이터 : 18.8, 19.1, 18.8, 18.2, 18.4, 18.3, 19.0, 18.6, 19.2)

① 0.338
② 1.029
③ 0.114
④ 1.014

해설 표준편차는 분산 양의 제곱근이다.

34 관리 한계선을 구하는데 이항 분포를 이용하여 관리선을 구하는 관리도는?

① nP 관리도
② u 관리도
③ X-R 관리도
④ X 관리도

35 로트(Lot) 수를 가장 올바르게 정의한 것은?

① 1회 생산 수량을 의미한다.
② 일정한 제조회수를 표시하는 개념이다.
③ 생산 목표량을 기계 대수로 나눈 것이다.
④ 생산 목표량을 공정 수로 나눈 것이다.

36 공정 도시 기호중 공정 계열의 일부를 생략할 경우에 사용되는 보지 도시 기호는?

① ~~|~~
② ⊣ ⊢
③ ┼
④ − X

37 샘플링 검사의 목적으로서 틀린 것은?

① 검사 비용 절감
② 생산 공정상의 문제점 해결
③ 품질 향상의 자극
④ 나쁜 품질인 로트의 불합격

38 다음의 PERT/CPM에서 주공정(Critical path)은? (단, 화살표 밑의 숫자는 활동 시간을 나타낸다.)

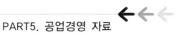

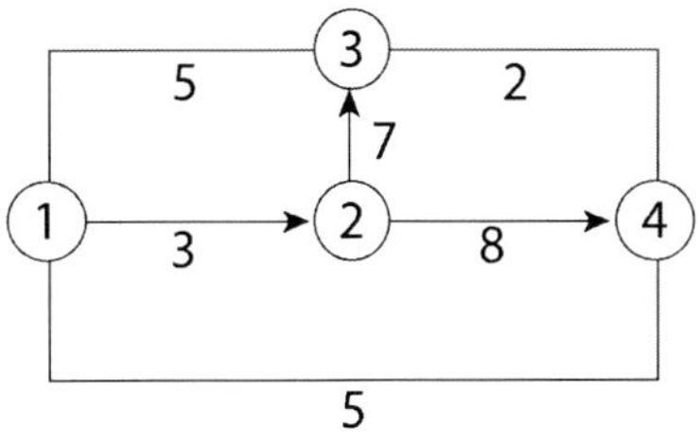

① ① - ② - ③ - ④
② ① - ③ - ② - ④
③ ① - ② - ④
④ ① - ④

39 TQC(Total Quality Control)란?

① 시스템적 사고 방법을 사용하지 않는 품질관리 기법이다.
② 애프터 서비스를 통한 품질을 보증하는 방법이다.
③ 전사적인 품질 정보의 교환으로 품질 향상을 기도하는 기법이다.
④ QC부의 정보분석 결과를 생산부에 피드백하는 것이다.

40 계수값 관리도는 어느 것인가?

① R 관리도
② X 관리도
③ P 관리도
④ x−P 관리도

해설 계수치 관리도 : nP 관리도, P 관리도, C 관리도, u 관리도
계량치 관리도 : $\bar{x}$ − R관리도, x 관리도, x−R 관리도, R 관리도

41 미리 정해진 일정 단위 중에 포함된 부적합(결점)에 의거 공정을 관리할 때 사용하는 관리도는?

① P 관리도
② nP 관리도
③ C 관리도
④ u 관리도

42 도수분포표에서 도수가 최대인 곳의 대표치를 말하는 것은?

① 중위수 ② 비대칭도
③ 모드(mode) ④ 첨도

43 로드 수가 100이고, 준비 작업시간이 20분이며, 로트별 정비 작업시간이 60분이라면 1로트당 작업시간은?

① 90분 ② 62분
③ 26분 ④ 13분

44 더미 활동(Dummy Activity)에 대한 설명 중 가장 적합한 것은?

① 가장 긴 작업시간이 예상되는 공정이다.
② 공정의 시작에서 그 단계에 이르는 공정들 소요 시간들 중 가장 큰 값이다.
③ 실제 활동이 아니며, 활동의 선행 조건을 네트워크에 명확히 표현하기 위한 행동이다.
④ 각 활동별 소요 시간이 배타 분포를 따른다고 가정할 때의 활동이다.

45 단순지수평활법을 이용하여 금월의 수요를 예측하려고 한다면, 이때 필요한 자료는 무엇인가?

① 일정 기간의 평균값
② 추세선, 최소자승법, 매개변수
③ 전월의 예측치와 실제치, 지수평활계수
④ 추세변동, 순환변동, 우연변동

46 다음 중 검사항목에 의한 분류가 아닌 것은?

① 자주검사
② 수량검사
③ 중량검사
④ 성능검사

47 다음 검사 중 판정의 대상에 의한 분류가 아닌 것은?
① 관리 샘플링 검사
② 로트별 샘플링 검사
③ 전수검사
④ 출하검사

48 수요예측 방법의 하나인 시계열 분석에서 시계열적 변동에 해당되지 않는 것은?
① 추세변동
② 순환변동
③ 계절변동
④ 판매변동

49 다음 내용은 설비 보전 조직에 대한 설명이다. 어떤 조직의 형태인가?

보전 작업자는 조직상 각 제조 부문의 감독자 밑에 둔다. 단점 : 생산 우선에 의한 보전 작업 경시, 보전 기술 향상의 곤란성 장점 : 운전과의 일체감 및 현장 감독의 용이성

① 집중보전　② 지역보전
③ 부문보전　④ 절충보전

50 파레토 그림에 대한 설명으로 가장 거리가 먼 내용은?
① 부적합품(불량), 클레임 등의 손실 금액이나 퍼센트를 원인별, 상황별로 취해 그림의 왼쪽에서부터 오른쪽으로, 비중이 적은 항목부터 큰 항목순서로 나열한 그림이다.
② 현재의 중요 문제점을 객관적으로 발견할 수 있으므로 관리방침을 수립할 수 있다.
③ 도수분포의 응용수법으로 중요한 문제점을 찾아내는 것으로 현장에서 널리 사용된다.
④ 파레토 그림에서 나타난 1~2개 부적합품(불량) 항목만 없애면 부적합품(불량)률은 크게 감소된다.

51 nP 관리도에서 시료군마다 n=100이고, 시료군의 수가 k=20이며, nPΣ=77이다. 이때 nP 관리도의 관리상한선(UCL)을 구하면 얼마인가?
① UCL = 8.94
② UCL = 3.85
③ UCL = 5.77
④ UCL = 9.62

52 원재료가 제품화되어가는 과정, 즉 가공, 검사, 운반, 지연, 저장에 관한 정보를 수집하여 분석하고 검토를 행하는 것은?
① 사무공정 분석표
② 작업자공정 분석표
③ 제품공정 분석표
④ 연합작업 분석표

53 다음 중 계량치 관리도는 어느 것인가?
① R 관리도
② nP 관리도
③ C 관리도
④ u 관리도

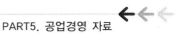

해설 •계수치 관리도 : nP 관리도, P 관리도, C 관리도, u 관리도
•계량치 관리도 : $\overline{x}$ − R관리도, x 관리도, x–R 관리도, R 관리도

54 다음 중 계량값 관리도만으로 짝지어진 것은 어느 것인가?

① C 관리도, u 관리도
② x−Rs 관리도, P 관리도
③ $\overline{x}$ − R 관리도, nP 관리도
④ Me−R 관리도, $\overline{x} - R$ 관리도

55 다음 중 두 관리도가 모두 포아송 분포를 따르는 것은?

① $\overline{x}$ 관리도, R 관리도
② C 관리도, u 관리도
③ nP 관리도, P 관리도
④ C 관리도, P 관리도

56 축의 완성 지름, 철강의 인장강도, 아스피린 순도와 같은 데이터를 관리하는 가장 대표적인 관리도는?

① $\overline{X} - R$ 관리도
② nP 관리도
③ C 관리도
④ u 관리도

57 여력을 나타내는 식으로 가장 옳은 것은?

① 여력 = 1일 실동시간 × 1개월 실동시간 × 가동대수
② 여력 = (능력 - 부하) × 1/100
③ 여력 = {(능력 - 부하) / 능력} × 100
④ 여력 = {(능력 - 부하) / 부하} × 100

58 생산 보전(PM : Production Maintenance)의 내용에 속하지 않는 것은?

① 사후보전
② 안전보전
③ 예방보전
④ 개량보전

59 다음 데이터로부터 통계량을 계상한 것 중 틀린 것은?

데이터 : 21.5, 23.7, 24.3, 27.2, 29.1

① 중앙값(Me) = 24.3
② 제곱합(S) = 7.59
③ 시료분산(S^2) = 8.988
④ 범위(R) = 7.6

60 다음 중에서 작업자에 대한 심리적 영향을 많이 주는 작업 측정의 기법은?

① PTS법
② 워크 샘플링법
③ WF법
④ 스톱 워치법

61 다음 중 로트별 검사에 대한 AQL 지표형 샘플링 검사방식은 어느 것인가?

① KS A ISO 2859−0
② KS A ISO 2859−1
③ KS A ISO 2859−2
④ KS A ISO 2859−3

62 제품 공정분석표용 도식 기호 중 정체 공정(Delay) 기호는 어느 것인가?

① O ② →

③ D ④ □

63 문제가 되는 결과와 이에 대응하는 원인과의 관계를 알기 쉽게 도표로 나타낸 것은?

① 산포도

② 파레토도

③ 히스토그램

④ 특성요인도

64 계수값 규준형 1회 샘플링 검사에 대한 설명 중 가장 거리가 먼 내용은?

① 검사에 제출된 로트에 관한 사전 정보는 샘플링 검사를 적용하는데 직접적으로 필요하지는 않다.

② 생산자 측과 구매자 측이 요구하는 품질 보호를 동시에 만족시키도록 샘플링 검사 방식을 선정한다.

③ 파괴 검사의 경우와 같이 전수검사가 불가능한 때에는 사용할 수 없다.

④ 1회만의 거래시에도 사용할 수 있다.

65 표준시간을 내경법으로 구하는 수식은?

① 표준시간 = 정미시간 + 여유시간

② 표준시간 = 정미시간 × (1 + 여유율)

③ 표준시간=정미시간 × $(\frac{1}{1 - 여유율})$

④ 표준시간=정미시간 × $(\frac{1}{1 + 여유율})$

66 다음 중 부하와 능력의 조정을 도모하는 것은?

① 진도 관리

② 절차 계획

③ 공수 계획

④ 현품 관리

67 다음 표를 이용하여 비용 구배(Cost Slope)를 구하면 얼마인가?

정상		특급	
소요시간	소요비용	소요시간	소요비용
5일	40,000원	3일	50,000

① 3,000원 / 일

② 4,000원 / 일

③ 5,000원 / 일

④ 6,000원 / 일

해설 50,000−40,000 / 5일 − 3일 = 5,000원 / 일

68 정상 소요 기간이 5일이고 이때의 비용이 20,000원이며, 특급 소요 기간이 3일이고 이때의 비용이 30,000원이라면, 비용 구배는 얼마인가?

① 4,000원 / 일

② 5,000원 / 일

③ 7,000원 / 일

④ 10,000원 / 일

해설 30,000 − 20,000 / 5일 − 3일
= 5,000원 / 일

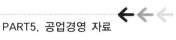

69 어떤 측정법으로 동일 시료를 무한 횟수 측정하였을 때, 데이터 분포의 평균치와 참값과의 차를 무엇이라 하는가?

① 신뢰성
② 정확성
③ 정밀도
④ 오차

해설 오차 = 측정치 - 진실치(참값)
편차 = 평균치 - 참값

70 TPM 활동의 기본을 이루는 3정 5S 활동에서 3정에 해당되는 것은?

① 정시간
② 정돈
③ 정리
④ 정량

71 공정분석 기호 중 □ 는 무엇을 의미하는가?

① 검사
② 가공
③ 정체
④ 저장

72 PERT에서 Network에 관한 설명 중 틀린 것은?

① 가장 긴 시간이 예상되는 공정을 주공정이라 한다.
② 명목상의 활동은 점선 화살표로 표시한다.
③ 활동은 하나의 생산 작업 요소로서 원으로 표시한다.
④ Network는 일반적으로 활동과 단계의 상호 관계로 구성된다.

73 생산 계획량을 완성하는데 필요한 인원이나 부하를 결정하여, 이를 현재 인원 및 기계의 능력과 비교하여 조정하는 것은?

① 일정 계획
② 절차 계획
③ 공수 계획
④ 진도 관리

74 다음 중 관리의 사이클을 가장 올바르게 표시한 것은?
{단, A : 조치(Act), C : 검토(Check), D : 실행(Do), P : 계획(Plan)}

① P → C → A → D
② P → A → C → D
③ A → D → C → P
④ P → D → C → A

75 다음 중 절차 계획에서 다루어지는 주요한 내용으로 가장 관계가 먼 것은?

① 각 작업의 소요 시간
② 각 작업의 실시 순서
③ 각 작업에 필요한 기계와 공구
④ 각 작업의 부하와 능력의 조정

76 그림과 같은 계획 공정도(Network)에서 주공정으로 옳은 것은?(단, 화살표 밑의 숫자는 활동 시간[단위 : 주]을 나타낸다.)

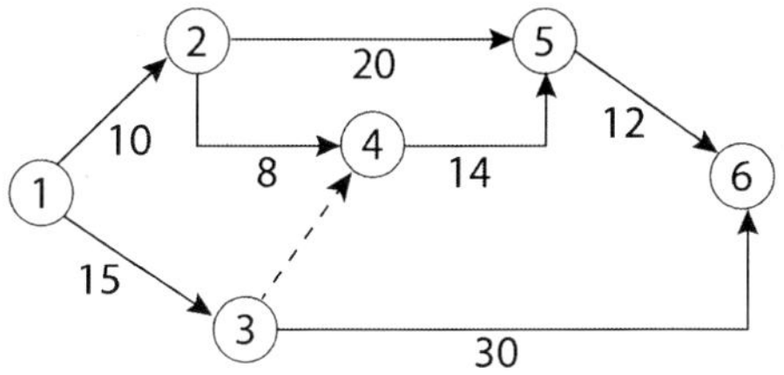

① ①-②-⑤-⑥
② ①-②-④-⑤-⑥
③ ①-②-③-⑥
④ ①-②-⑥

해설 주공정은 공정순서 중에서 시간이 가장 오래 걸리는 공정이다.

77 모집단을 몇 개의 층으로 나누고, 각 층으로부터 각각 랜덤하게 시료를 뽑는 샘플링 방법은?

① 층별 샘플링
② 2단계 샘플링
③ 계통 샘플링
④ 단순 샘플링

78 작업자가 장소를 이동하면서 작업을 수행하는 경우에 그 과정을 가공, 검사, 운반, 저장 등의 기호를 사용하여 분석하는 것을 무엇이라고 하는가?

① 작업자 연합작업분석
② 작업자 동작분석
③ 작업자 미세분석
④ 작업자 공정분석

79 이항 분포(Binomial distribution)의 특징으로 가장 옳은 것은?

① P=0일 때 평균치에 대하여 좌·우 대칭이다.
② P≤0.1이고, nP=0.1~10일 때는 포아송 분포에 근사한다.
③ 부적합품의 출현 개수에 대한 표준 편차는 D(x)=nP이다.
④ P≤0.5이고, nP≥5일 때는 포아송 분포에 근사한다.

80 이항 분포(Binomial distribution)의 특징에 대한 설명으로 옳은 것은?

① P=0.01일 때 평균치에 대하여 좌·우 대칭이다.
② P≤0.1이고, nP=0.1~10일 때는 포아송 분포에 근사한다.
③ 부적합품의 출현 개수에 대한 표준 편차는 D(x)=nP이다.
④ P≤0.5이고, nP≤5일 때는 정규 분포에 근사한다.

81 M타입 자동차 또는 LCD TV를 조립 완성한 후 부적합수(결점수)를 점검한 데이터에는 어떤 관리도를 사용하는가?

① P 관리도
② nP 관리도
③ C 관리도
④ x-R 관리도

82 제품공정 분석표(product process chart) 작성 시 가공시간 기입법으로 가장 올바른 것은?

① $\dfrac{\text{1개당 가공시간} \times \text{1로트의 수량}}{\text{1로트의 총 가공시간}}$

② $\dfrac{\text{1로트의 가공시간}}{\text{1로트의 총가공시간} \times \text{1로트의 수량}}$

③ $\dfrac{\text{1개당 가공시간} \times \text{1로트의 총 가공시간}}{\text{1로트의 수량}}$

④ $\dfrac{\text{1개당 총가공시간}}{\text{1개당 가공시간} \times \text{1로트의 수량}}$

83 다음 검사 중 판정의 대상에 의한 종류가 아닌 것은?

① 관리 샘플링 검사
② 로트별 샘플링 검사
③ 전수 검사
④ 출하 검사

84 연간 소요량 4,000개인 어떤 부품의 발주비용은 200원이며, 부품 단가는 100원, 연간 재고 유지 비율이 10%일 때, F · W · Harris식에 의한 경제적 주문량은 얼마인가?

① 40개/회
② 400개/회
③ 1,000개/회
④ 1,300개/회

85 "무결점 운동"이라고 불리는 것으로 품질 개선을 위한 동기부여 프로그램은 어느 것인가?

① TQC　② ZD
③ MIL-STD　④ ISO

86 미국의 마틴 마리에타사(Martin Marietta Corp)에서 시작된 품질개선을 위한 동기부여 프로그램으로, 모든 작업자가 무결점을 목표로 설정하고, 처음부터 작업을 올바르게 수행함으로써 품질비용을 줄기기 위한 프로그램은 무엇인가?

① TPM 활동
② 6시그마 운동
③ ZD 운동
④ ISO 9001 인증

87 "무결점 운동"이라고 불리는 것으로, 미국의 항공사인 마틴사에서 시작된 품질개선을 위한 동기부여 프로그램은 어느 것인가?

① ZD　② 6시그마
③ TPM　④ ISO 9001

88 로트로부터 시료를 샘플링해서 조사하고, 그 결과를 로트의 판정 기준과 대조하여 그 로트의 합격, 불합격을 판정하는 검사를 무엇이라고 하는가?

① 샘플링 검사
② 전수 검사
③ 긍정 검사
④ 품질 검사

89 로트에서 랜덤하게 시료를 추출하여 검사한 후, 그 결과에 따라 로트의 합격, 불합격을 판정하는 검사 방법을 무엇이라고 하는가?

① 자주 검사
② 간접 검사
③ 전수 검사
④ 샘플링 검사

90 일반적으로 품질 코스트 가운데 가장 큰 비율을 차지하는 것은?

① 평가 코스트
② 실패 코스트
③ 예방 코스트
④ 검사 코스트

91 일정 통제를 할 때, 1일당 그 작업을 단축하는데 소요되는 비용의 증가를 의미하는 것은?

① 비용 구배
② 정상 소요 시간
③ 비용 견적
④ 총비용

92 다음 중 데이터를 그 내용이나 원인 등 분류 항목별로 나누어, 크기의 순서대로 나열하여 나타낸 그림을 무엇이라고 하는가?

① 히스토그램
② 파레토도
③ 특성요인도
④ 체크시트

93 공정에서 만성적으로 존재하는 것은 아니고 산발적으로 발생하며, 품질의 변동에 크게 영향을 미치는 요주의 원인으로, 우발적 원인인 것을 무엇이라고 하는가?

① 우연원인
② 이상원인
③ 불가피 원인
④ 억제할 수 없는 원인

94 계수 규준형 1회 샘플링 검사(KS A 3102)에 관한 설명 중 가장 거리가 먼 것은?

① 검사에 제출된 로트의 제조공정에 관한 사전 정보가 없어도 샘플링 검사를 적용할 수 있다.
② 생산자 측과 구매자 측이 요구하는 품질 보호를 동시에 만족시키도록 샘플링 검사 방식을 선정한다.
③ 파괴 검사의 경우와 같이 전수검사가 불가능한 때에도 사용할 수 있다.
④ 1회만의 거래시에도 사용할 수 있다.

95 어떤 공장에서 작업을 하는데 소요되는 기간과 비용이 다음 [표]와 같을 때 비용 구배는 얼마인가?(단, 활동 시간의 단위는 (일)로 계산한다.)

정상 작업		특급 작업	
기간	비용	기간	비용
15일	150만원	10일	200만원

① 50,000원
② 100,000원
③ 200,000원
④ 300,000원

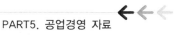

96 방법 시간 측정방법(MTM ; Method Time Measurement)에서 사용되는 1TMU(Time Measurement Unit)는 몇 시간인가?

① $\frac{1}{100,000}$ 시간

② $\frac{1}{10,000}$ 시간

③ $\frac{6}{10,000}$ 시간

④ $\frac{36}{1,000}$ 시간

97 품질 특성을 나타내는 데이터 중 계수치 데이터에 속하는 것은?

① 무게　② 길이

③ 인장강도　④ 부적합품의 수

98 다음 중 품질관리 시스템에서 4M에 해당하지 않는 것은?

① Man　② Machine

③ Material　④ Money

99 다음 중 계수치 관리도가 아닌 것은?

① nR 관리도

② P 관리도

③ u 관리도

④ x 관리도

해설 •계수치 관리도 : nP 관리도, P 관리도, C 관리도, u 관리도
•계량치 관리도 : $\overline{x}$－R관리도, x 관리도, x-R 관리도, R 관리도

100 다음 표는 어느 자동차 영업소의 월별 판매실적을 나타낸 것이다. 5개월 단순이동 평균법으로 6월의 수요를 예측하면 몇 대인가?

월	1월	2월	3월	4월	5월
판매량	100대	110대	120대	130대	140대

① 120대　② 130대

③ 140대　④ 150대

해설 단순이동평균법

$$M_t = \frac{\Sigma M_{t-1}}{n}$$

$$= \frac{(100+110+120+130+140)}{5} = 120$$

M_t : 당기 예측치,
X_t : 마지막 자료(당기 실적치)

101 다음 [표]를 참조하여 5개월 단순 이동 평균법으로 7월의 수요를 예측하면 몇 개인가?

월	1	2	3	4	5	6
실적	48	50	53	60	64	68

① 55개　② 57개

③ 58개　④ 59개

102 다음 중 반즈(Ralph M, Barness)가 제시한 동작경제 원칙에 해당되지 않는 것은?

① 표준 작업의 원칙

② 신체의 사용에 관한 원칙

③ 작업장의 배치에 관한 원칙

④ 공구 및 설비의 디자인에 관한 원칙

103 품질관리 기능의 사이클을 표현한 것으로 옳은 것은?

① 품질개선 - 품질설계 - 품질보증 - 공정관리
② 품질설계 - 공정관리 - 품질보증 - 품질개선
③ 품질개선 - 품질보증 - 품질설계 - 공정관리
④ 품질설계 - 품질개선 - 공정관리 - 품질보증

104 다음 표는 부적합 품질이 1%인 모집단에서 5개의 시료를 랜덤하게 샘플링할 때, 부적합품 수가 1개일 확률은 약 얼마인가?(단, 이항 분포를 이용하여 계산한다.)

① 0.048
② 0.058
③ 0.48
④ 0.58

105 다음 검사의 종류 중 검사공정에 의한 분류에 해당되지 않는 것은?

① 수입검사
② 출하검사
③ 출장검사
④ 공정검사

해설 검사공정에 의한 분류
- 수입검사 (구입검사)
- 공정검사 (중간검사)
- 최종검사 (완성검사)
- 출하검사 (출고검사)

106 200개들이 상자가 15개 있을 때, 각 상자로부터 제품을 랜덤하게 10개씩 샘플링 할 경우, 이러한 샘플링 방법을 무엇이라고 하는가?

① 층별 샘플링
② 계통 샘플링
③ 취락 샘플링
④ 2단계 샘플링

107 신제품에 가장 적합한 수요예측 방법은?

① 시장조사법　　② 이동평균법
③ 지수평활법　　④ 최소자승법

108 다음 중 사내 표준을 작성할 때 갖추어야 할 요건으로 옳지 않은 것은?

① 내용이 구체적이고 주관적일 것
② 장기적 방침 및 체계하에서 추진할 것
③ 작업표준에는 수단 및 행동을 직접 제시할 것
④ 당사자에게 의견을 말하는 기회를 부여하는 절차로 정할 것

109 $\vec{X}$ 관리도에서 관리 상한이 22.15, 관리 하한이 6.85, $\overline{R}$ = 7.5일 때, 시료군의 크기(n)은 얼마인가? (단, n = 2일 때 A_2 = 1.88, n = 3일 때 A_2= 1.02, n=4일 때 A_2= 0.73, n=5일 때 A_2= 0.58이다.)

① 2　　② 3
③ 4　　④ 5

110 ASEM(American Society of Mechanical Engineers)에서 정의하고 있는 제품공정 분석표에 사용되는 기호 중 "저장(Storage)"을 표현한 것은?

① ○
② □
③ ▽
④ ⇨

111 어느 회사의 매출액이 80,000원, 고정비가 15,000원, 변동비가 40,000원일 때, 손익분기점 매출액은 얼마인가?

① 25,000원
② 30,000원
③ 40,000원
④ 55,000원

112 다음 중 통계량의 기호에 속하지 않은 것은?

① σ
② R
③ s
④ $\overline{X}$

113 계수 규준형 샘플링 검사의 OC 곡선에서 좋은 로트를 합격시키는 확률을 뜻하는 것은? (단, α 는 제1종 과오, β 는 제2종 과오이다.)

① α
② β
③ 1−α
④ 1−β

114 u 관리도의 관리하한선을 구하는 식으로 옳은 것은?

① $\overline{U}\pm\sqrt{\overline{U}}$
② $\overline{U}\pm 3\sqrt{\overline{U}}$
③ $\overline{U}\pm 3\sqrt{n}\cdot\overline{U}$
④ $\overline{U}\pm 3\sqrt{\dfrac{\overline{U}}{n}}$

115 예방보전(Preventive Maintenance)의 효과가 아닌 것은?

① 기계의 수리 비용이 감소한다.
② 생산시스템의 신뢰도가 향상된다.
③ 고장으로 인한 중단시간이 감소한다.
④ 예비기계를 보유해야 할 필요성이 증가한다.

116 예방보전(Preventive Maintenance)의 효과가 아닌 것은?

① 기계의 수리 비용이 감소한다.
② 생산시스템의 신뢰도가 향상된다.
③ 고장으로 인한 중단시간이 감소한다.
④ 잦은 정비로 인해 제조원 단위가 증가한다.

117 다음 중 인위적 조정이 필요한 상황에 사용될 수 있는 워크 팩터(Work Factor)의 기호가 아닌 것은?

① D
② K
③ P
④ S

118 다음 중 브레인스토밍(Brainstorming)과 가장 관계가 깊은 것은?

① 파레토도
② 히스토그램
③ 회귀분석
④ 특성요인도

119 작업 개선을 위한 공정분석에 포함되지 않는 것은?

① 제품 공정분석
② 사무 공정분석
③ 직장 공정분석
④ 작업자 공정분석

120 관리도에서 점이 관리한계 내에 있고, 중심선 한쪽에 연속해서 나타나는 점을 무엇이라고 하는가?

① 경향
② 주기
③ 런
④ 산포

121 로트의 크기가 시료의 크기에 비해 10배 이상 클 때, 시료의 크기와 합격 판정개수를 일정하게 하고 로트의 크기를 증가시키면, 검사특성곡선의 모양 변화에 대한 설명으로 가장 적합한 것은?

① 무한대로 커진다.
② 거의 변화하지 않는다.
③ 검사특성곡선의 기울기가 완만해진다.
④ 검사특성곡선의 기울기 경사가 급해진다.

122 검사특성곡선(OC Curve)에 관한 설명으로 틀린 것은?(단, N : 로트의 크기, n : 시료의 크기, c : 합격 판정개수이다)

① N, n이 일정할 때 c가 커지면 나쁜 로트의 합격률은 높아진다.
② N, c가 일정할 때 n이 커지면 좋은 로트의 합격률은 낮아진다.
③ N/n/c의 비율이 일정하게 증가하거나 감소하는 퍼센트 샘플링 검사시 좋은 로트의 합격률은 영향이 없다.
④ 일반적으로 로트의 크기 N이 시료 n에 비해 10배 이상 크다면, 로트의 크기를 증가시켜도 나쁜 로트의 합격률은 크게 변화하지 않는다.

123 로트의 크기 30, 부적합품률이 10%인 로트에서 시료의 크기를 5로 하여 랜덤 샘플링 할 때, 시료중 부적합품 수가 1개 이상일 확률은 약 얼마인가? (단, 초기하분포를 이용하여 계산한다.)

① 0.3695
② 0.4335
③ 0.5665
④ 0.6305

124 과거의 자료를 수리적으로 분석하여 일정한 경향을 도출한 후, 가까운 장래의 매출액, 생산량 등을 예측하는 방법을 무엇이라고 하는가?

① 델파이법
② 전문가패널법
③ 시장조사법
④ 시계열분석법

125 그림과 같은 계획공정도(Network)에서 주공정은? (단, 화살표 아래의 숫자는 활동 시간을 나타낸 것)

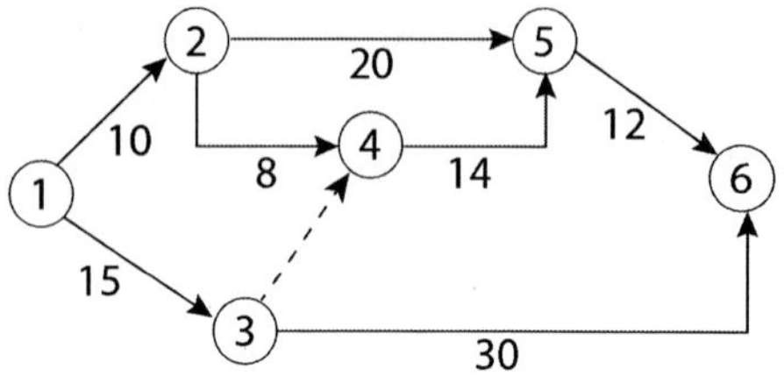

① ①–②–⑥

② ①–②–⑤–⑥

③ ①–②–④–⑤–⑥

④ ①–②–③–⑥

해설 주공정은 공정순서 중에서 시간이 가장 오래 걸리는 공정이다.

126 Ralph M. Barnes 교수가 제시한 동작경제의 원칙(Arrangement of the workplace)에 해당되지 않는 것은?④

① 가급적이면 낙하산 운반 방법을 이용한다.

② 모든 공구나 재료는 지정된 위치에 있도록 한다.

③ 충분한 조명을 하여 작업자가 잘 볼 수 있도록 한다.

④ 가급적 용이하고 자연스러운 리듬을 타고 일할 수 있도록 작업을 구성하여야 한다.

해설 작업장 배치에 관한 원칙
- 낙하산식 운반 방법을 이용
- 모든 공구나 재료는 지정된 위치에 놓을 것
- 충분한 조명을 사용할 것

127 품질코스트(Quality cost)를 예방코스트, 실패코스트, 품질코스트로 분류할 때, 다음 중 실패코스트(failure cost)에 속하는 것이 아닌 것은?

① 시험 코스트

② 불량대책 코스트

③ 재가공 코스트

④ 설계변경 코스트

해설 실패코스트 : 불량대책 코스트, 재가공 코스트, 설계변경 코스트

128 로트 크기 1,000, 부적합품 수가 1개일 확률을 이항 분포로 계산하면 약 얼마인가?

① 0.1648

② 0.3915

③ 0.6058

④ 0.8352

해설 이항 분포 계산

$5C_1 \times 0.15 \times (1-0.15)^4$

129 어떤 측정법으로 동일 시료를 무한회 측정하였을 때, 데이터 분포의 평균치와 참값과의 차를 무엇이라고 하는가?

① 재현성

② 안정성

③ 반복성

④ 정확성

130 관리도에서 측정한 값을 차례로 타점했을 때, 순차적으로 상승하거나 하강하는 것을 무엇이라고 하는가?

① 런(run)
② 주기(cycle)
③ 경향(trend)
④ 산포(dispersion)

131 도수분포표를 작성하는 목적으로 볼 수 없는 것은?

① 로트의 분포를 알고 싶을 때
② 로트의 평균치와 표준 편차를 알고 싶을 때
③ 규격과 비교하여 부적합품률을 알고 싶을 때
④ 주요 품질 항목 중 개선의 우선순위를 알고 싶을 때

132 도수분포표에서 알 수 있는 정보로 가장 거리가 먼 것은?

① 로트 분포의 모양
② 100단위당 부적합수
③ 로트의 평균 및 표준 편차
④ 규격과의 비교를 통한 부적합품률의 추정

133 컨베이어 작업과 같이 단조로운 작업은, 작업자에게 무력감과 구속감을 주고 생산량에 대한 책임감을 저하시키는 등 폐단이 있다. 다음 중 이러한 단조로운 작업의 결함을 제거하기 위해 채택되는 직무설계 방법으로서 가장 거리가 먼 것은?

① 자율경영팀 활동을 권장한다.
② 하나의 연속 작업시간을 길게 한다.
③ 작업자 스스로가 직무를 설계하도록 한다.
④ 직무확대, 직무충실화 등의 방법을 활용한다.

134 여유시간이 5분, 정미시간이 40분일 경우 내경법으로 여유율을 구하면 약 몇 %인가?

① 6.33%
② 9.05%
③ 11.11%
④ 12.50%

135 다음 중 모집단의 중심적 경향을 나타낸 척도에 해당하는 것은?

① 범죄(Range)
② 최빈값(Mode)
③ 분산(Variance)
④ 변동계수(coefficient of variation)

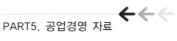

136 준비작업시간 100분, 개당 정미 작업시간 15분, 로트 크기 20일 때, 1개당 소요 작업시간은 얼마인가? (단, 여유시간은 없다고 가정한다.)

① 15분
② 20분
③ 35분
④ 45분

해설 작업시간

$$= \frac{\text{로트개수} \times \text{개당정미작업시간} + \text{준비시간}}{\text{로트개수}}$$

$$= \frac{20 \times 15 + 100}{20} = 20$$

137 소비자가 요구하는 품질로서 설계와 판매정책에 반영되는 품질을 의미하는 것은?

① 시장품질
② 설계품질
③ 제조품질
④ 규격품질

138 다음 중 샘플링 검사보다 전수검사를 실시하는 것이 유리한 경우는?

① 검사항목이 많은 경우
② 파괴 검사를 해야 하는 경우
③ 품질 특성치가 치명적인 결점을 포함하는 경우
④ 다수 다량의 것으로 어느 정도 부적합품이 섞여도 괜찮은 경우

139 c 관리도에서 k=20인 군의 총 부적합수 합계는 58이었다. 이 관리도의 UCL, LCL을 계산하면 약 얼마인가?

① UCL = 2.90, LCL = 고려하지 않음
② UCL = 5.90, LCL = 고려하지 않음
③ UCL = 6.92, LCL = 고려하지 않음
④ UCL = 8.01, LCL = 고려하지 않음

140 공정 중에 발생하는 모든 작업, 검사, 운반, 저장, 정체 등이 도식화된 것이며, 또한 분석에 필요하다고 생각되는 소요시간, 운반 거리 등의 정보가 기재된 것은?

① 작업분석
② 다중활동 분석표
③ 사무공정분석
④ 유통공정도

141 검사의 분류 방법 중 검사가 행해지는 공정에 의한 분류에 속하는 것은?

① 관리 샘플링 검사
② 로트별 샘플링 검사
③ 전수 검사
④ 출하 검사

142 단계여유(Stack)의 표시로 옳은 것은? (단, TE는 가장 이른 예정일, TL은 가장 늦은 예정일, TF는 총 여유시간, FF는 자유 여유시간이다.)

① TE − TL
② TL − TE
③ FF − TF
④ TE − TF

143 모집단으로부터 공간적, 시간적으로 간격을 일정하게 하여 샘플링하는 방식은?

① 단순 랜덤 샘플링
② 2단계 샘플링
③ 취락 샘플링
④ 계통 샘플링

144 제품공정도를 작성할 때 사용되는 요소(명칭)가 아닌 것은?

① 가공
② 검사
③ 정체
④ 여유

145 부적합수 관리도를 작성하기 위해 $\Sigma c=559$, $\Sigma n=222$를 식으로 구하였다. 시료의 크기가 부분군마다 일정하지 않기 때문에 u 관리도를 사용하기로 하였다. n=10일 경우 u 관리도의 UCL 값은 약 얼마인가?

① 4.023
② 2.518
③ 0.502
④ 0.252

146 작업방법 개선의 기본 4원칙을 표현한 것은?

① 층별 - 랜덤 - 재배열 - 표준화
② 배제 - 결합 - 랜덤 - 표준화
③ 층별 - 랜덤 - 표준화 - 단순화
④ 배제 - 결합 - 재배열 - 단순화

147 근래 인간공학이 여러 분야에서 크게 기여하고 있다. 다음 중 어느 단계에서 인간공학적 지식이 고려됨으로써 기업에 가장 큰 이익을 줄 수 있는가?

① 제품의 개발단계
② 제품의 구매단계
③ 제품의 사용단계
④ 작업자의 채용단계

148 그림의 OC 곡선을 보고 가장 올바른 내용을 나타낸 것은?

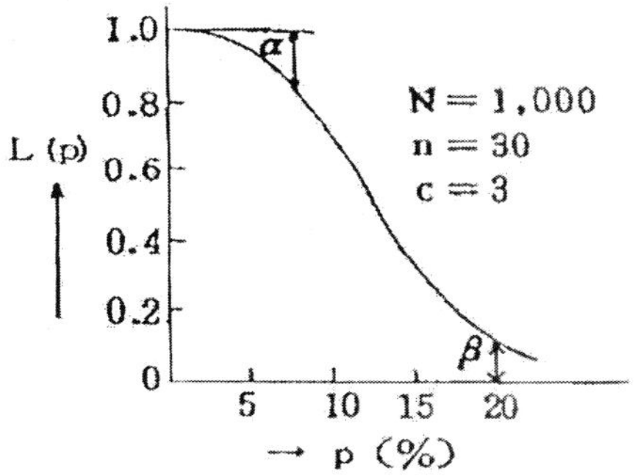

① α : 소비자 위험
② L(P) : 로트가 합격할 확률
③ β : 생산자 위험
④ 부적합률 : 0.03

149 다음 중 단속생산 시스템과 비교한 연속생산 시스템의 특징으로 옳은 것은?

① 단위당 생산 원가가 낮다.
② 다품종 소량 생산에 적합하다.
③ 생산방식은 주문 생산방식이다.
④ 생산설비는 범용설비를 사용한다.

150 일정 통제를 할 때 1일당 그 작업을 단축하는데 소요되는 비용의 증가를 의미하는 것은?

① 정상 소요 시간(Normal duration time)
② 비용 견적(Cost estimation)
③ 비용 구배(Cost slope)
④ 총비용(Total cost)

151 TBM 활동 체제 구축을 위한 5가지 기둥과 가장 거리가 먼 것은?

① 설비 초기 관리체제 구축 활동
② 설비 효율화의 개별 개선 활동
③ 운전과 보전의 스킬 업 훈련 활동
④ 설비 경제성 검토를 위한 설비 투자분석 활동

152 어떤 작업을 수행하는데 작업 소요 시간이 빠른 경우 5시간, 보통이면 8시간, 늦으면 12시간이 걸린다고 예측되었다면, 3점 견적법에 의한 기대 시간치와 분산을 계산하면 약 얼마인가?

① $te = 8.0$, $\sigma^2 = 1.17$
② $te = 8.2$, $\sigma^2 = 1.36$
③ $te = 8.3$, $\sigma^2 = 1.17$
④ $te = 8.3$, $\sigma^2 = 1.36$

153 정규 분포에 대한 설명 중 틀린 것은?

① 일반적으로 평균치가 중앙값보다 크다.
② 평균을 중심으로 좌우대칭으로 분포이다.
③ 대체로 표준편차가 클수록 산포가 나쁘다고 본다.
④ 평균치가 0이고, 표준편차가 1인 정규분포를 표준 정규 분포라고 한다.

154 작업 측정의 목적 중 틀린 것은?

① 작업 개선
② 표준시간 설정
③ 과업 관리
④ 요소작업 분할

155 다음은 관리도의 사용 절차를 나타낸 것이다. 관리도의 사용 절차를 순서대로 나열한 것은?

㉠ 관리하여야 할 항목 선정 ㉡ 관리도의 선정 ㉢ 관리하려는 제품이나 종류 선정 ㉣ 시료를 채취하고 측정하여 관리도를 측정

① ㉠ → ㉡ → ㉢ → ㉣
② ㉠ → ㉢ → ㉣ → ㉡
③ ㉢ → ㉠ → ㉡ → ㉣
④ ㉢ → ㉣ → ㉠ → ㉡

156 **다음 내용은 설비보전조직에 대한 설명이다. 어떤 조직의 형태에 대한 설명인가?**

보전작업자는 조직상 각 제조 부분의 감독자 밑에 둔다. – 단점 : 생산 우선에 의한 보전작업 경시, 보전기술 향상의 곤란성 – 장점 : 운전자의 일체감 및 현장 감독의 용이성

① 집중보전 ② 지역보전
③ 부문보전 ④ 절충보전

157 **설비보전조직 중 지역 보전(area maintenance)의 장 · 단점에 해당되지 않는 것은?**

① 현장 왕복 시간이 증가한다.
② 조업 요원과 지역 보전 요원과의 관계가 밀접해진다.
③ 보전 요원이 현장에 있으므로 생산 본위가 되며, 생산 의욕을 가진다.
④ 같은 사람이 같은 설비를 담당하므로 설비를 잘 알며 충분히 서비스를 할 수 있다.

158 **샘플링에 관한 설명으로 틀린 것은?**

① 취락 샘플링에서는 취락 간의 차는 작게, 취락 내의 차는 크게 한다.
② 제조공정의 품질 특성에 주기적인 변동이 있는 경우 샘플링을 적용하는 것이 좋다.
③ 시간적 또는 공간적으로 일정 간격을 두고 샘플링하는 방법을 계통 샘플링이라고 한다.
④ 모집단을 몇 개의 층으로 나누어 각 층마다 랜덤하게 시료를 추출하는 것을 층별 샘플링이라고 한다.

159 **부적합품률이 20%인 공정에서 생산되는 제품을 매시간 10개씩 샘플링 검사하여 공정을 관리하려고 한다. 이때 측정되는 시료의 부적합품 수에 대한 기댓값과 분산은 약 얼마인가?**

① 기댓값 : 1.6, 분산 : 1.3
② 기댓값 : 1.6, 분산 : 1.6
③ 기댓값 : 2.0, 분산 : 1.3
④ 기댓값 : 2.0, 분산 : 1.6

160 **3σ 법의 $\overline{x}$ 관리도에서 공정이 관리 상태에 있는데도 불구하고, 관리 상태가 아니라고 판정하는 제1종 과오는 약 몇 %인가?**

① 0.27
② 0.54
③ 1.0
④ 1.2

161 **설비배치 및 개선의 목적을 설명한 내용으로 가장 관계가 먼 것은?**

① 재공품의 증가
② 설비투자의 최소화
③ 이동 거리의 감소
④ 작업자 부하 평준화

162 다음 그림의 AOA(Activity-on-Arc) 네트워크에서 E 작업을 시작하려면 어떤 작업들이 완료되어야 하는가?

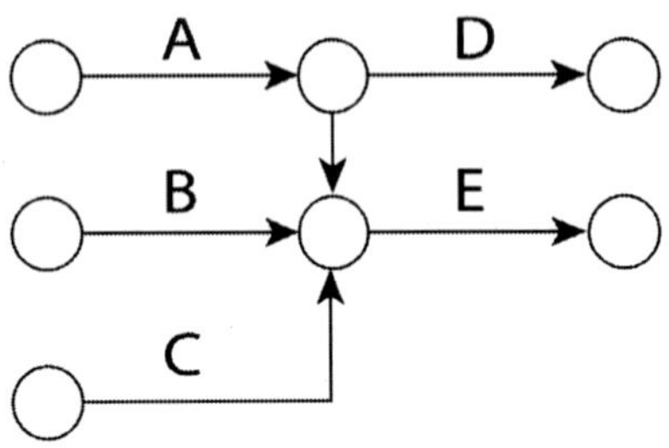

① B ② A, B

③ B, C ④ A, B, C

163 품질 특성에서 X 관리도로 관리하기에 가장 거리가 먼 것은?

① 볼펜의 길이

② 알코올 농도

③ 1일 전력 소비량

④ 나사 길이의 부적합품 수

정 답

01.②	02.④	03.②	04.③	05.①	06.④	07.②	08.③	09.③	10.①
11.③	12.③	13.①	14.②	15.①	16.③	17.①	18.③	19.④	20.①
21.①	22.④	23.④	24.①	25.②	26.②	27.②	28.③	29.④	30.②
31.②	32.④	33.①	34.②	35.②	36.②	37.②	38.②	39.③	40.③
41.③	42.③	43.③	44.③	45.③	46.①	47.④	48.④	49.③	50.①
51.④	52.③	53.①	54.④	55.②	56.①	57.③	58.②	59.②	60.④
61.②	62.③	63.④	64.①	65.③	66.③	67.③	68.②	69.④	70.④
71.①	72.③	73.③	74.④	75.④	76.④	77.①	78.④	79.②	80.②
81.③	82.④	83.④	84.③	85.②	86.③	87.①	88.①	89.④	90.②
91.①	92.②	93.②	94.③	95.②	96.①	97.④	98.④	99.④	100.①
101.④	102.①	103.②	104.①	105.③	106.①	107.①	108.①	109.②	110.③
111.②	112.①	113.③	114.④	115.④	116.④	117.②	118.④	119.③	120.③
121.④	122.③	123.②	124.④	125.①	126.④	127.①	128.②	129.④	130.③
131.④	132.③	133.②	134.③	135.②	136.②	137.①	138.③	139.④	140.④
141.④	142.②	143.④	144.④	145.①	146.④	147.①	148.②	149.①	150.③
151.④	152.②	153.①	154.④	155.③	156.③	157.①	158.②	159.④	160.①
161.①	162.④	163.④							

저자약력

김인호(金仁鎬)

- 금오공과대학교 대학원 기계공학과 공학석사
- 창원기능대학 차량과(기능장과정) 졸업
- 육군 공병 준위 전역(건설기계정비)
- 건설기계정비 기능장
- 前) 육군종합군수학교 건설중기정비 교관
- 現) 구미대학교 특수건설기계과 교수
- 現) 한국산업인력공단 건설기계정비 분야 NCS 자격 설계 자문위원

유인재(兪仁在)

- 금오공과대학교 대학원 기계공학과 공학석사
- 구미대학교 특수건설기계과 졸업
- 육군 공병기술부사관 전역(건설기계정비)
- 건설기계정비 기능장
- 前) 軍건설기계정비 기술지원관
- 現) 구미대학교 특수건설기계과 교수

채용규(蔡龍圭)

- 한국산업기술대학원 기계제조 공학석사
- 건설기계정비 기능장
- 現) (사)건설기계안전기술연구원 원장
- 現) (주)신세계중공업 대표이사
- 現) (주)에스에스지 대표이사
- 現) 건설기계정비기능사 실기시험 평가 방법 개발 책임연구원

박기협(朴基協)

- 자동차 공학사
- 한국폴리텍2대학 자동차과 졸업
- 건설기계정비 기능장
- 육군 공병기술부사관 전역(건설기계정비)
- 前) 대우버스 AS팀 기술지원파트
- 現) 현대 두산인프라코어 한국서비스팀 기술 매니저

패스 건설기계정비기능장 실기 필답형

초 판 발 행 | 2022년 3월 14일
제1판3쇄발행 | 2024년 9월 2일

지 은 이 | 김인호 · 유인재 · 채용규 · 박기협
발 행 인 | 김 길 현
발 행 처 | (주) 골든벨
등 록 | 제 1987-000018호 ⓒ 2022 GoldenBell
I S B N | 979-11-5806-569-0
가 격 | **30,000원**

이 책을 만든 사람들

편 집 · 디 자 인 | 조경미, 박은경, 권정숙
웹 매 니 지 먼 트 | 안재명, 서수진, 김경희
공 급 관 리 | 오민석, 정복순, 김봉식
제 작 진 행 | 최병석
오 프 마 케 팅 | 우병춘, 이대권, 이강연
회 계 관 리 | 김경아

㊄ 04316 서울특별시 용산구 원효로 245(원효로1가 53-1) 골든벨빌딩 5~6F
• TEL : 도서 주문 및 발송 02-713-4135 / 회계 경리 02-713-4137
편집 및 디자인 02-713-7452 / 해외 오퍼 및 광고 02-713-7453
• FAX : 02-718-5510 • http : // www.gbbook.co.kr • E-mail : 7134135@ naver.com